北京理工大学“双一流”建设精品出版工程

Lecture Notes on Operations Research

运筹学讲义

郝 佳 薛 庆 阎 艳 王国新 ◎ 著

北京理工大学出版社
BEIJING INSTITUTE OF TECHNOLOGY PRESS

图书在版编目（CIP）数据

运筹学讲义／郝佳等著．-- 北京：北京理工大学出版社，2022.10

ISBN 978-7-5763-1757-2

Ⅰ．①运… Ⅱ．①郝… Ⅲ．①运筹学-高等学校-教学参考资料 Ⅳ．①O22

中国版本图书馆 CIP 数据核字(2022)第 189614 号

出版发行／北京理工大学出版社有限责任公司
社　　址／北京市海淀区中关村南大街 5 号
邮　　编／100081
电　　话／(010) 68914775（总编室）
(010) 82562903（教材售后服务热线）
(010) 68944723（其他图书服务热线）
网　　址／http：//www. bitpress. com. cn
经　　销／全国各地新华书店
印　　刷／三河市华骏印务包装有限公司
开　　本／787 毫米×1092 毫米　1/16
印　　张／16.75
字　　数／391 千字
版　　次／2022 年 10 月第 1 版　2022 年 10 月第 1 次印刷
定　　价／68.00 元

责任编辑／孟祥雪
文案编辑／孟祥雪
责任校对／周瑞红
责任印制／李志强

前　言

在日常生活、工程技术、生产活动过程中，总是不断地面临各种各样的决策，决策的好坏直接影响着个人、企业甚至国家的未来发展，那么有没有一套系统化的方法帮助人们实现科学的决策呢？运筹学就是这样一门课程，其重点强调通过建立数学模型实现决策问题的分析与求解，以获得最优的决策。运筹学自身就可以成为一个学科，并且处于快速发展时期，运筹学课程也是管理、工业工程等专业的基础专业课。

在承担工业工程专业运筹学课程教学的过程中，发现其内容广泛，涵盖线性规划、对偶问题、运输问题、动态规划、目标规划、网络问题、排队论、存储论等，不同内容之间既有联系又有区别，教学内容的快速切换使得学生难以跟上教学步伐；此外，运筹学教学既有求解方法又有建模方法，仅仅讲授和学习计算过程则容易失去运筹学的灵魂，让学生抓住不同模型的本质特点，历练建模能力更为重要。为此，本书以“搜索”这一概念为突破口，利用一个极其简单的公式“$\boldsymbol{X}_{k+1}=\boldsymbol{X}_k+t_k\boldsymbol{P}_k$”作为搜索的逻辑框架，将所有章节的内容作为搜索的特例，即设置不同的步长和搜索方向；此外，本书在写作过程中不强调定义和概念，更多地强调直观性理解，只有真正理解模型的来龙去脉，学生才能真正明白概念的实际内涵，才能具有对复杂问题的建模能力。

本书在写作过程中，参考了大量成熟的教材、著作，也参考了很多国内外高校的讲义资料，真诚感谢前辈们的贡献与指引。由于编者水平有限，书中一定存在很多不足和错误之处，请读者不吝赐教。

编　者

目　录

第一章

绪　　论

课程目标

1. 了解课程的教学内容、目标及基本思路。
2. 了解运筹学发展历史及趋势。
3. 了解运筹学对人工智能的价值。
4. 了解运筹学的应用案例。

第一节　教学内容

本书的学习依赖的先修课程包括微积分、线性代数、概率论、计算机基础等。本书共分为十二个章节，主要包括如下内容：

第一章　绪论

第二章　优化及搜索

第三章　线性规划与单线形法

第四章　灵敏度分析

第五章　运输问题

第六章　网络模型

第七章　整数规划

第八章　目标规划

第九章　动态规划

第十章　排队系统

第十一章　LINGO 介绍及运用

第十二章　Python 求解实例

其中，第一章总体上论述课程的教学目标及思路；第二章是本书的牵引性章节，论述搜索与优化的基本概念，为后续章节提供一个统一的逻辑框架；第三章和第四章论述经典的线性规划、单纯形法以及灵敏度分析；第五章、第六章、第七章、第八章是在线性规划的基础上进行拓展形成的解决不同问题的方法；第九章论述用于求解多阶段问题的动态规划方法；第十章论述排队论的基础理论和模型；第十一章和第十二章提供了编程求解运筹学模型的思路与实例。

第二节　教学思路

本书总体上以优化问题为切入点，并将搜索技术作为所有教学内容的主线，利用一个极其简洁的基本搜索公式作为所有教学内容的总体逻辑框架。从本质上来说，上述的教学内容都是利用搜索技术寻找最优解的过程，搜索技术可以用 $\boldsymbol{X}_{k+1}=\boldsymbol{X}_k+t_k\boldsymbol{P}_k$ 来表示，其中 $\boldsymbol{X}_{k+1}$ 表示的是下一次迭代的位置；$\boldsymbol{X}_k$ 表示的是当前迭代的位置，初始位置时的位置为 $\boldsymbol{X}_0$；t_k 表示的是搜索的步长因子，即在 $\boldsymbol{X}_k$ 时向前搜索的距离；$\boldsymbol{P}_k$ 表示的是搜索的方向，即在 $\boldsymbol{X}_k$ 时搜索前进的方向。通过不同的策略设置 $\boldsymbol{X}_0$、t_k、$\boldsymbol{P}_k$ 就形成了不同的算法，本书中将要讲到的线性规划的单纯形法本质上就是沿着可行域的边界进行搜索的方法，由此衍生出了运输单纯形法、网络单纯形法等，本质上都是利用问题的特殊结构所形成的不同搜索策略。

第三节　运筹学的历史

一、运筹学的产生

运筹学本身就是一门十分重要的学科，也是工业工程、管理学等专业课程体系的重要组成部分。作为一门学科，运筹学的起源可以追溯到第二次世界大战的后半期。大多数常用的运筹学方法与技术大约是在最初的 20 年研究出来的，在这之后运筹学的发展速度有所放缓。但是在几十年的发展过程中，应用运筹学的学科越来越多，运筹学方法逐渐成为一项用于解决不同领域问题的成熟框架。

虽然没有一个明确的日期标志着运筹学的诞生，但普遍认为运筹学起源于第二次世界大战期间的英国。1938 年 7 月，一位名叫罗伊（A. P. Powe）的英国航空部的官员，组织团队对作战通信系统进行研究，并开发了雷达防御系统，在工作中他们首次使用“运筹学”这一名词。他们研究的主要目的是提高系统的运行效率，这一目标仍然是现代运筹学的基石。事实证明，他们所使用的方法能够有效地改善系统的运行效率，这使得许多团队也开始开展对运筹学的研究。其中，最著名的是由物理学家布莱克特（P. M. S. Blackett）（见图 1.1）所领导的，包含生理学家、数学家、天体物理学家的运筹学项目组的团队。运筹学起源于英国后的几年进入美国，其首先应用于美国海军的地雷作战小组。这个小组后来变为由飞利浦·摩尔斯（Phillip Morse）（见图 1.2）领导的反潜作战研究小组，简称为作战研究小组。与英国的布莱克特（Blackett）一样，摩尔斯（Morse）被广泛认为是“运筹学之父”。摩尔斯所著运筹学方法著作如图 1.3 所示。在美国，他领导的许多杰出的科学家和数学家在战争结束后继续成为运筹学的先驱。

在第二次世界大战结束后，许多科学家意识到他们为解决军事问题所采用的原理和技术同样适用于民用部门的许多问题。这些问题涵盖库存控制等短效问题，也包括战略规划和资源分配等长期问题。1947 年，乔治·伯纳德·丹齐格（George Dantzig）（见图 1.4）开发的用于线性规划（Linear Programming，LP）求解的单纯形算法是运筹学发展最重要的推动力之一。时至今日，线性规划仍然是最广泛的运筹学模型之一，尽管内点法逐渐成为一种替代单纯形算法的新算法，但单纯形算法仍然继续被广泛地使用。运筹学发展的第二个主要动力是计算机的快速发展。在 20 世纪 50 年代到 60 年代，首次在计算机上实现的单纯形法可以求解含有大约 1 000 个约束的问题。而今天，在强大的工作站上可以求解的问题包括成千上万的变量和约束。

图 1.1　运筹学之父——布莱克特

图 1.2　运筹学之父——摩尔斯

图 1.3　摩尔斯所著运筹学方法著作

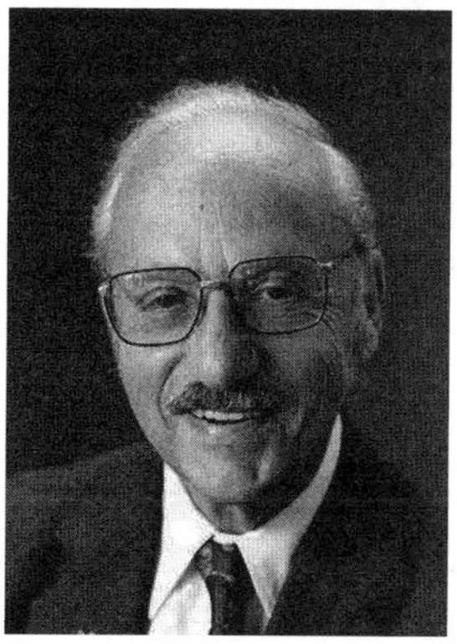

图 1.4　乔治·伯纳德·丹齐格
（线性规划单纯形法的发明人）

自从单纯形法被发明和使用，其他方法也发展迅速。运筹学产生初期的 20 年间，发展了大多数如今我们正在使用的运筹学模型，包括非线性规划、整数规划、动态规划、计算机仿真、PERT/CPM、排队论、库存模型、博弈论以及排序和调度算法等。其中的许多技术及其理论基础在运筹学诞生的很多年前就已经建立了，例如许多库存模型使用的 EOQ 公式是哈里斯（Harris）在 1915 年开发的，许多排队论的公式是达埃尔朗（Erlang）在 1917 年开发的，但是直到 20 世纪 50 年代到 70 年代才成为运筹学的标准工具集，并成功地应用于解决现实问题。运筹学发展早期的一些典型应用如表 1.1 所示。

表 1.1　运筹学发展早期的一些典型应用

机构	应用	时间	收益/万美元
荷兰基础设施和环境部	国家水管理政策制定，增加新设施，运营和成本程序	1985	1 500
孟山都公司	生产的运营优化，以最低的成本实现目标	1985	200
Weyerhaeuser	砍伐树木以最大化木材产品产量	1986	1 500

续表

机构	应用	时间	收益/万美元
巴西 Electrobras/Cepal	国家能源发电系统中水力和热力资源的优化分配	1986	4 300
美国联合航空公司	在机场进行排班，以最小的成本满足客户需求	1986	600
CITGO 石油公司	优化产品运营，提供分销和商业化	1987	7 000
澳大利亚 Santos 有限责任公司	在澳大利亚进行 25 年的优化资本生产以生产天然气	1987	300
电力研究所	用于电力服务的石油和煤炭库存管理，目的是平衡库存成本和剩余风险	1989	5 900
旧金山警察局	用计算机系统对巡逻人员进行优化编程和分配	1989	1 100
德士古有限公司	优化可用成分的混合方案，以获得符合质量要求和销售要求的燃料	1989	3 000
IBM	整合国家备件库存网络以改善支持服务	1990	27 000
美国军事空运司令部	东方中部“沙漠风暴”项目中飞机、机组人员、货物和乘客的协调，以推动空运疏散	1992	成功
美国航空公司	设计一个提高效益的定价、超售和航班协调结构系统	1992	50 000
黄色货运系统有限公司	优化国家运输网络的设计和美国的运输路线安排	1992	1 700
纽黑文卫生部	设计有效的针头更换计划以抗击艾滋病感染	1993	降低 33% 感染率
美国电话电报公司	开发用于设计呼叫中心以指导客户的计算机系统	1993	75 000
达美航空	在美国进行 2 500 次全国航班的航班分配时最大限度地提高利润	1994	10 000
数码设备公司	在供应商、工厂、分销中心、潜在地点和市场区域之间对整个供应链进行重组	1995	80 000
中国	符合国家未来能源需求的大规模项目的选择和最佳方案	1995	42 500
南非国防军	南非国防军及其武器系统的规模和形式的最佳重组	1997	110
宝洁公司	重新设计北美生产和分销系统，以降低成本并提高进入市场的速度	1997	20 000
塔可钟	最佳员工安排，以最低的成本向期望的客户提供服务	1998	1 300
惠普公司	重新设计打印机生产线上的安全库存的大小和位置，以遵守生产目标	1998	28 000

二、运筹学的发展

很多人将运筹学作为数学来学习，并将其认为是数学的一个分支。然而运筹学虽然应用了很多数学工具，与数学有着紧密的联系，但是研究范畴更为广泛，而且更为贴近生产生活实际。事实上，可以将运筹学理解为解决问题的系统化方法，或者进行决策的系统化方法。从其产生到今天，运筹学的发展可以分为以下几个主要阶段。

（一）产生时期

运筹学（英国用 Operational Research，美国用 Operations Research，简称统一用 OR），从其英文名称和中文翻译可以看出其与作战相关。人们一般认为，运筹学是最早起源于第二次世界大战初期的一门新兴学科，当时英国（后来是美国）军事部门迫切需要研究如何将非常有限的物资以及人力和物力分配与使用到各种军事活动的运行中，以达到最好的作战效果。1935 年，为了应对德国空中力量的严重威胁（飞机从德国起飞 17 分钟即可到达英国本土，如何预警和拦截成为一大难题），英国在东海岸的鲍德西成立了关于作战控制技术的研究机构，1938 年该项工作被称为运筹学，鲍德西也被认为是运筹学的起源地（见图 1.5）。

图 1.5　英国东海岸鲍德西（运筹学起源地）

（二）形成时期

第二次世界大战结束后，世界各国的运筹学工作者已超过 700 人，其中一部分人将在战争中进行运筹学研究得到的经验和知识转移到民用生产中。在英国，首先出现了一个“运筹学俱乐部”，在随后的数十年里，随着各国运筹学学会的逐渐成立，国际运筹学联盟（见图 1.6）于 1959 年正式成立，标志着运筹学学科的逐渐形成。

图 1.6　国际运筹学联盟徽标

经过近 30 年的发展，中国运筹学学会也在 1980 年正式成立。华罗庚先生（见图 1.7）作为推动运筹学在中国大力发展的首要人物被选为第一届学会理事长。

（三）发展时期

第二次世界大战之后的一段时期成了运筹学发展的“黄金时期”。随着各国运筹学相关学会的成立，与运筹学相关的一系列相关工具，如线性规划、动态规划、排队论、库存理论等都得到了发展，原本依靠手工计算而限制运筹学发展的运算规模得到了革命性突破，计算机强大的计算能力大大激发了运筹学在建模和算法方面的研究；同时，大量标准的运筹学工具被制作成通用软件（如 LINGO 等）被广泛运用在不同的行业中（见图 1.8）。

图 1.7　华罗庚先生

图 1.8　著名运筹学工具 LINGO

现如今对运筹学的学习，学习软件的使用是必不可少的。通过学习运筹学的相关软件，能掌握更多运筹学的思想和方法。

（四）成熟时期

在经历的第二次世界大战后发展的“黄金时期”后的几十年里，运筹学在研究和解决复杂的实际问题中不断地发展和创新，各种各样的新模型、新理论和新算法不断涌现，有线性的和非线性的，连续的和离散的，确定性的和不确定性的。这些新方法和新模型都标志着运筹学步入了一个成熟稳定的阶段。至今运筹学已经成为一个庞大的、包含多个分支的学科，其中一些已经发展得比较成熟，另外一些还有待完善，还有一些才刚刚形成。同时，在现如今电子与计算机主导计算方式的时代，运筹学的研究分支也越来越多，运筹学本身也在逐渐跳出所谓的“数学陷阱”，更多地实现应用和与其他学科的交叉碰撞。

三、运筹学的概念

（一）运筹学的定义

决策是管理中最重要的过程之一，运筹学就是系统化地解决决策问题的一种方法。运筹学将做出决策分为几个明确的步骤，按照这些步骤开展决策能够确保得到较好的决策结果，以最大程度地满足决策目标。运筹学是一种用于管理企业或组织的解决问题和决策的分析方法，和管理科学、决策科学和工业工程具有紧密的联系。它涉及应用先进的定量技术，以达成一个问题的决定或解决方案，所以运筹学必然要使用数学和数值技术，虽然至今也未形成关于运筹学的统一定义，但有一些机构和学者已经提出了一些具有代表性的定义，得到了广泛的认可：

（1）英国运筹学学会认为，运筹学是现代科学方法在工业、商业、政府和国防等领域中，独具由人、机器、材料和货币组成的大型系统的指导和管理所产生的复杂问题中的应用。其独特的方法是建立一个系统的模型，其中包括对变化和风险等因素的测量，用以预测和比较决策、战略或控制的结果。其目的是帮助管理层科学地确定其政策和行动。

（2）Randy Robinson 认为，运筹学是运用科学方法来提高运筹、决策和管理的有效手段。通过分析数据、建立数学模型和提出创新方法等手段，运筹学专业人员开发出基于科学的模型，为决策提供洞察和指导，还开发了相关的软件、系统、服务和产品。

（3）T. L. Saaty 认为，运筹学是一种提高解决方案质量的艺术和工具。

（4）P. M. Morse 和 G. E. Kimbal 认为，运筹学是一种定量方法，并将其描述为“为执行部门提供有关其控制下的运筹决策的定量依据的科学方法”。

（5）Miller 和 Starr 认为，运筹学是一种应用决策理论，这种理论能运用科学的、数学的或逻辑的方法来试图处理决策者所面临的问题。

虽然运筹学不存在具有共识的定义，但是总体上可以认为运筹学是采用量化手段来系统化地解决问题的一种手段。运筹学在多个不同的领域均有较好的应用，如下是一些常见的应用场景：

（1）预测和规划：如在确定生产能力、人力资源配置、建立经济秩序（和再订货数量）等方面。

（2）排程：如供应链和采购链中的排序，或在制造装配线上处理订单。

（3）营销：如在客户概况和促销活动及其他活动的实施方面。

（4）设施规划及布局：如设计在线处理系统或设计车间的平面图时。

（二）运筹学的重要性

何时需要运筹学，一个比较明显的判断准则是：你是否需要依据已有信息做出决策，如果需要，那么运筹学就有发挥空间。本书所指的决策是指在已有信息的基础上，做出可执行的决定，使得系统运行效能最优的一个过程。但是这种说法只能从宏观上解释应用运筹学的价值和重要性，并不能完全解释运筹学的重要性。下面从三个方面进一步阐述运筹学的重要性：

（1）运筹学能够高效发挥数据的潜能。随着数据采集技术的日益成熟，在运营过程中采集各种各样的数据已经变得非常容易。这些数据中蕴涵了当前运营状态的信息，运筹学恰恰是一门定量的学科，能够通过对数据采集和分析建立决策模型，进而做出正确的决策。因此，运筹学能够最大化地利用已有数据，发挥数据在决策过程中的潜能。

（2）运筹学帮助最优化资源分配。在任何时候，资源总是有限的。因此运营者总是希望可以最大化地利用已有的资源来实现企业在时间、质量、成本、服务和环境等方面的目标。运筹学能够通过量化的方式建立决策模型，做出科学的决策。

（3）运筹学帮助快速发布产品及服务。通过在决策过程中应用运筹学，能够使得决策更为系统化，这使得运营者可以提供更好的产品和服务。但是更为重要的是运筹学能够通过计划、调度使得产品和服务以最快的速度递交到用户手中。

（三）运筹学的特征

运筹学所包括的分支较多，这是导致很难给出明确的运筹学定义的原因之一。但是这些分支所采用的模型、算法和技术总体存在着一些共性特征。

1. 运筹学是一种决策方法

（1）运筹学的主要目标是寻找所考虑问题的最优解。运筹学利用科学手段对大型系统的研究，目的是找出问题所在，为管理者提供量化的决策数据，从而提高实现特定目标的效率。

（2）运筹学有助于识别、理解、分析一个正在发生的问题，从而做出正确的决策。这种方法可以在组织内实现更好的控制和协调。

2. 运筹学是一种科学的方法

运筹学运用各种科学的方法、模型和工具来解决复杂的组织问题。通过这种方法，可以避免个人偏见。

3. 运筹学需要跨学科的团队

运筹学需要团队合作来解决复杂的工业问题。一个运筹学团队往往由来自科学、数学和工程等不同学科的专家组成。每个成员都会从自己的角度评估现有问题，并为正在发生的问题提供替代策略。

通过这样的方式，团队每个成员都可以利用自己的经验和专业知识来提出一种其他成员难以想到的方法。

4. 运筹学是一种系统化的方法

（1）一个运作系统中，任何一个小部件的失效对整个系统来说都具有不可估量的影响。

（2）作为一种系统化的方法，运筹学方法跟踪每个策略对系统上所有子系统的影响，并根据其对每个系统的影响来评估每个策略。评估方法使用数学模型，依赖于计算机进行大量的计算。

5. 运筹学是一个持续的过程

利用运筹学解决现实问题的过程中，无法将运筹学模型利用在单一的问题上。在应用过程中往往会不断牵引出新的问题，需要采用不同的运筹学方法去逐个解决这些问题。因此运筹学始终是一个持续的过程。

四、运筹学的典型应用

（一）Bawdsey 雷达站

20 世纪 30 年代，德国内部民族沙文主义及纳粹主义日渐抬头。以希特勒为首的纳粹势力夺取了政权并开始以战争扩充版图，为武力称霸世界的构想做战争准备。欧洲上空战云密布。英国海军大臣丘吉尔反对主政者的“绥靖”政策，认为英德之战不可避免，而且已经日益临近。他在自己的权利范围内做着迎战德国的准备，其中最重要、最有成效之一的是英国本土防空准备。1935 年，英国科学家沃森·瓦特（R. Watson - Wart）发明了雷达。丘吉尔敏锐地意识到它的重要意义，并下令在英国东海岸的 Bawdsey 建立了一个秘密的雷达站。当时德国已经拥有一支强大的空军，起飞 17 分钟即可到达英国。在如此短的时间内如何预警及做好拦截，甚至在本土之外或海上拦截德机，就成了一大难题。即使在当时的演习中，雷达技术已经可以帮助英国探测 160 公里之外的飞机，但防空中仍有许多漏洞。1939 年，由曼彻斯特大学物理学家、英国战斗机司令部科学顾问、战后获诺贝尔奖的 P. M. S. Blackett 为首组织了一个代号为“Blackett 马戏团”的小组，专门就改进防空系统进行研究。

这个小组包括三名心理学家、两名数学家、两名应用数学家、一名天文物理学家、一名普通物理学家、一名海军军官、一名陆军军官及一名测量人员。研究的问题是：设计将雷达信息传送给指挥系统及武器系统的最佳方式，雷达与防空武器的最佳配置。他们对探测、信息传递、作战指挥、战斗机与防空火力的协调做了系统的研究并获得了成功，从而大幅度提高了英国本土的防空能力。在后来对抗德国对英伦三岛的狂轰滥炸中，他们的研究发挥了极大的作用。第二次世界大战史专家评论说，如果没有这项技术及研究，英国就不可能赢得这场战争，甚至在一开始就会被击败。

“Blackett 马戏团”是世界上第一个运筹学小组。他们就此项研究写的秘密报告中，使用了“Operational Research”一词，意指“作战研究”或“运营研究”，也就是众所周知的运筹学。Bawdsey 雷达站的研究是运筹学的发祥与典范。项目的巨大实际价值、明确的目标、整体化的思想、数量化的分析、多学科的协同、最优化的结果，以及简明朴素的表述，都展示了运筹学的特色，使人难以忘怀。

（二）Blackett 备忘录

1941 年 12 月，Blackett 以其巨大的声望，应盟国政府的要求，写了一份题为“Scientists at Operational Level（作战层次上的专家）”的简短备忘录。建议在各大指挥部建立运筹学小组，这个建议迅速被采纳。据不完全统计，第二次世界大战期间，仅在英国、美国和加拿大，参加运筹学工作的科学家就超过 700 名。

1943 年 5 月，Blackett 写了第二份备忘录，题为“关于运筹学方法论某些方面的说明”。他写道：“运筹学的一个明显特性，正如目前所实践的那样，是它具有或应该有强烈的实际性质。它的目的是帮助找出一些方法，以改进正在进行中的或计划在未来进行的作战的效率。为了达到这一目的，要研究过去的作战来明确事实，要得出一些理论来解释事实，最后利用这些事实和理论对未来的作战做出预测。”这些运筹学的早期思想至今仍然有效。

（三）大西洋反潜战

美国投入第二次世界大战后，吸收了大量科学家协助作战指挥。1942 年，美国大西洋舰队反潜战官员 W. D. Baker 舰长请求成立反潜战运筹组，麻省理工学院的物理学家 Morse 受邀负责计划与监督。Morse 最出色的工作之一是协助英国打破了德国对英吉利海峡的海上封锁。1941—1942 年，德国潜艇严密封锁了英吉利海峡，企图切断英国的“生命线”。英国海军数次反封锁均不成功。应英国的请求，美国派 Morse 率领一个小组去协助。Morse 小组经过多方实地调查，最后提出两条重要建议：

（1）将反潜攻击由反潜舰艇投掷水雷，改为飞机投掷深水炸弹。起爆深度由 100 米左右改为 25 米左右，即当德军潜艇刚下潜时攻击效果最佳。

（2）运送物资的船队及护航舰艇编队由小规模、多批次改为大规模、减少批次，这样，损失率将减少。

丘吉尔采纳了 Morse 的建议，最终成功地打破了德国的封锁，并重创了德国潜艇舰队。由于这项工作，Morse 同时获得了英国及美国战时的最高勋章。

（四）英国战斗机中队援法决策

第二次世界大战开始后不久，德国军队突破了法国的马其诺防线，法军节节败退。英国为了对抗德国，派遣了十几个战斗机中队，在法国国土上空与德国空军作战，且指挥、维护均在法国进行。由于战斗损失，法国总理要求增援10个中队。已出任英国首相的丘吉尔同意了这个请求。

英国运筹人员得悉此事后，进行了一项快速研究，其结果表明在当时的环境下，当损失率、补充率为现行水平时，仅再进行两周左右，英国的援法战斗机就一架也不存在了。这些运筹学专家以简明的图表、明确的分析结果说服了丘吉尔。丘吉尔最终决定：不仅不再增换新的战斗机中队，而且还将在法的英国战斗机大部分撤回英国本土，以本土为基地，继续对抗德国。局面有了大的改观。

在第二次世界大战中，定量化、系统化的方法迅速发展。由上面几个例子可以看出这一时期军事运筹的特点：

（1）真实的数据；

（2）多学科密切合作；

（3）解决方法渗透着物理学思想。

（五）Erlang 与排队论

19世纪后半期，电话问世，为用户服务的电话通信网随即建立。在电话网服务中，基本问题之一是：根据业务量适当配置电话设备。既不要使用户因容量小而过长等待，又不要使电话公司设备投入过大而造成过多空闲。这是一个需要定量分析才有可能解决的问题。

1909年到1920年，丹麦哥本哈根电话公司工程师 A. K. Erlang 陆续发表了关于电话通路数量等方面的分析与计算公式。尤其是1909年的论文“概率与电话通话理论”，开创了排队论——随机运筹学的一个重要分支。他的工作虽然属于排队论最早期成果的范畴，但方法论正确得当引用了概率论的数学工具作定量描述与分析，并具有系统论的思想，即从整体性来寻求系统的优化。

（六）Von. Neumann 和对策论

20世纪开始，Von. Neumann 即开始了对经济学的研究，做了许多开创性工作。大约在1939年，提出了一个属于宏观经济优化的控制论模型，成为度量经济学的一个经典模型。Von. Neumann 是近代对策论研究的创始人之一。1944年，他与 Morgenstern 的名著《对策论与经济行为》出版，将经济活动中国家的冲突作为一种可以量化的问题来处理。在经济活动中，冲突、协调与平衡分析问题比比皆是，Von. Neumann 分析了这类问题的特征，解决了一些基本问题，如“二人零和对策”中的最大—最小方法等。第二次世界大战期间，对策论的思想与方法受到军方重视，并开始了用对策论对战略概念进行分析的研究，在军事运筹领域占有重要位置。尽管 Von. Neumann 不幸于1957离世，但他对运筹学的贡献还有很多。他领导研制的电子计算机成为运筹学的技术实现支柱之一。他慧眼识人，对 Dantzig 从事的以单纯形法为核心的线性规划研究最早给予肯定与扶持，使运筹学中这个最重要的分支在第二次世界大战后不久即脱颖而出，而 Dantzig 当时年龄还不到30岁。

五、运筹学的应用步骤

（一）项目启动

运筹学不是单个人的活动，它需要一个团队，根据成员的强项或擅长的领域，由具备各种技能和专长的成员分配各种任务和职能。因此这一步必须做两件事：

（1）组建进行运筹学研究的团队。在选择团队成员时要考虑到团队的多样性。在产品设计时需要包括工程、装配和质量控制部门的代表，以及财务和市场营销人员，特别是那些涉及客户和市场的研究。设置一个能够引导团队朝正确方向前进的团队领导也是十分重要的，需要审慎考虑。

（2）确保团队成员充分理解手头的问题，特别是与运作有关的问题。他们应该学习什么？应该注意什么？他们开展这项具体活动的原因是什么？它将如何使本组织受益？这些是在团队成员面前必须要解决的几个主要问题，以避免团队成员盲目行事。

工作过程中使所有团队成员清晰地知道工作的进度，也会激励他们在研究中尽最大努力。同样重要的是，你能够在团队内部灌输对活动目标和迄今为止所做工作（如果有的话）的欣赏。

（二）问题定义

大多数决策过程都把问题定义作为第一步。大多数人也认为这是整个过程中最困难的部分，因为这将为接下来的其他活动定下基调。问题定义这一步不仅是困难的，也是极其重要的。“如果你不知道问题出在哪里，那么你只是在空转轮子，哪也去不了。”另外，即使你能够识别出一个问题，但这不是实际的或真正的问题，那么你也会浪费大量的时间和资源，甚至可能最终做出错误的决定。

在定义问题时，必须清楚地确定问题的范围以及希望在最后得到的结果。例如：与其说改进公司的产品设计，不如说“降低产品的单位生产成本”更具体。一旦你确定了问题，就需要从如下几个方面开展更细致的探索和研究：

（1）确定将影响你的目标的具体因素，明确区分哪些是在你控制范围内的因素和哪些是不在你的控制范围内的因素，并确定所有可能采取的替代方案。如果你想降低产品的单位生产成本，那么这些因素可能包括产品设计的灵活性、所使用的生产要素（例如直接材料、直接人工、间接成本）等。

（2）确定决策方案的制约因素。所有决策者都必须在一定的范围和约束内运作。例如：产品的性质甚至政府的法律法规都可能成为影响设计灵活性的因素。此外，资源的可用性也是常见的限制因素。

（三）数据收集

在这一步中假设已经知道应该收集什么类型的数据，在成功收集数据之前，有两件事需要注意：

（1）数据源。根据需要的数据类型，有许多可获取数据的数据源。一般来说，我们首先考虑已有的标准，如当前和历史趋势和设定值。

（2）数据收集的方法和工具。观察仍然是最常用的数据收集方法之一。由于自动化和计算机化，结合互联网带来的灵活性，数据收集得到极大的便利。过去需要数年时间来收集数据并将其处理为有价值的信息，现在只需要几天甚至几个小时就可以实现。

（四）模型构建

模型构建是运筹学区别于其他决策方法的关键。其他的决策方法往往直接研究、分析与运作系统，与此不同，运筹学通过建立模型或系统的模型，并利用其对运作系统进行分析。模型构建使研究人员能够简化系统，同时保持其准确性和对原始系统的保真度。此外，分析模型比分析实际系统要容易得多，而且成本更低。总体来说大致有四种类型的运筹学模型：

（1）模拟模型。这些模型的物理特性明显小于所研究的实际系统，并且具有与实际系统相似的特性，这些相似之处使得模型和原始模型相似，即使它们并不相同。

（2）仿真模型。仿真模型涉及模拟像系统中每个元素的行为，也可以说是创建一个真实的实际系统。这种模型通常很有价值，因为可以通过对系统统计度量的估计，来分析复杂的系统的行为。在现代社会中，仿真技术在几乎所有的工业、商业活动中都扮演着非常重要的角色。

（3）数学模型。运筹学和数学具有十分密切的关系，构建数学模型在运筹学实施的过程中十分常见。数学模型的主要作用在于其以非常高效的方式描述了变量之间复杂的映射关系。

（4）物理模型。顾名思义，这是一个有形的模型，它基本上是原始系统的副本，但适当缩小了规模。与模拟模型不同，模拟模型只是简单地模拟原始系统，这些缩小的版本是原始系统的较小副本。在四个模型类别中这是最难实现的，特别是在复杂系统的情况下。

（五）模型求解

该步骤是需要解决问题的一步，换句话说，这是分析阶段。显然，这是运筹学团队将花费最多时间和资源的部分，会将各种分析方法和技术用于前面步骤中制定的模型。

简单来说最常用的技术有：

（1）仿真技术。用于仿真模型分析，这些技术通常与一些统计技术密不可分。

（2）数字分析技术。主要利用统计方法，如回归分析、方差分析、排队论、统计推断等。

（3）优化技术。这涉及各种数学程序和统计方法的应用。数学规划技术通常包括线性和非线性规划、整数规划和网络理论。

这一步的最后，在考虑了使用的分析任务的结果之后，你应该已经获得了一个解决方案。

（六）模型验证及结果分析

确定了解决方案之后，还必须确保分析中使用的模型确实是系统的准确表示。在这种情况下，需要遍历各种“如果”场景，在这些场景中，需要考虑实现所得的解决方案可能产生的结果。

（七）实施和监控

选定了最好的解决方案或者建议就进入了实施阶段。实施过程中，监控是必须的，因为需要确保所决定的方案是实际实现的解决方案。这也是一种保持警觉的方法，因为不可预见的情况可能会导致解决方案的某些方面需要在过程中进行一些调整。

第四节　运筹学的趋势

运筹学的发展最开始适用于战争，随着数十年的发展，现在已经融入社会科学各界的方方面面。因为运筹学所包含的算法思想等能够解决许多方面的问题，跳出了传统的“数学陷阱”，如今运筹学的广泛应用使得它和其他科学领域的交叉日益加强，这些交叉不仅为运筹学的应用提供了很好的舞台，同时也为运筹学的新兴分支的产生和发展提供了土壤。

一、运筹学的学科交叉方向

运筹学里的优化模型作为数学模型里的一种，在各个领域被广泛应用，运筹学里的优化算法作为数值解决各类优化问题的关键，应用更为广泛，例如统计模型最后基本归结为求解一个优化问题。简单地说，凡是有“最”字，如利润最大化、成本最小化，基本就和运筹学息息相关。

运筹学与信息领域的交叉是一个很成功的例子。信息领域中的许多问题，如数据挖掘、模式识别、图像处理、分类、信息安全、互联网数据分析、无线传感定位问题、多通道通信干扰最小问题等都归结于运筹学问题。这些问题极大地推动了运筹学的发展。另外，运筹学与行为科学的结合能在决策、对策、规划以及合理性分析等起到重要作用，同时运筹学在服务行业包括金融服务业、信息电信服务业和医院管理等也有极大的发展空间。

二、人工智能的引擎——运筹学

在大数据和人工智能时代下，运筹学同样也发挥着十分重要的作用。如今人工智能、机器学习等成了一系列十分火热的研究名词。机器学习、人工智能、深度学习等，需要训练集来训练模型和参数，通常都会定义一个损失函数（Loss Function）或能量函数，设定约束条件，然后求解函数的能量最小值，通常需要使用优化器，或是根据特定问题编程求解。从这个意义上，人工智能、大数据，最终几乎都归结为一个求能量最小的优化问题，而运筹学正是研究优化理论的学科，因此把运筹学/优化理论称为人工智能、大数据的引擎并不为过。

（一）运筹学与大数据

大数据本身有自身的处理过程，包括采集、挖掘、管理、存储等，这属于信息科学的范畴。拿到数据后，根据数据做规律性的分析，得出一些有用的规律，进而认识到这个世界如何运转，这属于统计学习、深度学习甚至机器学习的范畴。在总结了很多规律的基础后做决定的时候，往往需要根据这些规律建立一个非常复杂的系统，如何根据复杂规律之间错综复杂的关系，把最优化的决策找出来，就是运筹学的任务。

（二）运筹学与机器学习

在大数据时代背景下，如何将大数据转化为最优决策成了运筹学的研究重点。但在数据与机器的结合过程中，运筹学中的优化思想对于机器学习本身也是适用的。机器学习的核心在于建模和算法，学习得到的参数只是一个结果。在目前的机器学习技术体系中，几乎所有的人工智能问题最后都会归结为求解一个优化问题，而运筹学正是一门研究如何求解最优化问题的学科。

本章小结

运筹学的发展是随着人类探索物质世界的需求而永不停息的，同时数学本身的矛盾解决和体系完善都给运筹学的发展提供了源源不断的动力。运筹学的发展趋势是随着社会科学而变的，但又紧紧地依附于、应用在科学和社会的方方面面。以往的运筹学应用，也就是传统的运筹学，常常与传统数学相结合，运筹数学就是其中一个强有力的分支，不过在如今的时代背景下，我们不难看出运筹学的核心思想可以应用到更广泛的、新兴的学科产业。当今运筹学的发展方向应该更重视与其他科学之间的交叉，注重运筹学本身的特性在大数据背景下、在人工智能时代下的优势和可能应该处于的位置。

运筹学从诞生以来始终都注重与“时代特性学科”的交叉，从最开始在战争中的应用，到后来强力的运筹学的分支，以及运筹学与管理学的交叉都是非常成功的历史路程。现如今，运筹学与生命科学、机器学习等新兴学科、产业等交叉应用便是我们应该着重研究的方向，我们应该相信，运筹学的思想注定了运筹学发展的趋势始终都是紧紧伴随着时代的。

第二章

优化及搜索

课程目标

1. 理解优化的基本要素及模型。
2. 掌握搜索的基本框架及过程。
3. 掌握常见的搜索方法及原理。

第一节 优化的基本要素

做任何一件事，人们总希望以最少的代价取得最大的效益，也就是力求最好，这就是优化问题。最优化就是在一切可能的方案中选择一个最好的以达到最优目标的学科。概括地说，凡是追求最优目标的数学问题都属于最优化问题。作为最优化问题，一般要有三个要素：优化目标、约束条件、优化变量。

（1）优化目标指的是开展优化所需要达成的目的，从制造的角度来说可以是时间、质量、成本、服务、环境，即经典的 T、Q、C、S、E。

（2）约束条件指的是开展优化时所必须满足的时间、资源、成本等方面的约束。

（3）优化变量指的是开展优化最终想要得到的结果，即如果优化一辆车的重量，方案可以为使用的材料及其用量；如果优化高铁的空气动力性能，方案可以为列车车头的形状等。

值得说明的是：优化目标应是优化方案（优化变量）的函数，即优化方案（优化变量）的改变会引起优化目标的改变。如果优化方案与目标无关，也就无法开展优化。例如，以高铁的空气动力性能为优化目标，优化方案为轨道的平滑度，或者是轨道的材料组成等与空气动力性能无关的内容。这种情况下，轨道的平滑度或者轨道的材料组成对空气动力性能没有影响，也就无法通过改变轨道的平滑度或者轨道的材料组成来优化空气动力性能。同理，约束条件也应该是利用优化变量组成的等式或者不等式。

第二节 经典极值问题

事实上，在我们的生活中处处都有优化问题。最简单的最优化问题实际上在高等数学中已出现过，这就是所谓的函数极值，我们习惯上又称之为经典极值问题。

例 1.1 对边长为 a 的正方形铁板，在四个角处剪去相等的正方形以制成方形无盖水槽，问：如何剪会使水槽的容积最大？

该问题明确要求水槽容积最大，因此，可将水槽的容积作为优化目标；一整块正方形铁板要在四个角上剪去相等的正方形才能形成一个水槽，因此，可以将剪去的正方形边长作为优化变量。此外，正方形铁板的边长为 a，所以约束条件为剪去正方形的边长必须小于 a 的一半。具体来说：

设剪去正方形的边长为 x，可以获得目标函数为

$$f=(a-2x)^2x \tag{2.1}$$

对于该问题的求解，可以采用十分简单的策略，即目标函数对优化变量进行求导，使得导数等于零，以此求出最优化的优化变量。

$$f'(x)=2(a-2x)(-2)x+(a-2x)^2=(a-2x)(a-6x) \tag{2.2}$$

使得目标函数的导数等于零，得

$$f'(x)=(a-2x)(a-6x)=0 \tag{2.3}$$

可以得到

$$x=\frac{a}{6},x=\frac{a}{2} \tag{2.4}$$

其中，$x=\frac{a}{2}$明显不合理，因为会将整个铁板剪去。但是现在仍然不能确定 $x=\frac{a}{6}$就是最优解。这是由于，通过目标函数的导数等于零所得的结果只是目标函数的驻点，并不清楚是最大值还是最小值。为了开展进一步判断，需要计算目标函数的二阶导数：

$$f''(x)=[(a-2x)(a-6x)]'=24x-8a \tag{2.5}$$

当 $x=\frac{a}{6}$时

$$f''\left(\frac{a}{6}\right)=-4a<0 \tag{2.6}$$

由于目标函数的二阶导数小于零，因此当 $x=\frac{a}{6}$时目标函数为最大值。所以，直接在每个角上剪去一个边长为 $x=\frac{a}{6}$的正方形，就能得到最大的容量 $f=\frac{2}{27}a^3$。

例 1.2 求表面积为常数的体积最大的长方体的边长。

该问题明确要求长方体的体积最大，因此将长方形体积作为目标函数；优化变量为长方体本身，用其长、宽、高来表示；约束条件为表面积为常数。

设长方形的长、宽、高分别为 x，y，z，体积 v 可以用式（2.7）得到

$$v=f(x,y,z)=xyz \tag{2.7}$$

约束条件可以用式（2.8）来表示

$$\varnothing(x,y,z)=xy+yz+xz=3a^2 \tag{2.8}$$

由于现在存在约束条件，因此无法采用直接求导的方式来求解最优解。一个直观的想法是：如果能够将约束条件和目标函数合并成一个函数而不改变目标值，就可以利用例 1.1 中的方法进行求解。因此，引入拉格朗日法将约束条件与目标函数统一起来，形成一个新的目标函数，即

$$F(x,y,z)=xyz+\lambda(xy+yz+xz-3a^2) \tag{2.9}$$

对该目标函数进行求导并使导数值等于零，得

$$F'_x(x,y,z)=yz+\lambda(y+z)=0$$
$$F'_y(x,y,z)=xz+\lambda(x+z)=0 \tag{2.10}$$
$$F'_z(x,y,z)=xy+\lambda(x+y)=0$$

考虑到 x，y，z 都为正数，在式（2.10）的两端分别乘以 x，y，z，可以得到

$$xyz+\lambda(y+z)x=0$$
$$xyz+\lambda(x+z)y=0 \tag{2.11}$$
$$xyz+\lambda(x+y)z=0$$

进一步转化，可得

$$xyz+\lambda(3a^2-yz)=0$$
$$xyz+\lambda(3a^2-xz)=0 \tag{2.12}$$
$$xyz+\lambda(3a^2-xy)=0$$

所以，$xy=yz=zx$，从而得到 $x=y=z$。如果需要进一步验证其是最大值还是最小值，需要计算该函数的海森矩阵，通过海森矩阵是否正定来判断是最大值还是最小值，这部分内容本书暂不予以考虑。

类似的，可以用相同的方法求解下述问题。

例 1.3　有一个圆柱形容器，其长度和直径分别为 L 和 D，并且要求容积 $V=\frac{\pi}{4}D^2L$ 为固定值，要求找到最优的长度和直径，以使得制造容器的成本最低，其成本由如式（2.13）确定：

$$f=c_s\pi DL+c_t\frac{\pi}{2}D^2 \tag{2.13}$$

式中，c_s 和 c_t 是公式的参数。上述问题同样是一个带约束的最优化问题，可以利用上面介绍的拉格朗日乘子将约束与目标函数合并，将有约束问题转变为无约束问题，进而采用导数为零的方法获得最优解，请同学们自行求解该问题的最优解。

该例题中，一个非常自然的问题是：为什么可以利用拉格朗日法的这种操作？为什么求得的解就是最优解？解释这个问题需要我们对最优化条件的原理有一定的理解。

第三节　最优化条件

最优化条件是用于判断最优解的充分必要条件，具体指的是：最优解处的一阶导数、二阶导数有什么特点，或者满足什么条件？在例 1.1 中，为什么可以将直接对目标函数求导并令其导数为零得到的最终解作为最优解？在例子 1.2 中，为何可以利用拉格朗日乘子将等式约束和目标函数融合起来得到最优解？这些计算和操作过程的背后都利用了最优化条件。最优化条件主要分为三种情况：

（1）优化模型无约束；

（2）优化模型有等式约束；

（3）优化模型有不等式约束。

当优化模型无约束时，最优化条件是比较容易理解的。从直观上来说必须满足两个

条件：

（1）最优解处的目标函数的导数必须为零，如果不为零，意味着一个微小的位置移动，目标值就会发生改变，要么减小要么增大，那么该点处不是极大值或者极小值；但是，仅凭导数为零这一条件，仍然无法判断是极大值还是极小值。

（2）当求解最小值时，最优解处的目标函数二阶导数必须大于零。这是由于最小值点向左侧移动微小的距离，梯度会降低，目标值增大；向右侧移动微小的距离，梯度会增大，目标值增大。因此，从左到右移动的过程中，一阶导数由负变正，是一个持续增大的过程。所以，二阶导数必然大于零。

当优化模型有等式约束时，最优化条件不太容易理解。本书通过举例来说明有等式条件下的最优化条件。设有如下例子：

$$\min f(x) = x_1 + x_2 \tag{2.14}$$

$$h(x) = x_1^2 + x_2^2 - 2 = 0$$

图 2.1 所示为等式约束下优化模型示意图。

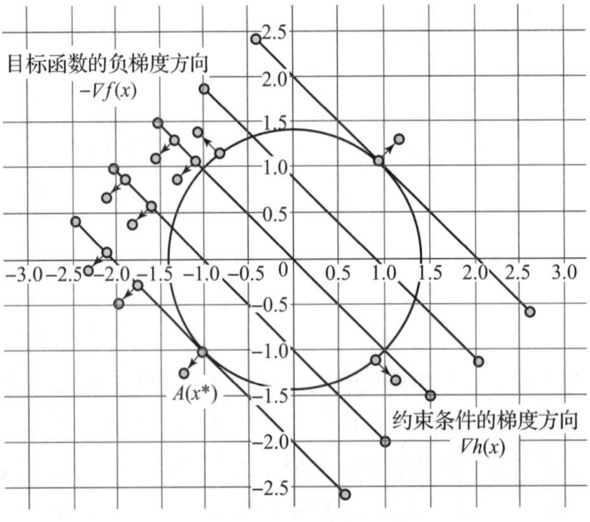

图 2.1 等式约束下优化模型示意图

图 2.1 中的圆圈指的是约束条件 $h(x)$；斜线表示的是目标函数的等值线。$-\nabla f(x)$ 表示的是目标函数的负梯度方向，该方向垂直于目标函数的等值线，沿该方向移动等值线目标函数将会减小。$-\nabla h(x)$ 表示的是约束条件的梯度方向，该方向在约束条件的每一点上都垂直于约束条件。特别值得强调的是这个梯度方向也可以是相反的方向，因为约束变为 $-h(x)$，优化模型是等价的。从图中很容易观察到，最优值为最左下角的 $A(x^*)$ 点，该点处有如下特点：

（1）目标函数 $f(x)$ 的负梯度与约束条件 $h(x)$ 的梯度方向相同或者相反，大小不同，即满足式（2.15）：

$$-\nabla f(x^*) = \lambda \nabla h(x^*) \tag{2.15}$$

（2）该点满足约束条件，即

$$h(x^*)=0 \tag{2.16}$$

（3）该点的二阶导数（海森矩阵）大于零（海森矩阵正定），即

$$\boldsymbol{y}^{\mathrm{T}}\nabla^2 f(x^*)\boldsymbol{y}>0 \tag{2.17}$$

根据上面三个条件，引入一个拉格朗日乘子 λ，可得如下结果：

$$L(x,\lambda)=f(x)+\lambda h(x) \tag{2.18}$$

对式（2.18）中的 x 求导并使其值为零，得

$L'_x(x^*,\lambda)=\nabla f(x^*)+\lambda\nabla h(x^*)=0$，式（2.18）确保满足条件（1）。

对 λ 求导并使其值为 0，得

$L'_x(x^*,\lambda)=h(x^*)=0$，式（2.18）确保满足条件（2）。

对应的海森矩阵正定，得

$\boldsymbol{y}^{\mathrm{T}}L''(x^*,\lambda)\boldsymbol{y}=\boldsymbol{y}^{\mathrm{T}}[\nabla^2 f(x^*)+\lambda\nabla^2 h(x^*)]\boldsymbol{y}>0$，式（2.18）确保满足条件（3）。

由于 $h(x)$ 为等式约束，根据该方法，上面的例题可以构造一个新的函数，通过求解该函数的最优解来找到原问题的最优解。

$$L(x,\lambda)=x_1+x_2+\lambda(x_1^2+x_2^2-2) \tag{2.19}$$

$$L'(x^*,\lambda)=[1+\lambda(2x_1^*),1+\lambda(2x_2^*)]^{\mathrm{T}}=[0,0]^{\mathrm{T}}$$

$$L'_\lambda(x^*,\lambda)=x_1^{*2}+x_2^{*2}-2=0$$

$$\boldsymbol{y}^{\mathrm{T}}L''_{xx}(x^*,\lambda)\boldsymbol{y}=\boldsymbol{y}^{\mathrm{T}}\begin{bmatrix}2\lambda & 0\\ 0 & 2\lambda\end{bmatrix}\boldsymbol{y}\geqslant 0$$

由以上条件可知，

$$x_1^*=-\frac{1}{2\lambda},x_2^*=-\frac{1}{2\lambda} \tag{2.20}$$

$$\frac{1}{4\lambda^2}+\frac{1}{4\lambda^2}=2$$

由此可得，$\lambda=\frac{1}{2}$ 或者 $\lambda=-\frac{1}{2}$ 。

当 $\lambda=\frac{1}{2}$时，

$L''_{xx}(x^*,\lambda)=\begin{bmatrix}2\lambda & 0\\ 0 & 2\lambda\end{bmatrix}=\begin{bmatrix}1 & 0\\ 0 & 1\end{bmatrix}$，该矩阵正定。

当 $\lambda=-\frac{1}{2}$时，

$L''_{xx}(x^*,\lambda)=\begin{bmatrix}2\lambda & 0\\ 0 & 2\lambda\end{bmatrix}=\begin{bmatrix}-1 & 0\\ 0 & -1\end{bmatrix}$，该矩阵非正定。

由以上分析可知，$\lambda=\frac{1}{2}$，$x_1=-1$，$x_2=-1$ 时为原问题的最优解，对应图 2.1 中的左下侧的 A 点，最优值为 -2。计算结果与我们从图中直观观察的结果是一致的。用于求解有等式约束的方法称为拉格朗日乘子法。

当优化模型有不等式约束时，最优化条件同样不太容易理解。本书通过举例来说明有不等式条件下的最优化条件。设有如下例子：

$$\min f(x)=x_1^2+x_2^2 \tag{2.21}$$

有不等式约束：

$$H(x) = x_1^2 + x_2^2 - 1 < 0 \tag{2.22}$$

图 2.2 所示为可行域示意图。

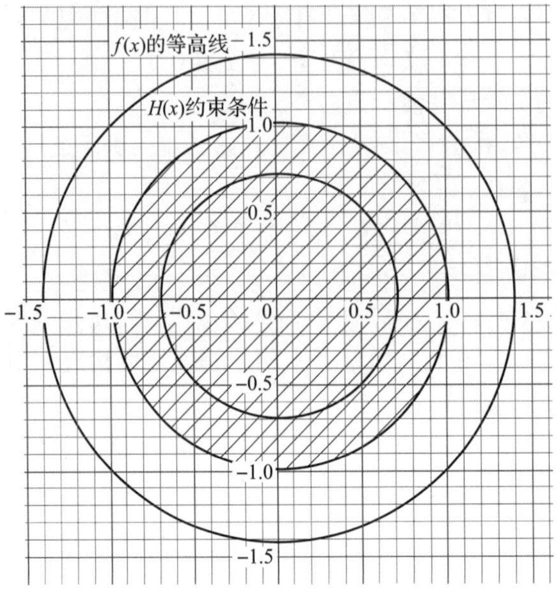

图 2.2 可行域示意图

图 2.2 中，阴影部分为满足约束条件 $H(x)$ 的区域，即可行域；外层的圆圈表示的是目标函数 $f(x)$ 的等高线。可以看到该问题属于比较特殊的一类情况，即目标函数 $f(x)$ 的最优解恰好落在约束条件内部，此时约束条件未起作用。这种情况下，可以直接将约束条件去除掉，利用无约束条件时的方法进行求解。

$$\nabla f(x) = (x_1^2 + x_2^2)' = [2x_1, 2x_2] = [0,0] \tag{2.23}$$

由上述两个等式，可以容易得到 $x_1 = 0$，$x_2 = 0$。

海森矩阵 $\boldsymbol{H} = [2, 0; 0, 2] = 2[1, 0; 0, 1]$，可知海森矩阵是正定的。所以，最优解为 [0, 0]，且为最小值。

当将上述问题稍作改变，模型变为如下时：

$$\min f(x) = (x_1 - 1.1)^2 + (x_2 - 1.1)^2 \tag{2.24}$$

有不等式约束：

$$g(x) = x_1^2 + x_2^2 - 1 \leqslant 0 \tag{2.25}$$

图 2.3 所示为变形后优化模型示意图。

图 2.3 中，阴影区域为约束条件 $g(x)$ 的区域，即可行域；多个同心圆表示的是目标函数 $f(x)$ 的等高线 $-\nabla f(x)$ 示的是目标函数的负梯度方向。由直接观察，可以发现阴影区域和同心圆的相切点为优化模型的最优解。在该点处有如下特点：

(1) 目标函数 $f(x)$ 的负梯度与约束条件 $g(x)$ 的梯度方向相同，大小不同，即满足如下等式：

$$-\nabla f(x^*) = \mu \nabla g(x^*), \mu > 0 \tag{2.26}$$

请同学们思考这里的 μ 为何不能与前面拉格朗日方法中的 λ 一样没有符号约束，而一定要大于零？

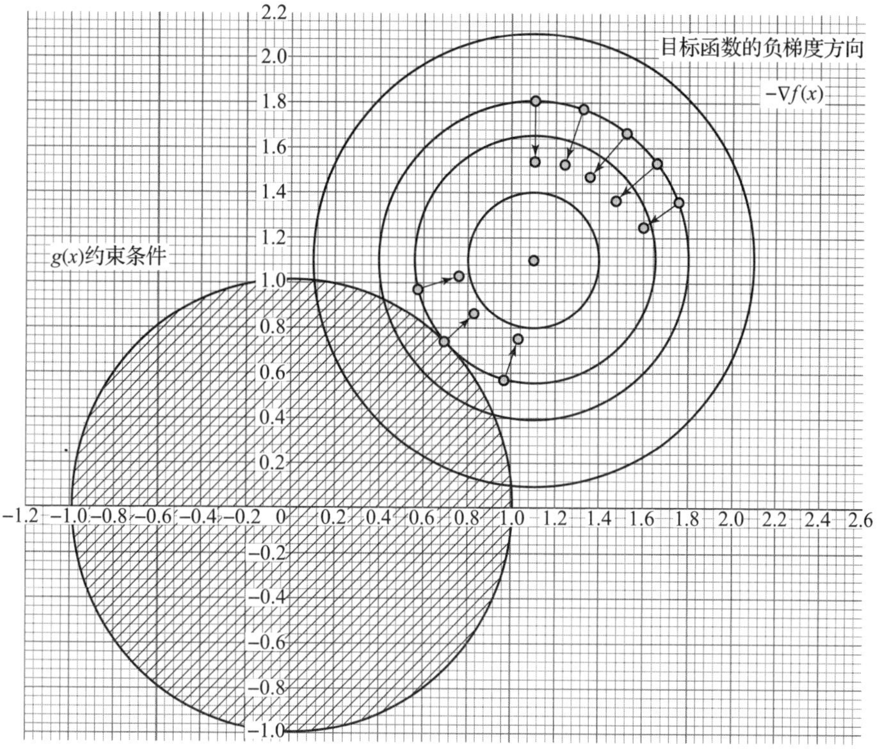

图 2.3 变形后优化模型示意图

（2）该点满足约束条件，即

$$f(x^*)\leqslant 0 \tag{2.27}$$

（3）如果目标函数的最优解本身就在可行域中，则无须考虑约束条件；否则，最优解一定是在可行域的边界上，即

$$\mu g(x^*)=0 \tag{2.28}$$

（4）该点的二阶导数（海森矩阵）大于零（海森矩阵正定）：

$$\boldsymbol{y}^{\mathrm{T}}\nabla^2 f(x^*)\boldsymbol{y}>0 \tag{2.29}$$

根据上述条件，可以构造一个新的目标函数：

$$L(x,\mu)=(x_1-1.1)^2+(x_2-1.1)^2+\mu(x_1^2+x_2^2-1) \tag{2.30}$$

对式（2.30）中 x 求导并令其值为零，得

$$L'_x(x^*,\mu)=[2(x_1-1.1)+2\mu x_1,2(x_2-1.1)+2\mu x_2]=[0,0] \tag{2.31}$$

对式（2.30）中 μ 求导并令其值为零，得

$$L'_\mu(x^*,\mu)=x_1^2+x_2^2-1=0 \tag{2.32}$$

由上述求导得三个方程：

$$\begin{gathered}2(x_1-1.1)+2\mu x_1=0\\2(x_2-1.1)+2\mu x_2=0\\x_1^2+x_2^2-1=0\end{gathered} \tag{2.33}$$

上述方程组中共有三个未知数，求解得

$$x_1=x_2=\frac{1}{\sqrt{2}},\mu=0.56$$

例 1.4 某单位拟建一排四间的停车房，平面位置如图 2.4 所示。由于资金及材料的限制，围墙和隔墙的总长度不能超过 40 m，为使停车房面积最大，应如何选择长、宽尺寸？

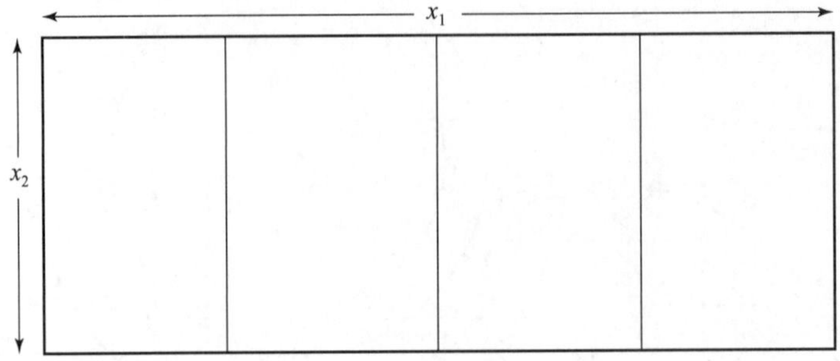

图 2.4 停车房平面位置

该问题明确要求停车房面积最大，因此，优化目标为停车房的面积。优化变量为停车房的长度和宽度；约束条件为围墙和隔墙的总长度不超过 40 m。

设四间停车房的长度和宽度分别为 x_1 和 x_2，目标函数可由下式来表示：

$$\max f(x_1,x_2)=x_1x_2 \tag{2.34}$$

变量 x_1 和 x_2，要满足如下条件：

$$2x_1+5x_2\leqslant 40 \tag{2.35}$$

$$x_1\geqslant 0, x_2\geqslant 0$$

按照 KKT 条件进行优化。

首先构造一个新的目标函数，如下：

$$L(x,\mu)=x_1x_2+\mu(2x_1+5x_2-40) \tag{2.36}$$

对式（2.36）中 x 求导并令其值为零，得

$$L'_x(x^*,\mu)=[x_2+2\mu, x_1+5\mu]=[0,0] \tag{2.37}$$

对式（2.36）中 μ 求导并令其值为零，得

$$L'_\mu(x^*,\mu)=2x_1+5x_2-40=0 \tag{2.38}$$

上述得到三个方程，三个未知数，求解得

$$x_1=10, x_2=4, \mu=-2$$

因此，停车房的长为 10，宽为 4。

第四节 迭代算法的基本概念

事实上，只有非常少数的优化问题能够直接通过拉格朗日乘数法来求解。多数问题不能采用这种方法得到最优解，而是采用“搜索”来近似地找到最优解。“搜索”也是理解运筹学所有模型和算法的核心。为了理解搜索的基本原理和过程，首先阐述优化问题求解中的几个重要概念。

1. 优化问题的数学模型

优化问题的数学模型一般是从实际问题中抽象出来的，该模型仅描述了现实问题的一个或多个侧面，并不能够全面地描述现实问题。但是该模型对于求解人们所关心的指

标、方案是具有重要意义的。这也是优化领域一句经典的来源“模型总是不对的，但是有时候会有用”，英文为“All models are wrong，some are useful”。一般的优化模型可以被表达为：

$$\begin{gathered}\min f(X) \quad X\in\Omega \\ H(X)=0 \\ G(X)\geqslant 0\end{gathered} \tag{2.39}$$

为了直观起见，本书后续讨论过程采用二维优化问题：

$$\begin{gathered}\min f(x_1,x_2) \quad x_1,x_2\in\Omega \\ h(x_1,x_2)=0 \\ g(x_1,x_2)\geqslant 0\end{gathered} \tag{2.40}$$

2. 约束集合（可行域）

当约束条件为线性函数时，等式约束在二维坐标上为一条直线；不等式约束在二维坐标上为一半平面。当约束条件为非线性时，等式约束在二维坐标上为一条曲线，不等式约束为曲线一侧的区域。如图2.5（a）、图2.5（b）所示。

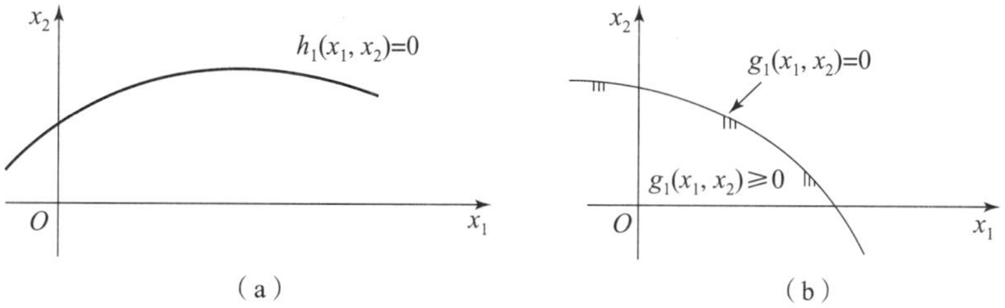

图2.5 可行域区域图

（a）$h_1(x_1,\ x_2)$；（b）$g_1(x_1,\ x_2)$

当把约束条件中的每一个等式所确定的曲线，以及每一个不等式所确定的部分在坐标平面上画出之后，它们相交的公共部分即为约束集合（可行域）D。

例1.5 在坐标平面上画出约束集合。

$$D=(x_1,x_2)^{\mathrm{T}}\mid x_1^2+x_2^2\leqslant 1, x_1\geqslant 0, x_2\geqslant 0$$

满足的区域为以原点为圆心，半径为1的圆；满足的区域为第一象限的扇形（如图2.6所示）。

3. 等高线

我们知道$f(x_1,\ x_2)=c$（其中c为常数）表示的是三维空间中的一条曲线。如图2.7所示，当c取不同的值的时候，就形成了三维空间中的一组曲线。在这组曲线中的每一条曲线上面的目标值都是相同的（具体值为c）。将三维空间中的这一组曲线投影到由x_1和x_2确定的平面上，就形成了一组二维平面上的曲线，称这一组曲线为目标函数的等高线。等高线的形状完全由曲面的形状所决定；反之，由等高线的形状也可以推测出曲面的形状。

例1.6 在由x_1，x_2所确定的平面上画出目标函数的等高线

$$f(x_1,x_2)=x_1^2+x_2^2$$

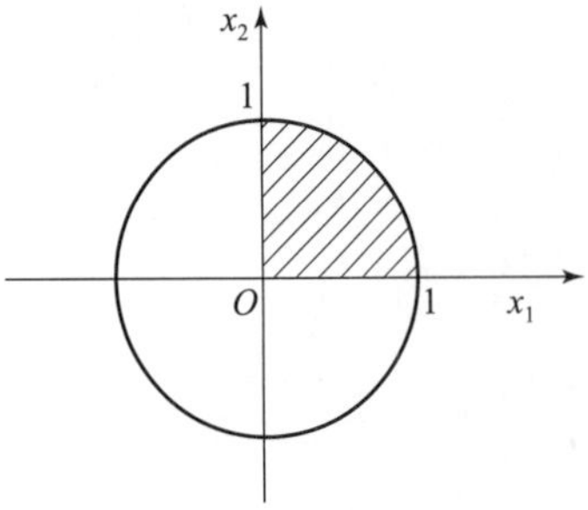

图 2.6　例 1.5 可行域区域图

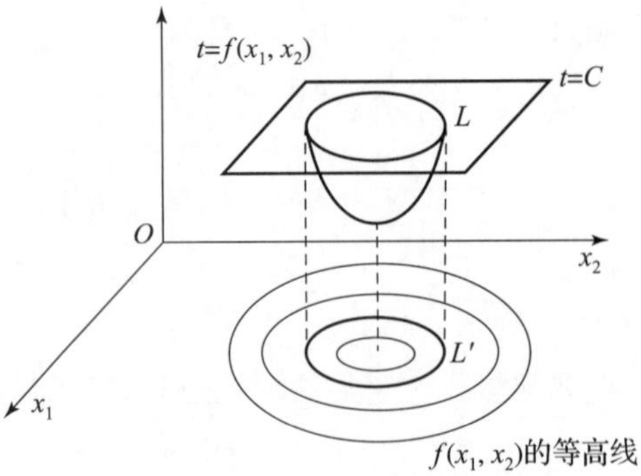

图 2.7　$f(x_1, x_2)$ 的等高线示意图

图 2.8 所示为例 1.6 等高线示意图。

例 1.7　用图解法求解二维最优化问题

$$\min(x_1+2)^2+(x_2+2)^2$$

$$\text{s. t.}\begin{cases} x_1^2+x_2^2\leqslant 1 \\ x_1\geqslant 0, x_2\geqslant 0 \end{cases}$$

图 2.9 所示为例 1.7 等高线示意图。

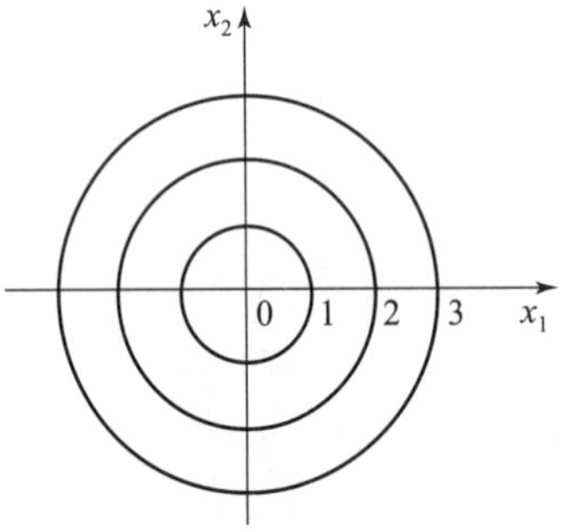

图 2.8　例 1.6 等高线示意图

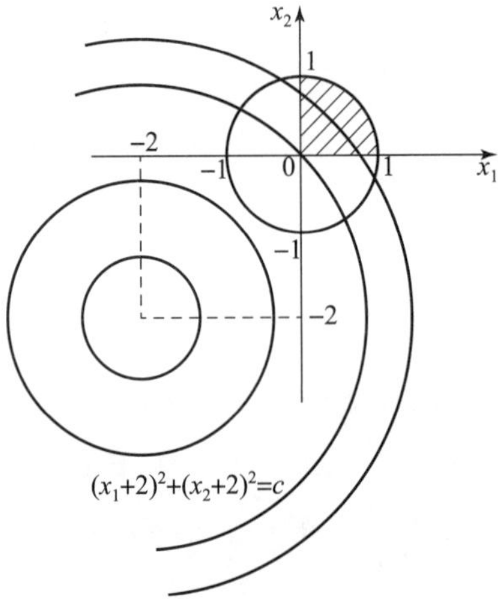

图 2.9　例 1.7 等高线示意图

目标函数的等高线是以 $[-2, -2]^{\mathrm{T}}$ 为圆心的同心圆，并且这组同心圆的外圈比内圈的目标函数值大。因此，该问题为在约束集中找一点，使其落在半径最小的那个同心圆上。所以，问题的最优解为：

$\boldsymbol{x}^*=[x_1, x_2]^{\mathrm{T}}=[0,0]^{\mathrm{T}}$，最优值为 8。

4. 迭代方法

在经典极值问题中，直接解析的方法虽然简单直观，但是其只能适应于非常简单或者特殊问题的优化，对于现实中的复杂优化问题往往无能为力，所以现实中极少应用极值问题的求解方法。但是，经典极值问题为理解优化问题及其理论提供了基础。

对于现实中的复杂优化问题，我们经常采用的是迭代法。迭代法指的是从某一选定的初始点出发，根据目标函数、约束函数在该点的某些信息，确定本次迭代的一个搜索方向和适当的步长，从而到达一个新点。

$$X_{k+1}=X_k+t_kP_k, k=1,2,\cdots \tag{2.41}$$

式中，$\boldsymbol{X}_k$ 指的是已经到达的迭代点，在计算开始之前的迭代点为 $\boldsymbol{X}_0$；$\boldsymbol{X}_{k+1}$ 指的是新的迭代点；$\boldsymbol{P}_k$ 指的是在第 k 次迭代过程中的搜索方向；t_k 指的是在第 k 次迭代过程中的步长因子。

按照式（2.41）进行一系列迭代计算所根据的思想是所谓的“爬山法”，就是将寻求函数极小值的过程比喻为向“山”的顶峰不断攀登的过程，在攀登过程中，始终保持向“高”的方向且“最陡”的方向前进，直至达到“山顶”。

当然“山顶”可以理解为目标函数的极大值，也可以理解为极小值，前者称为上升算法，后者称为下降算法。这两种算法都有一个共同的特点，就是每前进一步都应该使目标函数有所改善，同时还要为下一步移动的搜索方向提供有用的信息。如果是下降算法，则序列迭代点的目标函数值必须满足下列关系：

$$f(x_0)>f(x_1)>f(x_2)>\cdots>f(x_k)>f(x_{k+1})$$

如果是求解一个带有约束的极小值点，还需要确保每次迭代过程中新迭代点都在约束可行域内，这可以通过对 $\boldsymbol{P}_k$ 和 t_k 的控制与调节来实现。事实上，本课程后续涉及的所有的模型和算法都是通过制定不同的 $\boldsymbol{P}_k$ 和 t_k 的策略来实现的。

5. 收敛速度

上面提到的迭代方法仅仅是一个思路或者说是框架，采用不同的策略去设置 x_0、$\boldsymbol{P}_k$ 和 t_k 就形成了不同的迭代方法。作为一个迭代算法，能够确保得到问题的最优解当然是必要的，即能够收敛于最优解。但仅仅能够收敛还是不够的，还必须能够较快地收敛于最优解，这个也是区别不同迭代算法优劣的重要指标。

设由算法 A 产生的迭代序列 $\{x_k\}$ 在一定的度量指标下收敛于点 $\boldsymbol{X}^*$，即 $\lim\limits_{k\to\infty}=\boldsymbol{X}^*\ \dfrac{\|\boldsymbol{X}_{k+1}-\boldsymbol{X}^*\|}{\|\boldsymbol{X}_k-\boldsymbol{X}^*\|^{\alpha}}=q$。若存在实数 $\alpha>0$ 以及一个与迭代次数不相关的常数 q，使得

$$\lim_{k\to\infty}\frac{\|\boldsymbol{X}_{k+1}-\boldsymbol{X}^*\|}{\|\boldsymbol{X}_k-\boldsymbol{X}^*\|^{\alpha}}=q \tag{2.42}$$

那么称算法 A 产生的迭代序列 $\{x_k\}$ 叫作具有 α 阶收敛速度，或算法 A 是 α 阶收敛的。在一般的讨论中，经常提到的几个概念包括线性收敛（$\alpha=1$，$q>0$）、超线性收敛（$1<\alpha<2$，$q>0$ 或者 $\alpha=1$，$q=0$）和二阶收敛（$\alpha=2$）。一般认为，具有超线性收敛或二阶收敛的算法是较快速的算法。

6. 迭代终止准则

采用迭代法搜索最优解的过程不能一直进行下去，始终要停止下来。迭代终止准则就是用于判断停止搜索的条件。从理想情况来说，始终希望算法能够无限地趋近于真实的最优解。但是在现实中这是无法实现的，因为我们并不知道现实问题的真实最优解，如果知道真实最优解，也就没有必要利用迭代法进行求解了。在迭代的过程中，我们仅有的信息是获得的迭代序列 $\{x_k\}$，这个迭代序列中隐含了是否已经找到最优解的信息。通常我们采用三种准则来制定迭代终止准则。

点距准则：相邻两次迭代之间的距离已经达到足够小，$\|\boldsymbol{X}_{k+1}-\boldsymbol{X}_k\|\leqslant\varepsilon$，其中 ε 是一

个充分小的正数，代表着算法的计算精度。

函数下降量准则：相邻两次迭代之间的目标函数值下降的量已经达到足够小。当 $|f(\boldsymbol{X}_{k+1})|<1$ 时，可以用函数的绝对下降量准则，即 $|f(\boldsymbol{X}_{k+1})-f(\boldsymbol{X}_k)|\leqslant\varepsilon$。当 $|f(\boldsymbol{X}_{k+1})|>1$ 时，可以用函数的相对下降量准则：

$$\left|\frac{f(\boldsymbol{X}_{k+1})-f(\boldsymbol{X}_k)}{f(\boldsymbol{X}_{k+1})}\right|\leqslant\varepsilon \tag{2.43}$$

梯度准则：目标函数在迭代点的梯度已经达到充分小，即 $\nabla f(\boldsymbol{X}_{k+1})\leqslant\varepsilon$。

7. 迭代方法的基本步骤（见图 2.10）

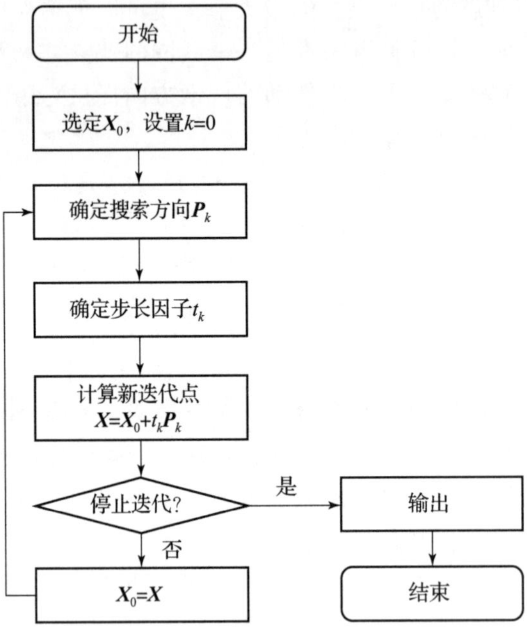

图 2.10　迭代方法的基本步骤

步骤一：选定初始点 $\boldsymbol{X}_0$，设置 $k=0$；

步骤二：按照某种规则来确定搜索方向 $\boldsymbol{P}_k$；

步骤三：按照某种规则来确定步长因子 t_k，使得 $f(\boldsymbol{X}_k+t_k\boldsymbol{P}_k)<f(\boldsymbol{X}_k)$；

步骤四：计算 $\boldsymbol{X}_{k+1}=\boldsymbol{X}_k+t_k\boldsymbol{P}_k$；

步骤五：判定 $\boldsymbol{X}_{k+1}$ 是否满足终止准则，如果满足则输出 $\boldsymbol{X}_{k+1}$ 和 $f(\boldsymbol{X}_{k+1})$ 并停止算法；否则设置 $k=k+1$ 并转到步骤二，继续执行算法。

第五节　常见的迭代方法

将常见的迭代方法分为一维搜索方法和典型搜索方法。学习一维搜索方法能够帮助我们理解最优步长的概念，学习典型搜索方法能够帮助我们理解最优搜索方法的概念。

一、一维搜索方法

为了论述方便，本书给定一个无约束的一维搜索问题 $\min f(x)$。一维问题的搜索区间就是包含该问题最优解的一个闭区间。一般情况下，求解一维搜索问题 $\min f(x)$，先要确定一个搜索区间，将问题转化为$\min_{a<x<b} f(x)$。下面介绍几种常见的一维搜索方法。

1. 对分法

对分法是利用对搜索空间的不断分割来寻找最优解的过程，分割的原则采用对分法，即将搜索区间切分成相等的两部分。该方法利用了函数在极小点处的导数为零，在极小点的左侧导数为负数，在极小点的右侧导数为正数的原理，用以判断应该去除哪一部分区间。因此，该方法要求可以获得$f(x)$，$f'(x)$的函数值。如图2.11所示。

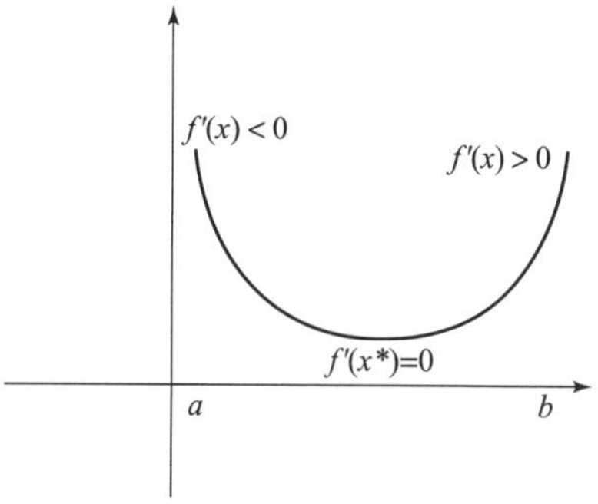

图2.11　$f'(x)$曲线图

其具体过程如下：

步骤一：确定初始搜索区间[a，b]，要求$f'(a)<0$，$f'(b)>0$；

步骤二：计算搜索区间[a，b]的中点$c=\frac{1}{2}(a+b)$；

步骤三：如果$f'(c)<0$，使得$a=c$，转到步骤四；如果$f'(c)>0$，使得$b=c$，转到步骤四；如果$f'(c)=0$，使得$x^*=c$，转到步骤五；

步骤四：如果$|a-b|<\varepsilon$，设置$x^*=\frac{1}{2}(a+b)$，转到步骤五，否则转到步骤二；

步骤五：输入搜索得到的最优解x^*，停止搜索过程。

下面利用对分法求解如下函数在[0，3]之间的极小值：

$$f(x)=(x-1)^2-2 \tag{2.44}$$

搜索过程中需要计算函数的导数：

$$f'(x)=2(x-1) \tag{2.45}$$

表2.1给出具体的迭代过程。

表2.1　迭代过程

#	a	b	c	$f(c)$	$f'(c)$
1	0	3	1.5	−1.750	1
2	0	1.5	0.75	−1.938	−0.5
3	0.75	1.5	1.125	−1.984	0.25
4	0.75	1.125	0.937 5	−1.996	−0.125
5	0.937 5	1.125	1.031 25	−1.999	0.062 5
6	0.937 5	1.031 25	0.984 375	−2.000	−0.031 25

由表2.1可以看出，仅通过6次迭代，对分法就能找到最优解为0.984，最优值为−2，与真实解十分接近。

2. 牛顿切线法

同对分法一样，牛顿切线法也是一种用于寻找最优步长因子的方法。其基本思想是通过调整步长因子，逐步逼近目标函数一阶导数为零$f'(x^*)=0$的点，该点即为搜索区间上的最优解。不妨假设经过 k 次迭代，已经找到了 $f'(x^*)=0$ 的一个近似解 x_k。为了确定步长因子 t_{k+1}，作曲线 $y=f'(x)$ 在点 $(x_k,\ f'(x_k))$ 上的一条切线，该切线的方程为

$$y-f'(x_k)=f''(x_k)(x-x_k) \tag{2.46}$$

利用这条线与坐标轴横轴的交点 x_{k+1}，作为下一次迭代的解。交点可以通过式（2.46）在 $y=0$ 时得到，即

$$x_{k+1}=x_k-\frac{f'(x_k)}{f''(x_k)} \tag{2.47}$$

式（2.47）即为牛顿切线法（见图 2.12）的基本迭代公式。

该方法要求可以获得 $f(x)$，$f'(x)$ 的函数值，其具体步骤为：

步骤一：确定初始搜索区间 $[a,\ b]$，要求 $f'(a)<0$，$f'(b)>0$；

步骤二：选定 x_0，设置 $k=0$；

步骤三：计算 $x_{k+1}=x_k-\dfrac{f'(x_k)}{f''(x_k)}$；

步骤四：如果 $|x_{k+1}-x_k|>\varepsilon$，设置 $x_k=x_{k+1}$，$k=k+1$，转到步骤三，否则转到步骤五；

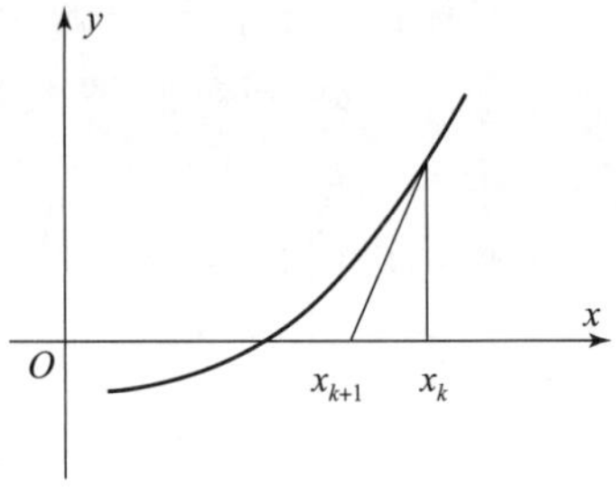

图 2.12 牛顿切线法

步骤五：输出搜索得到的最优解 $(x,\ f(x))$，停止搜索过程。

牛顿切线法的收敛速度较快，如果选择的初始点比较恰当，往往几次迭代之内就能得到最优解。但是，该方法需要计算目标函数的二阶导数，特别的，如果是多变量的目标函数，则需要计算目标函数的海森矩阵，这使得该方法的计算较难，应用受限。因为很多情况下一阶导数和二阶导数都无法得到。

下面利用牛顿法求解如下函数在 $[0,\ 3]$ 的极小值，初始值为 $x_0=3$：

$$f(x)=(x-1)^2-2 \tag{2.48}$$

搜索过程中需要计算函数的导数：

$$f'(x)=2(x-1) \tag{2.49}$$

$$f''(x)=2$$

表 2.2 给出具体的迭代过程。

表 2.2 迭代过程

#	x	$f(x)$	$f'(x)$	$f''(x)$	$f'(x)/f''(x)$
1	3	2.000	4.000	2.000	2.000
2	1	−2.000	0.000	2.000	0.000

由表 2.2 可以看出，仅通过 2 次迭代，牛顿法就能找到最优解，与真实解相同。

3. 黄金分割法

古老的黄金分割问题指的是将一块长方形的黄金分割为两段，其分割的要求是：切

分之后比较长的一段与总长度的比值，恰好等于较短的一段与较长的一段的比值，如图2.13所示。

如图2.13所示，黄金的总长度为 L，较长的一段为 x，分割要求：

$$\frac{x}{L}=\frac{L-x}{x} \tag{2.50}$$

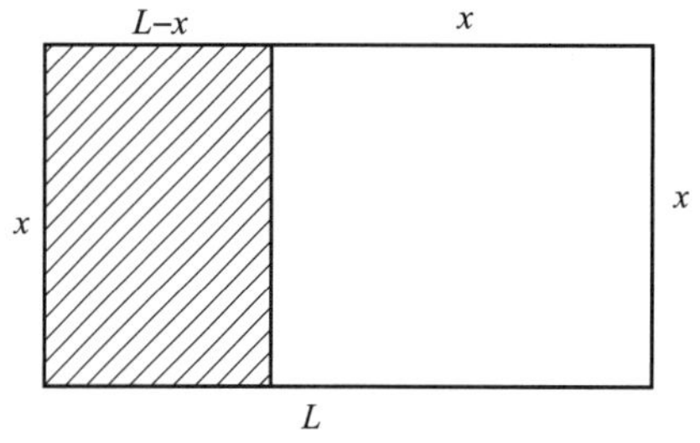

图2.13　黄金分割问题

求解该方程可以得到

$$x=\frac{\sqrt{5}-1}{2}\approx 0.618L$$

因此，较长的一段为总长度的0.618，而较短的一段为总长度的0.382。人们认为按照0.618来切分的线段是最协调、美丽的，因此称为黄金分割。

用黄金分割法进行一维搜索的基本思想是：在搜索区间 $[a,\ b]$ 适当插入两点 x_1，x_2，由此把区间分为三段，然后再通过比较这两点函数值大小，就可以确定是删去最左段还是最右段，或者同时删去左右两段保留中间段。如此继续下去可将搜索区间无限缩小。因此，利用黄金分割法进行求解就转化为了如何确定两个点对搜索区间进行分割。黄金分割法是利用黄金分割比例，将 x_1 确定为 $[a,\ b]$ 上0.618的位置，将 x_2 确定为 $[a,\ b]$ 上0.382的位置，即

$$x_1=a+0.618(b-a)$$
$$x_2=a+0.382(b-a)$$

在此基础上计算目标函数在 x_1，x_2 两点处的函数值 $f(x_1)$，$f(x_2)$，分三种情况讨论：

如果 $f(x_1)<f(x_2)$，说明 x_1 相对于 x_2 是较优的解，因此，直接将搜索区间 $[a,\ b]$ 的 $[a,\ x_2]$ 的部分去掉；设置新的区间为 $[x_2,\ b]$。

如果 $f(x_1)>f(x_2)$，说明 x_2 相对于 x_1 是较优的解，因此，直接将搜索区间 $[a,\ b]$ 的 $[x_1,\ b]$ 的部分去掉；设置新的区间为 $[a,\ x_1]$。

如果 $f(x_1)=f(x_2)$，需要具体分析去掉哪一部分区间更好，但一般情况下可以直接将两部分区间都去掉，只留下中间部分的区间；设置新的区间为 $[x_2,\ x_1]$。

根据上面的原理，黄金分割法的基本过程如下：

步骤一：确定初始搜索区间 $[a,\ b]$；

步骤二：计算 $x_2=a+0.382(b-a)$，$y_2=f(x_2)$；

步骤三：计算 $x_1=a+0.618(b-a)$，$y_1=f(x_1)$；

步骤四：如果 $|x_1-x_2|<\varepsilon$，则停止迭代，输出 $x^*=\frac{x_1+x_2}{2}$，否则转到步骤五；

步骤五：如果 $y_1\leqslant y_2$，使得 $a=x_2$，$x_2=x_1$，$y_2=y_1$，转到步骤三，否则，使得 $b=x_1$，$x_1=x_2$，$y_1=y_2$，$x_2=a+0.382(b-a)$，$y_2=f(x_2)$，转到步骤四。

黄金分割法是通过所选试点的函数值而逐步缩短单谷区间来搜索最优点。该方法适用于单谷区间上的任何函数，甚至可以是不连续函数，因此这种算法属于直接法，适用比较广泛。

下面利用黄金分割法求解如下函数在 $[0,\ 3]$ 上的极小值：

$$f(x)=(x-1)^2-2 \tag{2.51}$$

表 2. 3 给出具体的迭代过程。

表 2. 3　黄金分割法迭代过程

#	a	b	x_1	x_2	$f(x_1)$	$f(x_2)$
1	0. 000	3. 000	1. 854	1. 146	-1. 271	-1. 979
2	0. 000	1. 854	1. 146	0. 708	-1. 979	-1. 915
3	0. 708	1. 854	1. 416	1. 146	-1. 827	-1. 979
4	0. 708	1. 416	1. 146	0. 979	-1. 979	-2. 000
5	0. 708	1. 146	0. 979	0. 875	-2. 000	-1. 984

由表 2. 3 可以看出，仅通过 4 到 5 次迭代，黄金分割法就能找到较好的解，最终输出为 x_1 和 x_2 的中值，即 0. 927，目标值为 -1. 995，与真实值 -2 较为接近。

二、典型搜索方法

通过一维搜索方法的介绍，已经学习到如何设定合适的步长因子，以最快地收敛到最优解。除了步长因子，搜索中还有另一个重要的要素是搜索方向。本节通过介绍几种典型的搜索方法来学习搜索方向的确定方法。为了方便论述，本书给定一个无约束的优化问题 $\min f(\boldsymbol{X})$。

1. 最速下降法

在搜索过程中，将搜索的方向确定为目标函数的负梯度方向 $-\nabla f(\boldsymbol{X})$，每次迭代的步长取最优步长，这样的搜索方法称为最速下降法。如果已知目标函数 $f(X)$ 以及目标函数的梯度函数 $g(X)$，最速下降法的基本迭代过程如下：

步骤一：任意选择一个初始解 $\boldsymbol{X}_0$，计算 $f(\boldsymbol{X}_0)$，$g(\boldsymbol{X}_0)$，并设置 $k=0$。

步骤二：利用公式 $\boldsymbol{X}_{k+1}=\boldsymbol{X}_k-t_k g(\boldsymbol{X}_k)$ 计算新的迭代点。其中，$-g(\boldsymbol{X}_k)$ 为搜索方向；t_k 采用如下策略获得，称为最优步长。

$$f[\boldsymbol{X}_k-t_k g(\boldsymbol{X}_k)]=\min_t f[\boldsymbol{X}_k-tg(\boldsymbol{X}_k)] \tag{2.52}$$

步骤三：计算 $f(\boldsymbol{X}_{k+1})$，$g(\boldsymbol{X}_{k+1})$。

步骤四：利用终止准则判断是否满足终止条件，如果满足，输出 $\boldsymbol{X}_{k+1}$，$f(\boldsymbol{X}_{k+1})$ 并停止搜索；如果不满足，设置 $k=k+1$，转到步骤二。

特别的，将最速下降法应用于二次函数时，能够得出显式的迭代公式。设二次函数为

$$f(\boldsymbol{X})=\frac{1}{2}\boldsymbol{X}^{\mathrm{T}}\boldsymbol{A}\boldsymbol{X}+\boldsymbol{b}^{\mathrm{T}}\boldsymbol{X}+c \tag{2.53}$$

将该函数带入到迭代公式 $\boldsymbol{X}_{k+1}=\boldsymbol{X}_k-t_k g(\boldsymbol{X}_k)$ 中，可以得到：

$$\boldsymbol{X}_{k+1}=\boldsymbol{X}_k-\frac{\boldsymbol{g}_k^{\mathrm{T}}\boldsymbol{g}_k}{\boldsymbol{g}_k^{\mathrm{T}}\boldsymbol{A}\boldsymbol{g}_k}\boldsymbol{g}_k \tag{2.54}$$

最速下降法的优点是算法简单，每次迭代计算量小，占用内存量小，即使从一个不好的初始点出发，往往也能收敛到局部极小点。但它有一个严重缺点就是收敛速度较慢，

其主要的原因在于相邻两次的前进方向总是相互垂直的，容易产生锯齿现象，使得收敛过程较慢。(见图 2.14)

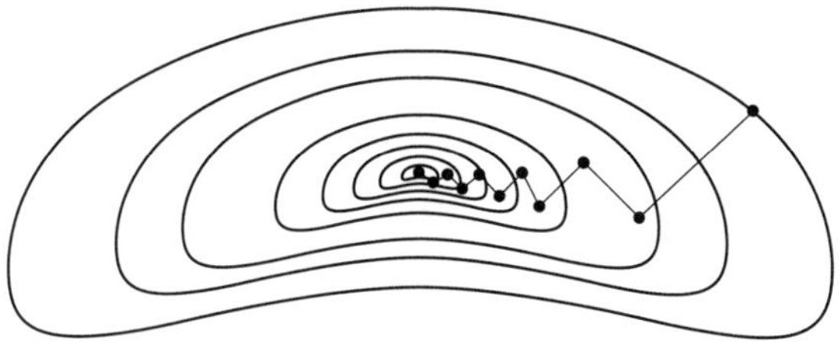

图 2.14　最速下降法示意图

下面利用最速下降法求解如下函数的最小值：

$$\min f(\boldsymbol{X}) = x_1^2 + 25x_2^2, \boldsymbol{X}_0 = [2,2]^{\mathrm{T}}, \varepsilon = 0.01 \tag{2.55}$$

式（2.55）是典型的二次函数，可以直接利用迭代公式进行求解。按照标准格式重写上述函数为

$$f(x) = \frac{1}{2}\boldsymbol{X}^{\mathrm{T}}\boldsymbol{A}\boldsymbol{X} \tag{2.56}$$

其中，$\boldsymbol{x} = [x_1, \ x_2]^{\mathrm{T}}$，$\boldsymbol{A} = \begin{bmatrix} 2 & 0 \\ 0 & 50 \end{bmatrix}$；

$$g(x) = \boldsymbol{X}^{\mathrm{T}}\boldsymbol{A} \tag{2.57}$$

其迭代过程如表 2.4 所示。

表 2.4　最速下降法迭代过程

#	x_k		$f(x)$	$g(x)$		更新		ε
	x_1	x_2		x_1	x_2	x_1	x_2	
1	2	2	104	1	25	0.080 12	2.003 07	
2	1.919 88	−0.003 07	3.686 16	0.959 94	−0.038 40	1.848 99	−0.073 96	2.004 67
3	0.070 89	0.070 89	0.130 65	0.035 44	0.886 10	0.002 84	0.071 00	1.850 47
4	0.068 05	−0.000 11	0.004 63	0.034 02	−0.001 36	0.065 54	−0.002 62	0.071 05
5	0.002 51	0.002 51	0.000 16	0.001 26	0.031 41	0.000 10	0.002 52	0.065 59
6	0.002 41	0.000 00	0.000 01	0.001 21	−0.000 05	0.002 32	−0.000 09	0.002 52

由表 2.4 可见，最速下降法仅需要 6 次迭代就满足了终止条件，最终得到的解为 [0, 0]，目标值为 0。

2. 牛顿法

最速下降法收敛速度比较慢的原因在于其搜索方向设置不合理，容易产生锯齿现象。牛顿法通过设置更为优化的搜索方向大幅度提升收敛速度，如图 2.15 所示，其基本思想是：在利用基本迭代公式的情况下，在每次迭代的起始处 $\boldsymbol{X}_k$，用一个二次函数 $Q(\boldsymbol{X})$ 来近似该点处的函数值，用二次函数在 $\boldsymbol{X}_k$ 点的

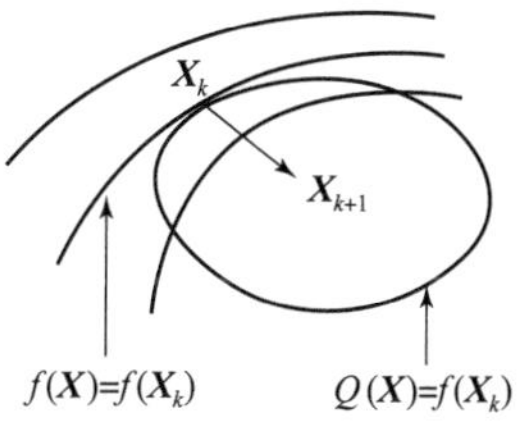

图 2.15　牛顿法示意图

极小值方向确定搜索方向。

为了确定二次函数 $Q(\boldsymbol{X})$，可以将原目标函数 $f(\boldsymbol{X})$ 在 $\boldsymbol{X}_k$ 点展开成二阶泰勒公式：

$$f(\boldsymbol{X}) \approx Q(\boldsymbol{X}) = f(\boldsymbol{X}_k) + \nabla^{\mathrm{T}} f(\boldsymbol{X}_k)(\boldsymbol{X}-\boldsymbol{X}_k) + \frac{1}{2}(\boldsymbol{X}-\boldsymbol{X}_k)^{\mathrm{T}} \nabla^2 f(\boldsymbol{X}_k)(\boldsymbol{X}-\boldsymbol{X}_k) \quad (2.58)$$

为了获得 $Q(\boldsymbol{X})$ 的极小值方向，直接令 $\nabla Q(\boldsymbol{X})=0$。

$$\nabla Q(\boldsymbol{X}) = \nabla f(\boldsymbol{X}_k) + \nabla^2 f(\boldsymbol{X}_k)(\boldsymbol{X}-\boldsymbol{X}_k) = 0 \quad (2.59)$$

由此可得

$$\boldsymbol{X} = \boldsymbol{X}_k - \frac{\nabla f(\boldsymbol{X}_k)}{\nabla^2 f(\boldsymbol{X}_k)} \quad (2.60)$$

将该方向作为 $\boldsymbol{X}_k$ 点的搜索方向，并且将步长因子设为 1，则迭代公式变为

$$\boldsymbol{X}_{k+1} = \boldsymbol{X}_k - \frac{\nabla f(\boldsymbol{X}_k)}{\nabla^2 f(\boldsymbol{X}_k)} \quad (2.61)$$

由此得出牛顿法的基本迭代过程如下：

步骤一：任意选择一个初始解 $\boldsymbol{X}_0$，计算 $f(\boldsymbol{X}_0)$，$g(\boldsymbol{X}_0)$，并设置 $k=0$。

步骤二：利用泰勒公式获得 $Q(\boldsymbol{X})$。

步骤三：计算 $\boldsymbol{X}_k$ 点的搜索方向 $-[\nabla^2 f(\boldsymbol{X}_k)]^{-1}\nabla f(\boldsymbol{X}_k)$。

步骤四：利用基本迭代公式计算 $\boldsymbol{X}_{k+1}$，$f(\boldsymbol{X}_{k+1})$。

步骤五：如果满足终止条件，则输出 $\boldsymbol{X}_{k+1}$，$f(\boldsymbol{X}_{k+1})$，停止迭代；如果不满足，则设置 $k=k+1$ 转步骤二。

牛顿法收敛速度非常快，具有二次收敛的优点。但是这种方法也存在着自身的局限性，比较突出的有两点，一是要求求解目标函数的海森矩阵，计算量和存储量都比较大；二是对海森矩阵的性质要求较高，要求该矩阵非奇异，如果海森矩阵是奇异矩阵则无法找到搜索方向，导致算法失效。

下面利用牛顿法求解如下函数的最小值：

$$\min f(\boldsymbol{X}) = 60 - 10x_1 - 4x_2 + x_1^2 + x_2^2 - x_1 x_2 \quad (2.62)$$

其中，初始点为 $\boldsymbol{X}_0=[0,\ 0]^{\mathrm{T}}$，$\varepsilon=0.01$。计算过程中会用到一阶导数和二阶导数如下：

$$\nabla f(x) = [-10+2x_1-x_2,\ -4+2x_2-x_1]^{\mathrm{T}} \quad (2.63)$$

$$\nabla^2 f(x) = \begin{bmatrix} 2 & -1 \\ -1 & 2 \end{bmatrix}$$

$$\nabla^2 f(x)^{-1} = \frac{1}{3}\begin{bmatrix} 2 & 1 \\ 1 & 2 \end{bmatrix}$$

其迭代过程如表 2.5 所示。

表 2.5 牛顿法迭代过程

#	x_k		$f(x)$	$g(x)$		更新	
	x_1	x_2		x_1	x_2	x_1	x_2
1	0	0	60	-10	-4	-8	-6
2	8	6	8	0	0		

由表2.5可见，仅通过两次迭代牛顿法已经找到最优解，最优解为 $[8, 6]^T$，最优值为8，此处的一阶导数为 $[0, 0]^T$。

3. 修正牛顿法

为了克服牛顿法存在的问题，人们提出一种修正的牛顿法，该方法保留牛顿法的搜索方向，但是采用一维搜索的最优步长替代牛顿法中默认为1的步长因子。其基本迭代过程与牛顿法类似，具体如下：

步骤一：任意选择一个初始解 $\boldsymbol{X}_0$，计算 $f(\boldsymbol{X}_0)$，$g(\boldsymbol{X}_0)$，并设置 $k=0$；

步骤二：利用泰勒公式获得 $Q(\boldsymbol{X})$；

步骤三：计算 $\boldsymbol{X}_k$ 点的搜索方向 $\boldsymbol{P}_k=-[\nabla^2 f(\boldsymbol{X}_k)]^{-1}\nabla f(\boldsymbol{X}_k)$；

步骤四：利用一维搜索计算步长因子 t_k，使得 $f(\boldsymbol{X}_k+t_k\boldsymbol{P}_k)=\min_t f(\boldsymbol{X}_k+t\boldsymbol{P}_k)$；

步骤五：利用基本迭代公式计算 $\boldsymbol{X}_{k+1}$，$f(\boldsymbol{X}_{k+1})$；

步骤六：如果满足终止条件，则输出 $\boldsymbol{X}_{k+1}$，$f(\boldsymbol{X}_{k+1})$，停止迭代；如果不满足，则设置 $k=k+1$ 转步骤二。

修正的牛顿法通过一维搜索方法确定步长因子，一定程度上改善了牛顿法的性能。但是，修正牛顿法仍需要计算目标函数的海森矩阵和逆矩阵，所以求解的计算量和存储量均很大。另外，当目标函数的海森矩阵在某点处出现奇异时，迭代将无法进行，因此修正牛顿法仍有相当的局限性。

由于修正的牛顿法与牛顿法本身的迭代过程是完全一致的，仅多了一个步长的计算，故本书将不再给出具体案例，留给同学去探索。

4. 变尺度方法

牛顿法和修正牛顿法提供了快速收敛的可能，提升了算法的性能。但是二者均需要计算海森矩阵的逆矩阵，这要求海森矩阵是可逆的，并且求逆的过程所需的资源较多。那么，能否有一种方法来近似海森矩阵的逆矩阵，而避免求解逆矩阵的过程呢？变尺度方法就是这样一类方法，同时具有了计算速度与收敛速度的优势，具有广泛的实际应用。

在牛顿法中，迭代公式如下：

$$\boldsymbol{X}_{k+1}=\boldsymbol{X}_k-\frac{\nabla f(\boldsymbol{X}_k)}{\nabla^2 f(\boldsymbol{X}_k)} \tag{2.64}$$

令 $\boldsymbol{G}_k=\nabla^2 f(\boldsymbol{X}_k)$，$\boldsymbol{g}_k=\nabla f(\boldsymbol{X}_k)$，迭代公式转变为

$$\boldsymbol{X}_{k+1}=\boldsymbol{X}_k-\boldsymbol{G}_k^{-1}\boldsymbol{g}_k \tag{2.65}$$

为了去除迭代公式中的 $\boldsymbol{G}_k^{-1}$，引入一个近似矩阵来替代它 $\boldsymbol{H}_k=\boldsymbol{H}(\boldsymbol{X}_k)$，也是构造了一个矩阵序列 $\{\boldsymbol{H}_k\}$，来逼近海森矩阵的逆矩阵。由此，迭代公式变为

$$\boldsymbol{X}_{k+1}=\boldsymbol{X}_k-\boldsymbol{H}_k\boldsymbol{g}_k \tag{2.66}$$

不同的 $\boldsymbol{H}_k$ 设置策略，形成了不同的方法。对于BFGS方法来说，本书不去具体探索其背后的理论，直接给出其具体的策略。

$$\boldsymbol{H}_{k+1}=\boldsymbol{H}_k+\frac{\boldsymbol{S}_k\boldsymbol{S}_k^{T}}{\boldsymbol{y}_k^{T}\boldsymbol{S}_k}-\frac{\boldsymbol{H}_k\boldsymbol{y}_k\boldsymbol{y}_k^{T}\boldsymbol{H}_k}{\boldsymbol{y}_k^{T}\boldsymbol{H}_k\boldsymbol{y}_k}+\beta(\boldsymbol{y}_k^{T}\boldsymbol{S}_k)(\boldsymbol{y}_k^{T}\boldsymbol{H}_k\boldsymbol{y}_k)\boldsymbol{W}_k\boldsymbol{W}_k^{T} \tag{2.67}$$

其中，$\boldsymbol{S}_k=\boldsymbol{X}_{k+1}-\boldsymbol{X}_k$，$\boldsymbol{y}_k=\boldsymbol{g}_{k+1}-\boldsymbol{g}_k$，式（2.67）中的参数 β 可以取不同的值，当 $\beta=0$ 时，该方法就是DFP方法；该方法首先是由Davidon（1959年）提出来的，后来Fletcher

和 Powell（1963 年）对其进行了改进，因此称为 DFP 方法。

当

$$\beta = \frac{1}{\boldsymbol{S}_k^{\mathrm{T}} y_k} \tag{2.68}$$

时，该方法就是 BFGS 方法。该方法是由 Broyden，Fletcher（1970 年），Goldfarb（1969 年）和 Shanno（1970 年）共同研究的结果，因此叫作 BFGS 算法。上述两种方法的具体的迭代过程与牛顿法相同，不同点只是利用了 $\boldsymbol{H}_k$ 去近似海森矩阵的逆矩阵。

本章小结

本章以优化的基本要素为起点，说明了经典极值问题的求解方法，从中引出最优化条件的重要性及其价值，介绍了无约束、有等式约束、有不等式约束三种情况下的最优化条件。介绍了迭代算法的基本框架，说明了迭代过程及基本概念，并将其作为本书所有章节的统领性框架。在此基础上，说明了几种一维搜索方法及典型搜索方法。

第三章

线性规划与单纯形法

课程目标

1. 掌握线性规划模型的特点。
2. 掌握线性规划的基本概念。
3. 掌握线性规划的建模方法。
4. 掌握单纯形法的求解步骤。
5. 形成单纯形法的直观理解。

第一节　线性规划的数学模型

一、线性规划问题举例

例 3.1　美国的 Pendegraft 教授在 1997 年发明了一个乐高游戏并应用其教授线性规划。课堂上某组的同学拿到了一袋乐高积木，其中包括 8 个小的积木，6 个大的积木。学生利用这些木块可以组合成桌子和椅子，组合桌子需要 2 个小积木和 2 个大积木，组合椅子需要 2 个小积木和 1 个大积木。桌子和椅子的售价分别为 16 元和 10 元（见表 3.1）。请各个小组的同学思考，如何组合桌子和椅子能够使得获得的收益最大化。

表 3.1　积木游戏

项目	桌子	椅子	
小积木	2	2	8
大积木	2	1	6
	16	10	

该问题本身就是一个优化问题，对优化问题的描述最重要的是识别优化的三要素，即优化变量、优化目标和约束条件。

优化变量： 设组合桌子和椅子的数量分别为 x_1，x_2。

优化目标： 小组需要达成的目标是收益最大化，也就是卖出去桌子和椅子所带来的收益，即

$$\max\ 16x_1 + 10x_2 \tag{3.1}$$

约束条件： 在搭建桌子和椅子时，所用的积木数量不能超过给出的两种积木的数

量，即

$$2x_1 + 2x_2 \leqslant 8 \tag{3.2}$$

$$2x_1 + x_2 \leqslant 6 \tag{3.3}$$

其中，第一个约束指的是组合桌子和椅子所用的小积木不能超过总的小积木数量；第2个约束指的是组合桌子和椅子所用的大积木不能超过总的大积木数量。此外，组合桌子和椅子的数目不能为负数，即

$$x_1, x_2 \geqslant 0 \tag{3.4}$$

值得说明的是，在建模的过程中我们必须明确指出变量的非负约束。虽然这个约束对我们来说是显而易见的，但是必须以明确的方式告知模型，否则可能会导致模型计算错误。

综上所述，例3.1的优化模型为

$$\max\ 16x_1 + 10x_2 \tag{3.5}$$

$$2x_1 + 2x_2 \leqslant 8$$

$$2x_1 + x_2 \leqslant 6$$

$$x_1, x_2 \geqslant 0$$

例3.2 有某一个超市为了节省人员成本，超市管理层决定优化安排营业员的工作时间。营业员每周连续工作5天后连续休息2天，所有的营业员轮流休息。根据过往的营业情况统计，每周从周一到周日需要的营业员的数量分别为300，300，350，400，480，600，550（见表3.2）。那么超市的管理层应该如何安排营业员使其既能够满足营业需求，又能够雇佣最少的营业员？

表3.2 每日所需员工数量

星期一	300	星期五	480
星期二	300	星期六	600
星期三	350	星期日	550
星期四	400		

同样的，需要首先分析该问题的优化三要素，即优化变量、优化目标和约束条件。

优化变量：问题要求解的是需要雇佣的营业员的数量，直观上应该设置营业员的总数为优化变量，但是这种设置方法不利于给出约束条件。可以将每天开始上班的营业员的数量作为变量，总体的营业员数量就是每天开始上班的营业员的数量之和。因此，优化变量为 x_1，x_2，x_3，x_4，x_5，x_6，x_7，对应一周7天中每天上班的人数。

优化目标：优化目标是营业员的总数量最少，因此目标函数如下：

$$\min\ x_1 + x_2 + x_3 + x_4 + x_5 + x_6 + x_7 \tag{3.6}$$

约束条件：每天开始工作的营业员的数量加上前4天开始工作的营业员的数量（营业员可以连续工作5天）不能少于当天需要的营业员的数量。

对于星期一来说，除了当天开始工作的营业员以外，从上星期四到星期日开始工作的营业员在星期一时仍然在工作，由此得出

$$x_1+x_4+x_5+x_6+x_7\geqslant 300 \tag{3.7}$$

对于星期二来说，除了当天开始工作的营业员以外，从上星期五到本星期一开始工作的营业员在星期二时仍然在工作，由此得出

$$x_1+x_2+x_5+x_6+x_7\geqslant 300 \tag{3.8}$$

以此类推，可以得到对于一星期中每一天的要求：

$$x_1+x_4+x_5+x_6+x_7\geqslant 300 \tag{3.9}$$

$$x_1+x_2+x_5+x_6+x_7\geqslant 300 \tag{3.10}$$

$$x_1+x_2+x_3+x_6+x_7\geqslant 350 \tag{3.11}$$

$$x_1+x_2+x_3+x_4+x_7\geqslant 400 \tag{3.12}$$

$$x_1+x_2+x_3+x_4+x_5\geqslant 480 \tag{3.13}$$

$$x_2+x_3+x_4+x_5+x_6\geqslant 600 \tag{3.14}$$

$$x_3+x_4+x_5+x_6+x_7\geqslant 550 \tag{3.15}$$

$$x_i\geqslant 0, i=1,2,\cdots,7$$

综上所述，该例题的优化模型为

$$\begin{gathered}\min\ x_1+x_2+x_3+x_4+x_5+x_6+x_7 \\ x_1+x_4+x_5+x_6+x_7\geqslant 300 \\ x_1+x_2+x_5+x_6+x_7\geqslant 300 \\ x_1+x_2+x_3+x_6+x_7\geqslant 350 \\ x_1+x_2+x_3+x_4+x_7\geqslant 400 \\ x_1+x_2+x_3+x_4+x_5\geqslant 480 \\ x_2+x_3+x_4+x_5+x_6\geqslant 600 \\ x_3+x_4+x_5+x_6+x_7\geqslant 550 \\ x_i\geqslant 0, i=1,2,\cdots,7\end{gathered} \tag{3.16}$$

二、线性规划模型的特征

上述模型的共性特征在于如下两点：

目标函数是优化变量的线性函数；

约束条件是优化变量的线性函数。

这也是线性规划模型的特殊之处，可以用如下的公式来描述：

$$\begin{gathered}\min\ c_1x_1+c_2x_2+\cdots+c_nx_n \\ a_{11}x_1+a_{12}x_2+\cdots+a_{1n}x_n\geqslant b_1 \\ a_{21}x_1+a_{22}x_2+\cdots+a_{2n}x_n\geqslant b_2 \\ \vdots \qquad \vdots \qquad\qquad \vdots \qquad \vdots \\ a_{m1}x_1+a_{m2}x_2+\cdots+a_{mn}x_n\geqslant b_m \\ x_i\geqslant 0, i=1,\cdots,n\end{gathered} \tag{3.17}$$

其中，c_i，$i=1$，…，n 是线性规划模型的价值系数，a_{ji}，$i=1$，…，n，$j=1$，…，m 是线性规划模型的工艺系数，原因在于a_{ji}描述了生产工艺的能力。在例 3.1 中，不同的桌椅组合方法决定了积木的用量，这就是生产的工艺水平。b_j，$j=1$，…，m 是线性规划模型的资源限量。该线性模型具有 n 个优化变量和 m 个约束条件，上述模型也可以用矩阵的

形式描述出来。

$$\min \boldsymbol{C}^{\mathrm{T}}\boldsymbol{X} \tag{3.18}$$
$$\boldsymbol{AX} \geqslant \boldsymbol{b}$$
$$\boldsymbol{X} \geqslant \boldsymbol{0}$$

式中，$\boldsymbol{X}=[x_1, x_2, \cdots, x_n]^{\mathrm{T}}$ 是线性规划模型的优化变量；$\boldsymbol{C}=[c_1, c_2, \cdots, c_n]^{\mathrm{T}}$ 是线性规划的价值系数；$\boldsymbol{b}=[b_1, b_2, \cdots, b_m]^{\mathrm{T}}$ 是线性规划的资源限量。

$$\boldsymbol{A}=\begin{bmatrix} a_{11} & a_{12} & \cdots & a_{1n} \\ a_{21} & a_{22} & & a_{2n} \\ \vdots & \vdots & & \vdots \\ a_{m1} & a_{m2} & \cdots & a_{mn} \end{bmatrix}$$

指的是线性规划模型的工艺系数。

除此以外，线性规划模型还有如下四个典型的特点：比例性、可加性、可除性和确定性，在建模的过程中要给予注意。

比例性：线性规划模型的任何一个方程式中优化变量的作用都与一个恒定量成正比，例如，多生产一个单位的产品，就会成比例地带来相应的收入。特别是，优化变量不能与其他变量相乘或除，也不能作为其他函数关系的参数（例如 $\sin x$ 或 $\lg y$）。

在目标函数中，比例性意味着每个优化变量对目标的边际贡献率保持恒定。每个产品的生产成本相同，并且产生相同的利润率。在现实世界中可能并不总是满足比例性，例如，规模经济反映了随着生产水平的变化，成本和利润率的变化。某些首选客户的价格折扣也违反了比例假设。不过，如果变量的系数代表该产品的平均边际贡献率，则可以说该假设是合理成立的。在约束条件中，比例性表示每个变量的资源需求都假定为恒定。在大多数的系统中确实存在这种情况，通常可以满足假设。

可加性：任何一个方程式中优化变量的组合效应是其带权代数和。

在目标函数中，可加性意味着将变量对目标的贡献假定为它们各自加权贡献的总和。换句话说，总利润（或成本）是单个产品利润（或成本）的总和。在约束中，可加性意味着总资源使用量同样是每个变量的单个资源使用量之和。

可除性：优化变量可以采用小数（非整数）值。

这是基于以下事实：线是连续的几何对象，并且其组成点的坐标不一定总是整数。如果将生产视为连续过程，则可分割性通常不会成为障碍。分数值通常可以解释为在下一个生产阶段要完成的在制品。无论如何，如果需要整数解，则始终可以通过整数规划获得它们。

确定性：所有模型参数都是已知常数。

从技术上讲，这在现实世界中永远是不正确的；在所有的线性规划模型中总是存在一定程度的不确定性。但是，对于短期问题不确定性水平往往很小，通常可以在完全确定的假设条件下得到结果，然后在灵敏度分析中考虑参数较小的变化。

第二节　线性规划的图解法

图解法能够让我们以直观的方式观察线性规划模型的求解过程。但是，图解法仅仅适用于二维及三维的线性规划模型，也就是变量数目个数为 2 或者 3。本章从图解法开始探索线性规划的求解方法。

一、图解法的基本步骤

图解法总体上分为两个主要步骤，即可行域绘制、获得最优解。本章以例 3.1 为例进行说明。

例 3.1 中包括四个约束，即

$$2x_1 + 2x_2 \leqslant 8 \tag{3.19}$$

$$2x_1 + x_2 \leqslant 6$$

$$x_1 \geqslant 0$$

$$x_2 \geqslant 0$$

在由 x_1，x_2 确定的二维平面上，上述四个约束中的每一个都为一条直线的一侧区域，上述四个区域的交集就是该模型的可行域，如图 3.1 所示。

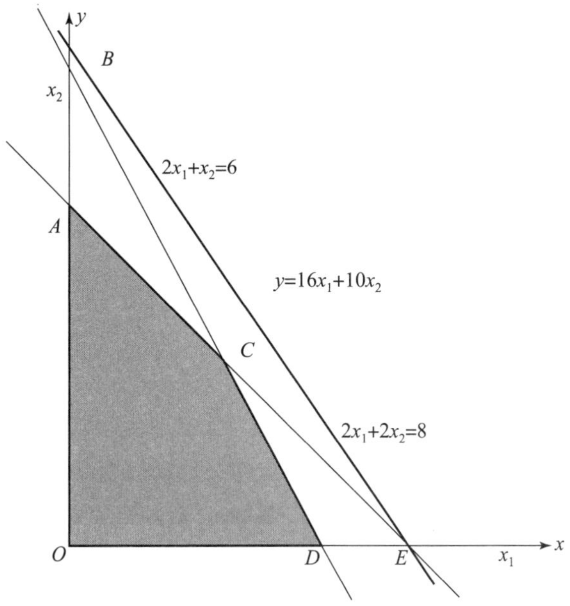

图 3.1　最优解示意图

绘制图 3.1 步骤如下：

将四个不等式转化为等式，直接将不等号变为等号即可，相当于得到一条直线作为区域的边界；

将四条直线绘制在 x_1，x_2 所确定的平面上；

所有约束所围成的区域就是该模型的可行域。

该模型一共有四个约束，它们的边界为四条直线。这四条直线两两相交形成了 6 个点，称为交点，如图 3.1 中的 A，B，O，C，D，E 为交点。在这些交点中 O，A，C，D 为可行域的角点，也称为极点。

在获得可行域的基础上，可以进一步获取模型的最优解。在第一章中，我们已经学习过等高线的概念。事实上，如果将例 3.1 中的目标看作一个函数，那么其等高线是一组平行的直线。通过如下三个步骤来绘制等高线：

在原点处绘制 $y=16x_1+10x_2$ 的法线方向，即绘制向量 $[16,10]^T$；

作一条垂直于法线向量 $[16,10]^T$ 的直线，这条直线就是目标函数的一条等高线；

平行移动这一条等高线，画出一系列的直线，这些直线都是目标函数的等高线。

在向右侧移动等高线的过程中，能够清晰地看出来，到达 C 点时再向右侧移动就会移出可行域，向左移动又会使得目标值减小（目标是最大化）。因此，C 点就是线性规划的**唯一最优解**，具体的解为 $[2,2]^T$，也就是 C 点的坐标值，即生产桌子和椅子各 2 个，获得的总收益是 $16\times2+10\times2=52$（元）。

以上就是图解法的基本过程。

现在来继续考虑，由于竞争的引入，椅子的生产量变多导致其价格降低为 8 元，也就是模型的目标函数变为如下函数：

$$\max\ 16x_1+8x_2 \tag{3.20}$$

多重解示意图如图 3.2 所示。

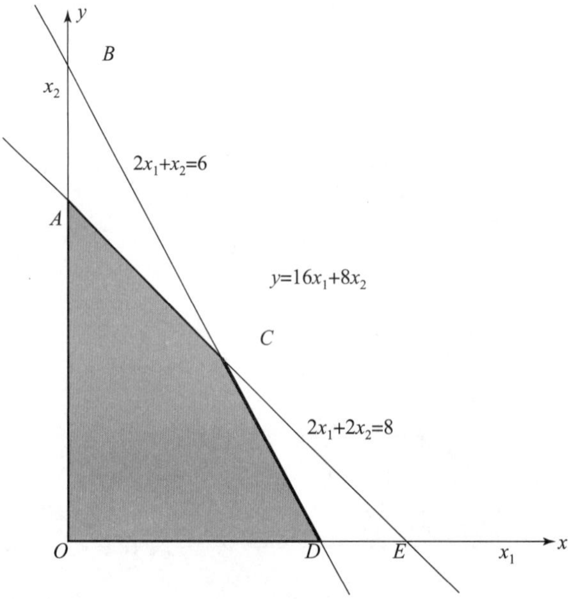

图 3.2　多重解示意图

采用上述同样的方法绘制新目标函数 $y=16x_1+8x_2$ 的一条等值线，并且向右侧移动。在移动的过程中能够发现等值线和约束边界 $2x_1+x_2=6$ 有一段重叠线段 $\overline{CD}$。这说明，整个线段上的点都是该模型的最优解。该线段可以用下式表达：

$$G=\alpha C+(1-\alpha)D,\ 0<\alpha<1 \tag{3.21}$$

通过调节 α 的值可以得到不同解，也就是该模型不是具有唯一最优解，而是具多重解。

现在来继续考虑，由于手中积累了大量的积木，严重占用了库房，因此产生了不可估量的成本。如果能够快速消耗积木，对降低库存成本将大有帮助。现在假设：每个小组必须最少用完 8 个小积木和 6 个大积木。在这种情况下，线性规划的约束变为

$$2x_1+2x_2\geqslant 8 \tag{3.22}$$

$$2x_1+x_2\geqslant 6$$
$$x_1\geqslant 0$$
$$x_2\geqslant 0$$

利用可行域的绘制方法，将可行域绘制出来。同时将 $y=16x_1+10x_2$ 的等值线绘制出来，并且进行移动。发现：可以无限制地向右侧移动等值线，目标函数会无限制地增大。这种情况下，该模型具有无界解，具有无界解也是有解的一种情况。如图 3.3 所示。

现在来继续考虑，由于手中积累了大量的小积木，严重占用了库房，故产生了不可估量的成本。如果能够快速消耗小积木，对降低库存成本将大有帮助。同时，由于组合方法的改变，组合椅子只需要 1 个大积木和 1 个小积木就可以了。现在假设，为了节约库存成本，每个小组必须至少用完 8 个小积木。在这种情况下，线性规划的约束变为

$$2x_1+x_2\geqslant 8 \tag{3.23}$$
$$2x_1+x_2\leqslant 6$$
$$x_1\geqslant 0$$
$$x_2\geqslant 0$$

利用可行域的绘制方法，将可行域绘制出来，容易发现不存在可行域。在这种情况下，该线性模型也就不存在最优解，即无可行解。如图 3.4 所示。

综合以上讨论，可以发现线性模型的结果可以分为四种情况：

（1）唯一最优解；

（2）多重解；

（3）无界解；

（4）无可行解。

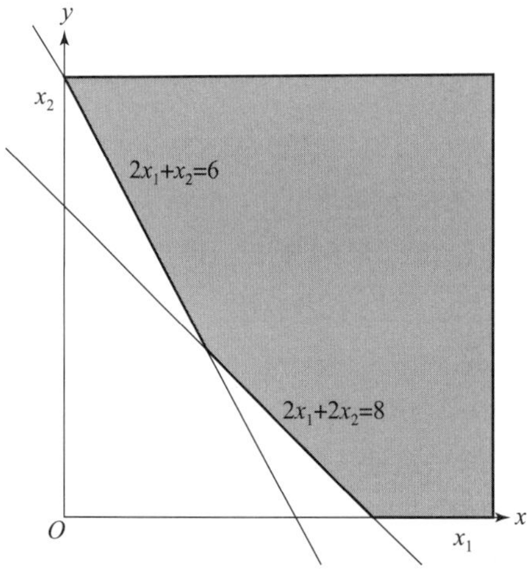

图 3.3　无界解示意图

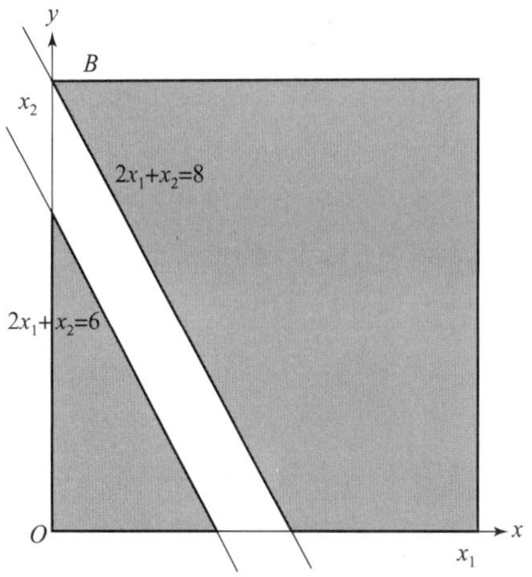

图 3.4　无可行解示意图

其中，有唯一最优解、多重解和无界解称为有解，有唯一最优解和多重解称为有最优解，有无界解和无可行解称为无最优解。

第三节　线性规划的标准型

线性规划的标准型是本章即将要学习的单纯形法的起点，因此我们需要首先学习好

线性规划标准型的转化方法。另外，关于模型的转化也是所有建模过程的重要活动之一，学习线性规划的标准型对理解建模过程也具有较大的帮助。

满足以下三个条件的线性规划模型称为标准型：

(1) 所有的优化变量均有非负约束。

(2) 所有其他的约束都为等式约束。

(3) 所有约束条件的右侧项都为非负数。

例如，以下的模型就不满足线性规划标准型的条件。

$$\max 16x_1+10x_2 \tag{3.24}$$
$$2x_1+2x_2\leqslant 8$$
$$2x_1+x_2\leqslant 6$$
$$x_1,x_2\geqslant 0$$

一、线性规划标准型的转化

在原始的线性规划模型中可能存在以下几种情况需要进行转化：

(1) 存在“≤”类型的约束条件。

(2) 存在“≥”类型的约束条件。

(3) 存在负数变量。

(4) 存在无约束变量。

(5) 存在右侧项为负数。

(6) 最大化与最小化转变。

将“≤”类型的约束条件转化为“=”类型约束。

我们首先考虑一个简单的约束

$$x_1+2x_2+x_3-x_4\leqslant 5 \tag{3.25}$$

这个约束的内涵是“无论左侧项中的优化变量如何组合，结果必须要小于等于5”或者说“无论左侧项中的优化变量如何组合，结果都不能超过5”。一个很自然的想法是：如果在左侧项加上一个非负的变量，通过调整这个非负变量的大小，可以使左侧项中优化变量的组合始终等于5。根据这一想法，我们可以将上述约束转化为

$$x_1+2x_2+x_3-x_4+x_5=5 \tag{3.26}$$
$$x_5\geqslant 0$$

其中，新引入的变量 x_5 称为松弛变量，这一变量指的是未使用的资源的数量是多少。

将“≥”类型的约束条件转化为“=”类型约束。

我们考虑一个简单的约束

$$2x_1+4x_2-x_3-x_4\geqslant 1 \tag{3.27}$$

这个约束的内涵是“无论左侧项中的优化变量如何组合，结果必须大于等于1”。一个很自然的想法是：如果在左侧项减去一个非负的变量，通过调整这个变量的大小，可以使左侧项中优化变量的组合始终等于1。根据这一想法，我们可以将上述约束转化为

$$2x_1+4x_2-x_3-x_4-x_5=1 \tag{3.28}$$
$$x_5\geqslant 0$$

其中，新引入的变量 x_5 称为剩余变量，这一变量指的是左侧项超过右侧项的数量是多少。

将负数变量转化为非负变量。

我们继续考虑一个极其简单的约束

$$x_1 \leqslant 0 \tag{3.29}$$

如果根据我们上面的处理方法，加上一个松弛变量，将其转化为下面的形式是否就可以了呢？

$$x_1 + x_2 = 0 \tag{3.30}$$
$$x_2 \geqslant 0$$

事实上，这种操作毫无帮助。因为线性规划的标准型要求所有的优化变量都必须非负。然而，上面的式子中 x_1 仍然是负数，没有得到改变。不过我们可以采用一种非常简单的策略来引入一个新的变量，即

$$x_2 = -x_1 \tag{3.31}$$
$$x_2 \geqslant 0$$

按照这样的转化方式，就可以将原来的 x_1 从约束中去除，替换为满足非负条件的优化变量 x_2。特别值得注意的是需要将模型中所有约束中的 x_1 用 $-x_2$ 替换。

将无约束变量转化为非负变量。

我们继续考虑一个变量 x_1 既可以取正数值，也可以取负数值，也就是模型对于 x_1 的取值没有任何要求。这种变量显然不满足标准型的要求，需要对其进行转化。我们有两种方法可以将其转化为标准型：

（1）替换法：通过一个等式约束获得 x_1 的表达式，并将所有约束中的 x_1 替换为该表达式。

（2）新变量法：引入两个非负的变量，利用两个非负变量之差来表示变量 x_1。

替换法：

考虑如下两个约束条件

$$2x_1 + 3x_2 + x_3 = 8 \tag{3.32}$$
$$x_1 + x_2 + x_4 = 2$$
$$x_2, x_3, x_4 \geqslant 0$$

由于 x_1 为无约束变量，故可以利用第二个等式约束将其表示出来，得

$$x_1 = 2 - x_2 - x_4 \tag{3.33}$$

并且将其他约束中的 x_1 替换为 $2 - x_2 - x_4$，得

$$2(2 - x_2 - x_4) + 3x_2 + x_3 = x_2 + x_3 - 2x_4 + 4 = 8 \tag{3.34}$$

即

$$x_2 + x_3 - 2x_4 = 4 \tag{3.35}$$

新变量法：

同样考虑公式中的两个约束，虽然 x_1 为无约束变量，但是可以通过引入两个新的非负变量 x_5，x_6来表示 x_1，即

$$x_1 = x_5 - x_6 \tag{3.36}$$
$$x_5, x_6 \geqslant 0$$

当 $x_5 \geqslant x_6$ 时，$x_1 \geqslant 0$，而当 $x_5 \leqslant x_6$ 时，$x_1 \leqslant 0$。因此，将 x_1 转化为 $x_5 - x_6$后，其取值范围并没有改变，而 x_5，x_6这两个变量都是非负变量。所以公式中的两个约束，可以转化

为如下的形式：

$$2(x_5-x_6)+3x_2+x_3=8 \quad (3.37)$$
$$x_5-x_6+x_2+x_4=2$$
$$x_2,x_3,x_4,x_5,x_6\geqslant 0$$

当求解线性规划模型后，得到 x_5，x_6的值以后，通过 x_5-x_6就能够计算得到 x_1 的值。

将最大化转化为最小化：

线性规划的标准型并未对目标函数的最大化与最小化提出要求，但有时为了统一，会在最大化与最小化之间进行转化。目标转化的方式也十分简单，通过给最大化的目标加上负号，就能够将其转化为最小化的目标，反之亦然。

按照上述方法，公式 3.24 示的模型，可以转化为如下的标准型：

$$\min -16x_1-10x_2 \quad (3.38)$$
$$2x_1+2x_2+x_3=8$$
$$2x_1+x_2+x_4=6$$
$$x_1,x_2,x_3,x_4\geqslant 0$$

二、标准型相关的基本概念

通用的线性规划标准型如下所示。

$$\min c_1x_1+c_2x_2+\cdots+c_nx_n \quad (3.39)$$
$$a_{11}x_1+a_{12}x_2+\cdots+a_{1n}x_n=b_1$$
$$a_{21}x_1+a_{22}x_2+\cdots+a_{2n}x_n=b_2$$
$$\cdots$$
$$a_{m1}x_1+a_{m2}x_2+\cdots+a_{mn}x_n=b_m$$
$$x_i\geqslant 0, i=1,2,\cdots,n$$

也可用矩阵的形式描述出来：

$$\min \boldsymbol{C}^{\mathrm{T}}\boldsymbol{X} \quad (3.40)$$
$$\boldsymbol{AX}=\boldsymbol{b}$$
$$\boldsymbol{X}\geqslant \boldsymbol{0}$$

该模型中有大家在线性代数课程中比较熟悉的 $\boldsymbol{AX}=\boldsymbol{b}$，求解线性规划模型是将满足 $\boldsymbol{AX}=\boldsymbol{b}$ 所有解中的最优解找出来。但是 $\boldsymbol{AX}=\boldsymbol{b}$ 本身的一些特点，使得穷举所有的解并不现实。

一般情况下，标准型有 n 个变量 m 个约束，并且 $m<n$，即约束的数量少于变量的数目。这种情况下方程组 $\boldsymbol{AX}=\boldsymbol{b}$ 会有无穷多组解，因为有一部分变量可以取任意数值。为了采用单纯形法求解线性规划，本节首先引入一系列的基本概念。

基：从矩阵 $\boldsymbol{A}$ 中取出 m 个线性无关的列向量所组成的矩阵称为**基**，或者**基矩阵**。如例 3.1 的线性规划模型转化为标准型为

$$\max 16x_1+10x_2+0x_3+0x_4 \quad (\mathrm{a}) \quad (3.41)$$
$$2x_1+2x_2+x_3=8 \quad (\mathrm{b})$$
$$2x_1+x_2+x_4=6 \quad (\mathrm{c})$$
$$x_1,x_2,x_3,x_4\geqslant 0 \quad (\mathrm{d})$$

对应的矩阵 $\boldsymbol{A}$ 为

$$\boldsymbol{A}=\begin{bmatrix}2&2&1&0\\2&1&0&1\end{bmatrix}$$

由于只有两个约束，即 $m=2$，因此基矩阵为 2×2 的矩阵，所有可能的基矩阵为

$$\boldsymbol{B}_1=\begin{bmatrix}2&2\\2&1\end{bmatrix},\boldsymbol{B}_2=\begin{bmatrix}2&1\\2&0\end{bmatrix},\boldsymbol{B}_3=\begin{bmatrix}2&0\\2&1\end{bmatrix},\boldsymbol{B}_4=\begin{bmatrix}2&1\\1&0\end{bmatrix},\boldsymbol{B}_5=\begin{bmatrix}2&0\\1&1\end{bmatrix},\boldsymbol{B}_6=\begin{bmatrix}1&0\\0&1\end{bmatrix}$$

对该问题来说，所有的组合都是基矩阵。但并不意味着在所有的情况下，任意的 m 个列向量都能组合成基矩阵。例如，当矩阵 $\boldsymbol{A}$ 变为如下矩阵时：

$$\boldsymbol{A}=\begin{bmatrix}2&2&1&0\\2&2&0&1\end{bmatrix}$$

前两个列向量所组成的矩阵：

$$\boldsymbol{B}_1=\begin{bmatrix}2&2\\2&2\end{bmatrix}$$

就不能成为基矩阵，因为前两个列向量线性相关，也就是通过该基矩阵无法求出对应变量的唯一解。

由基矩阵引出几个新概念，基矩阵中的列向量称为**基向量**，其他列向量为**非基向量**。例如，$\boldsymbol{B}_1$ 中的向量 $[2,2]^{\mathrm{T}}$，$[2,1]^{\mathrm{T}}$ 是 $\boldsymbol{B}_1$ 的基向量，而 $[1,0]^{\mathrm{T}}$，$[0,1]^{\mathrm{T}}$ 是 $\boldsymbol{B}_1$ 的非基向量。基向量所对应的优化变量为**基变量**，其他变量为**非基变量**，例如，$\boldsymbol{B}_1$ 的基向量 $[2,2]^{\mathrm{T}}$，$[2,1]^{\mathrm{T}}$ 所对应的基变量分别为 x_1，x_2，而 x_3，x_4 为非基变量。值得注意的是：基向量、非基向量、基变量、非基变量都是针对基而言的，当基改变时，相应的基向量、非基向量、基变量、非基变量都会发生改变。

满足例 3.1 标准型中（b）和（c）的解称为**可行解**，也是可行域中的点。满足例 3.1 标准型中（a）的可行解称为**最优解**。如果给定一个基，通过线性方程组求解可以得到所有基变量的值，令所有非基变量的值为 0 所得到的解，称为**基本解**，或者**基解**。从图形的角度来说，基本解就是任意两条线的交点，这是因为方程组的解正好是方程组中多个等式约束的交点。如果基本解也是可行解，即满足非负条件，则称其为**基本可行解**。从图形的角度来说，基本可行解就是可行域的角点或者极点。如果基本可行解也是最优解，那么称其为**基本最优解**。

以例 3.1 为例：

①当 $\boldsymbol{B}_1$ 为基矩阵时，基变量为 x_1，x_2，求解方程得到基解 $\boldsymbol{X}_1=[2,2,0,0]^{\mathrm{T}}$，满足非负条件，为基可行解，目标值为 52，对应图 3.1 的 C 点；

②当 $\boldsymbol{B}_2$ 为基矩阵时，基变量为 x_1，x_3，求解方程得到基解 $\boldsymbol{X}_2=[3,0,2,0]^{\mathrm{T}}$，满足非负条件，为基可行解，目标值为 48，对应图 3.1 的 D 点；

③当 $\boldsymbol{B}_3$ 为基矩阵时，基变量为 x_1，x_4，求解方程得到基解 $\boldsymbol{X}_3=[4,0,0,-2]^{\mathrm{T}}$，不满足非负条件，不是基可行解，对应图 3.1 的 E 点；

④当 $\boldsymbol{B}_4$ 为基矩阵时，基变量为 x_2，x_3，求解方程得到基解 $\boldsymbol{X}_4=[0,6,-4,0]^{\mathrm{T}}$，不满足非负条件，不是基可行解，对应图 3.1 的 B 点；

⑤当 $\boldsymbol{B}_5$ 为基矩阵时，基变量为 x_2，x_4，求解方程得到基解 $\boldsymbol{X}_5=[0,4,0,2]^{\mathrm{T}}$，满足非负条件，为基可行解，目标值为 40，对应图 3.1 的 A 点；

⑥当 $\boldsymbol{B}_6$ 为基矩阵时，基变量为 x_3，x_4，求解方程得到基解 $\boldsymbol{X}_6=[0,\ 0,\ 8,\ 6]^{\mathrm{T}}$，满足非负条件，为基可行解，目标值为0，对应图3.1的 O 点。

根据图解法的结果可知，基可行解 $\boldsymbol{X}_1=[2,\ 2,\ 0,\ 0]^{\mathrm{T}}$ 同时也是基本最优解。

三、线性规划的基本定理

学习单纯形法除了上述的一些基本概念之外，还需要了解两个非常重要的定理，这两个定理是利用单纯形法求解线性规划模型的理论基础。

定理1　如果一个线性规划的可行域不为空，那么可行域是一个凸集。

考虑到证明定理的复杂性，本书将不给出定理的详细证明过程。但是为了使同学们能够理解这些定理，给出定理证明的大致思路。理解其证明从逻辑上分为如下几个步骤：

（1）超平面指的是在高维空间中的一个平面，可以用 $\boldsymbol{a}^{\mathrm{T}}\boldsymbol{X}=\boldsymbol{b}$ 来表达，在二维平面上 $\boldsymbol{a}^{\mathrm{T}}\boldsymbol{X}=\boldsymbol{b}$ 就是一条直线，在三维平面上 $\boldsymbol{a}^{\mathrm{T}}\boldsymbol{X}=\boldsymbol{b}$ 就是一个平面。

（2）一个超平面能够将空间一分为二，超平面和两个子空间都是凸集。

（3）已知多个凸集的交集仍然是凸集。

（4）线性规划模型中的多个约束以不同的方式将空间一分为二，可行域就是这些区域的交集。

（5）由此可知，如果可行域是存在的，那么一定是一个凸集。

定理2　如果线性规划模型存在最优解，则一定有一个角点或极点是最优解。

同样的，本书将给出证明该定理的基本思路，总体分为如下几个步骤：

（1）假设有一个点 $\boldsymbol{X}^*$ 是可行域内部的一个点，且该点是线性规划的最优解。

（2）由于线性规划的可行域是一个凸集，可行域内部的点能够用可行域的角点表示出来 $\boldsymbol{X}^*=\sum_{k=1}^{K}(\boldsymbol{X}_k+\mu_k\boldsymbol{d}_k)$，其中，$\boldsymbol{X}_k$ 是可行域的一个角点；$\boldsymbol{d}_k$ 是从 $\boldsymbol{X}_k$ 指向 $\boldsymbol{X}^*$ 的方向；μ_k 指的是一个权重系数并且 $\mu_k\geqslant 0$。

（3）在此基础上，$\boldsymbol{X}^*$ 点的目标值可以写成 $\boldsymbol{C}^{\mathrm{T}}\boldsymbol{X}^*=\sum_{k=1}^{K}\boldsymbol{C}^{\mathrm{T}}\boldsymbol{X}_k+\sum_{k=1}^{K}\mu_k\boldsymbol{C}^{\mathrm{T}}\boldsymbol{d}_k$。

（4）此时，如果 $\boldsymbol{C}^{\mathrm{T}}\boldsymbol{d}_k\geqslant 0$，那么可以取任意大的 μ_k，使得 $\boldsymbol{X}^*$ 点的目标值变得无穷大；相反，如果 $\boldsymbol{C}^{\mathrm{T}}\boldsymbol{d}_k<0$，那么 μ_k 的值必然为0，因为如果不为0，$\boldsymbol{X}^*$ 点就不是最优解。

（5）由此，可以得出结论 $\boldsymbol{X}^*$ 必然就是 $\boldsymbol{X}_k$，$k=1,\ 2,\ \cdots,\ K$ 中的一个点。

第四节　单纯形法

本节首先给出单纯形法的基本步骤，然后以例3.1为例，采用几何法、代数法、表格法、矩阵法四种方法来说明单纯形法的基本步骤。

一、单纯形法的基本步骤

通过线性规划标准型的学习，我们已经知道：如果线性规划有最优解，那么一定有可行域的某个角点或者极点是最优解。有人认为，在这个结论的基础上，线性规划的求解就变得容易了。只要将所有的角点或极点都穷举出来，把对应的目标值求出来，通过排序就能得到最优解了。事实上，在规模比较小的问题上，这种方法确实是行得通的。但是现实中的问题所包括的约束的数量，变量的数目往往是成千上万的，在这种情况下可行域的角点可能非常多，使得求解过程难以展开。比如，有10个变量和2个约束条件，角点的数量最多可达到 $C_{10}^{2}=45$。表3.3列出了不同情况下角点的数量，从表中可以得知现实问题中角点的数量极多，无法采用穷举的方法。

表3.3　约束数量和变量数目与角点数量关系

编号	约束数量	变量数目	角点数量
1	3	10	$C_{10}^{3}=120$
2	5	10	$C_{10}^{5}=252$
3	10	100	$C_{100}^{10}\approx10^{14}$
4	20	100	$C_{100}^{20}\approx10^{21}$
5	50	100	$C_{100}^{50}\approx10^{29}$
6	100	1 000	∞

因此，我们需要一种新的方法来求解线性规划问题。在第二章中，我们已经学习了搜索的基本框架及步骤，单纯形法本质上就是一个搜索算法，同样遵循搜索的基本框架和基本步骤。搜索的基本公式为 $\boldsymbol{X}_{k+1}=\boldsymbol{X}_k+t_k\boldsymbol{P}_k$，按照这一公式，单纯形法的基本步骤如下：

（1）找到一个初始值，即找到任意一个满足式（3.41）（b）和（3.41）（c）的解，你将会了解到单纯形法提供了非常简单的机制来获得初始值；

（2）确定一个搜索方向，由于单纯形法只在角点上搜索，与 $\boldsymbol{X}_k$ 相邻角点的数目是有限的，因此只要按照一定的原则从这些点中找一个点作为搜索方向即可；

（3）确定一个步长因子，沿着搜索方向搜索，直到下一个相邻点；

（4）利用搜索的基本公式 $\boldsymbol{X}_{k+1}=\boldsymbol{X}_k+t_k\boldsymbol{P}_k$，找到一个新的点；

（5）判断是否达到结束条件，如果没有达到则回到步骤（2），否则结束。

本书通过四种方式帮助大家理解单纯形法的基本过程，具体计算过程与上面的搜索过程是一致的。

二、单纯形法的几何方法

按照图解法的方法，图3.5给出了例3.1的可行域。图3.5中的 A，B，C，D，E，F 为6个交点，其中 A，B，D，E 为可行域的4个角点。以下给出单纯形法的搜索步骤：

确定初始解：

一般情况下，单纯形法的初始值都最好选择坐标轴的原点，也就是将所有的基变量的值设为0，然后求得非基变量的值。其主要原因在于：原点需要计算量最少、最容易获得一个可行解。以例3.1进行说明，其转化后的标准型如下：

$$
\begin{aligned}
\max\ 16x_1+10x_2+0x_3+0x_4 \quad &(a) \\
2x_1+2x_2+x_3=8 \quad &(b) \\
2x_1+x_2+x_4=6 \quad &(c) \\
x_1,x_2,x_3,x_4\geqslant 0 \quad &(d)
\end{aligned}
\tag{3.42}
$$

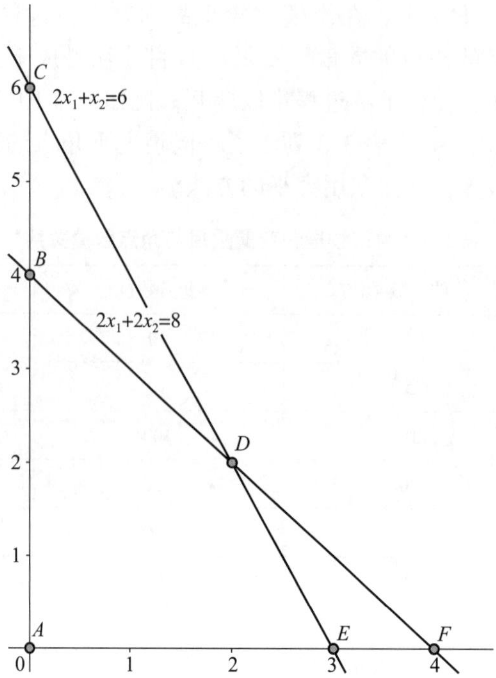

图 3.5　几何方法

从标准型中，可以直观地看出：如果将 x_1，x_2 同时设为 0，也就是将基变量设为 x_3，x_4的时候，非常容易得到基解［0，0，8，6］。并且一般情况下这个基解是基可行解，原因是标准型要求右侧项系数非负，因此当基变量为 0 时，非基变量的值为非负。这里的“一般情况”指的是在标准型转化过程中只添加了松弛变量，而没有添加剩余变量。添加剩余变量的情况后续有专门的方法进行求解。

因此，将初始解设置为点 A，对应的基可行解为（0，0，8，6）。

确定搜索方向（1）：

初始点 $A(0, 0)$，有两个相邻的点 $B(0, 4)$ 和 $E(3, 0)$。此时，应该选哪个方向去搜索呢？理论上，应该分别尝试从两个方向搜寻，找到目标函数增加最多的方向。但是，这样会带来较多的运算，如果初始点的相邻点有成千上万个，算法的搜索速度会显著降低。因此，单纯形法采用一个简单策略来确定搜索方向。

例 3.1 的目标函数为

$$\max\ 16x_1 + 10x_2 + 0x_3 + 0x_4 \tag{3.43}$$

目标函数中的系数表达了相应的变量影响目标函数的能力。对于该目标函数来说，x_1 增大 1 个单位将给目标带来 16 个单位的增量，而 x_2 增大 1 个单位将给目标带来 10 个单位的增量，也就是增大 x_1 能够更快速地增加目标值。所以，可以通过目标函数中的系数来选择搜索方向，只要选择最大的系数所对应的变量作为搜索方向即可。

本例中选择的搜索方向是**沿着 x_1 增大的方向**。

确定步长因子（1）：

确定了搜索方向，我们需要进一步确定要朝 x_1 增大的方向前进多远。从图 3.5 中可以看出，在从原点出发，向右不断前进，直到 E 点都可以一直增加。但是如果到达了 E 点后，继续向右侧移动就走出了可行域，使得所得的解为不可行解。因此，确定步长因子的原则是：在不走出可行域的前提下，沿着搜索方向可移动的最大距离。

本例中选择的步长因子是3，即沿着 x_1 增大的方向走到 E 点。

计算新迭代点（1）：

通过搜索的基本公式 $\boldsymbol{X}_{k+1}=\boldsymbol{X}_k+t_k\boldsymbol{P}_k$，可以得到新的迭代点。

本例中新的迭代点为 E 点。

确定搜索方向（2）：

此时，搜索的当前位置是在 E 点，而 E 点有两个相邻的角点 A 和 D。其中，A 点是前一次迭代所在点，因此，本次迭代的搜索方向可以直接确定为由 E 点指向 D 点的方向。

确定步长因子（2）：

沿着由 E 点指向 D 点的方向不断移动，一直到 D 点。

此时，D 点为最优解，因为 D 点的相邻点的目标值都比 D 点要小。

三、单纯形法的代数方法

上一节给出了单纯形法的几何解释，但是这种方式仅能用于二维或者三维的情况，无法应用在更高维的情况。按照与几何方法相同的思路，我们采用代数的方法来解释单纯形法的基本过程，这种方法能够非常容易地推广到高维问题。

同样的，代数方法的起点也是从例3.1的标准型开始的，按照确定初始解、判断是否最优、确定搜索方向、确定步长因子、计算新迭代点的思路展开。

确定初始解：

线性规划的几何方法采用原点作为初始解。从代数的角度来说，在原点时 $x_1=0$，$x_2=0$。此时，可以将 x_3，x_4 设为基变量。通过求解以下方程组，可以得到基可行解 $\boldsymbol{X}_0=[0, 0, 8, 6]$。

$$\begin{aligned}2x_1+2x_2+x_3&=8\\2x_1+x_2+x_4&=6\end{aligned}\tag{3.44}$$

所以，该模型的初始解为 $\boldsymbol{X}_0=[0, 0, 8, 6]$。

第一次迭代：

确定搜索方向：

在几何方法中，确定搜索方向是通过观察去选择一个方向。这种选择方法在代数中是什么含义呢？在代数方法中，我们用“选择入基变量”来描述这一过程。当前的非基变量为 $x_1=0$，$x_2=0$，选择一个方向进行搜索，本质上是增大 x_1 或者 x_2 的数值。在图3.1中，如果沿着 x_1 向右移动，x_1 的值就会增大；相反，如果沿着 x_2 向上移动，x_2 的值就会增大。沿着任何一个方向前进，就表示对应的变量由非基变量转化为基变量，该变量称为**入基变量**。

采用与几何方法相同的策略选择搜索方向/选择入基变量，由于目标函数中 x_1 对应的系数大于 x_2 对应的系数，也就是增大 x_1 使得目标值更快增加，所以将 x_1 作为入基变量。

确定步长因子：

在几何方法中，确定步长因子是通过沿着搜索方向移动到可行域的边界来确定的。这种方法在代数中是什么含义呢？通过观察公式可知：如果增大 x_1 的值并且保持 $x_2=0$，为了保持方程的成立，x_3，x_4 必然需要减小。试想，当移动到 E 点时，$x_1=3$，此时为了保证公式成立，需要 $x_3=2$，$x_4=0$。如果继续增大 x_1 的值，移动到 F 点，$x_1=4$，此时为了保证公式成立，需 $x_3=0$，$x_4=-2$。x_4 已经不满足非负条件，该点不属于可行域，从图中也能容易的观测到相同的结果。也就是 x_3，x_4 取值的符号能够表征相应的点是否仍然属于可行域。

确定步长因子等价于找到 x_1 的最大增加值，将公式做如下转换：

$$
\begin{aligned}
x_3&=8-2x_1\\
x_4&=6-2x_1
\end{aligned}
\tag{3.45}
$$

由此，可以容易地看出 x_1 最大能够增加到3。

计算新的迭代点：

在确定搜索过程中，我们确定了一个入基变量 x_1。由于基变量的数量一定等于约束的数量，因此我们还需要从现有的基变量中选择一个作为**出基变量**。在入基变量增大的过程中，基变量会不断减小。用向上的箭头表示增大，用箭头后面的数字表示入基变量的最大增量。判断出基变量的原则非常简单，即**选择最小的入基变量最大增量所对应的基变量为出基变量**。可见，基变量 x_4所对应的非基变量 x_1 的最大增量较小，所以出基变量为 x_4。

$$
\begin{aligned}
x_3&=8-2x_1 \qquad \uparrow 4\\
x_4&=6-2x_1 \qquad \uparrow 3
\end{aligned}
\tag{3.46}
$$

将 x_1，x_3 作为基变量，x_2，x_4作为非基变量，求解式（3.42）（b）、式（3.42）（c）组成的方程组，得到新的基可行解 $\boldsymbol{X}_1=[3,\ 0,\ 2,\ 0]$。

判断是否最优：

在几何方法中，我们通过观察当前点的相邻点的目标值是否优于当前点的目标值来判断是否达到最优。这种判断方法从代数角度应该如何理解呢？事实上，只要将目标函数用非基变量表示，通过查看非基变量的系数是否为正数就能进行判断，其原因在于，如果非基变量的系数为正数，意味着可以通过增加非基变量的值进一步增加目标值，也就是当前解不是最优解。反之，如果所有的非基变量的系数都为小于零，则无法通过增加任何非基变量的值来改善目标值，也就是当前解已经是最优解。

$$
\max\ 16x_1+10x_2=16\times\frac{1}{2}(6-x_2-x_4)+10x_2=2x_2-8x_4+48 \tag{3.47}
$$

从式（3.47）可以发现，目标函数中非基变量的系数不全为负数，也就是增加非基变量的值还能够进一步提升目标值。

第二次迭代：

确定搜索方向：

非基变量 x_2，x_4在目标函数中的系数分别为2和 -8，提升 x_2 的值能够进一步提升目标值，所以确定入基变量为 x_2。

确定步长因子：

在公式的基础上，利用入基变量来表示基变量。

$$
x_1=3-\frac{1}{2}x_2 \qquad \uparrow 6 \tag{3.48}
$$

$$
x_3=8-2x_1-2x_2=2-x_2 \qquad \uparrow 2
$$

所以，x_2 的步长因子为2。

计算新的迭代点：

直接选择最大增量最小的基变量作为出基变量，即选择 x_3 为出基变量。此时，基变量为 x_1，x_2，非基变量为 x_3，x_4。通过求解式（3.42）（b）、式（3.42）（c）组成的方程组，得到基可行解 $\boldsymbol{X}_2=[2,\ 2,\ 0,\ 0]$。

判断是否最优：

将目标函数用非基变量表示：

$$\max\ 2x_2-8x_4+48=2(2-x_3+x_4)-8x_4+48=-2x_3-6x_4+52 \tag{3.49}$$

从式（3.49）可以发现，目标函数中非基变量的系数都为负数，也就是无论提升任何非基变量的值都会使得目标函数值减小，因此，$\boldsymbol{X}_2=[2,\ 2,\ 0,\ 0]$ 是线性规划模型的最优解，将最优解带入到目标函数中，得到最优值为52。

上述过程发现，利用代数法求解线性规划模型，可以简化为如下步骤：

（1）确定初始解；

（2）确定入基变量，依据为非基变量的价值系数；

（3）确定出基变量，依据为入基变量的最大增量；

（4）换基计算新解；

（5）判断是否最优，如果最优，结束，否则返回步骤2。

接下来我们考虑由例3.1变化得到的一个新问题，即椅子的价格由10元降低为8元。新问题的线性规划模型为

$$\begin{gathered}\max\ 16x_1+8x_2\\ 2x_1+2x_2\leqslant 8\\ 2x_1+x_2\leqslant 6\\ x_1,x_2\geqslant 0\end{gathered} \tag{3.50}$$

转化为线性规划的标准型为

$$\begin{gathered}\max\ 16x_1+8x_2+0x_3+0x_4\\ 2x_1+2x_2+x_3=8\\ 2x_1+x_2+x_4=6\\ x_1,x_2,x_3,x_4\geqslant 0\end{gathered} \tag{3.51}$$

求解过程如下：

（1）**确定初始解：**

将 x_1，x_2 作为非基变量，x_3，x_4 作为基变量，得 $\boldsymbol{X}_0=[0,\ 0,\ 8,\ 6]$。

第一次迭代：

确定入基变量：

非基变量 x_1，x_2 在目标函数中的系数分别为16和8，因此，选择 x_1 为入基变量。

确定出基变量：

用入基变量来表达基变量，得

$$\begin{aligned}x_3&=8-2x_1 \qquad \uparrow 4\\ x_4&=6-2x_1 \qquad \uparrow 3\end{aligned} \tag{3.52}$$

基变量 x_3，x_4的最大增量分别为4和3，选择 x_4为出基变量。

换基计算新解：

此时，基变量为 x_1，x_3，非基变量为 x_2，x_4。求解方程组得到新的解 $\boldsymbol{X}_1=[3, 0, 2, 0]$，目标值为 48。

（2）**判断是否最优：**

将目标函数用非基变量表示：

$$\max\ 16x_1+8x_2=16\times\frac{1}{2}(6-x_2-x_4)+8x_2=0x_2-8x_4+48 \tag{3.53}$$

从式（3.53）可以发现，目标函数中非基变量 x_4 系数为负数，增加 x_4 的值会降低目标值。然而，非基变量 x_2 的系数为 0，这意味着增加 x_2 的值不会降低目标值，但是也不会提升目标值。特别值得说明的是：**用非基变量表达的目标函数中，有非基变量的系数为 0，意味着线性规划模型具有多重解。**

第二次迭代：

确定入基变量：

非基变量 x_2，x_4 在目标函数中的系数分别为 0 和 -8，因此，选择 x_2 为入基变量。

确定出基变量：

利用入基变量来表达基变量 x_1，x_3，得

$$x_1=3-\frac{1}{2}x_2 \qquad \uparrow 6 \tag{3.54}$$

$$x_3=8-2x_1-2x_2=2-x_2 \qquad \uparrow 2$$

基变量 x_1，x_3 的最大增量分别为 6 和 2，选择 x_3 为出基变量。

换基计算新解：

此时，基变量为 x_1，x_2，非基变量为 x_3，x_4。求解方程组得到新的解 $\boldsymbol{X}_2=[2, 2, 0, 0]$，目标值依然为 48，与上一次迭代所得目标值相同。

判断是否最优：

将目标函数用非基变量表示：

$$\max\ =0x_2-8x_4+48=0x_3-8x_4+48 \tag{3.55}$$

从式（3.55）可以发现，目标函数中非基变量 x_3 系数为 0，如果继续迭代又会回到上一次迭代的情况。如果不断地迭代下去，从几何图形的角度来说就是在 D 点和 E 点之间来回跳转。

从该例中，我们发现：**用非基变量表达的目标函数中，有非基变量的系数为 0，意味着线性规划模型具有多重解。**目标函数中非基变量的系数是否为 0 是判断线性规划模型是否具有多重解的条件。

接下来我们考虑由例 3.1 变化得到的另一个新问题。由于需求变化，生成桌子的数量要多于生成椅子的数量，但是不能多于 8 个。新问题的线性规划模型为

$$\max\ 16x_1+10x_2 \tag{3.56}$$

$$x_1-x_2\leqslant 8$$

$$2x_1+x_2\leqslant 6$$

$$x_1, x_2\geqslant 0$$

转化为线性规划的标准型为

$$\max\ 16x_1 + 10x_2 + 0x_3 + 0x_4 \tag{3.57}$$
$$x_1 - x_2 + x_3 = 8$$
$$2x_1 + x_2 + x_4 = 6$$
$$x_1, x_2, x_3, x_4 \geqslant 0$$

求解过程如下：

确定初始解：

将 x_1，x_2 作为非基变量，x_3，x_4作为基变量，得 $\boldsymbol{X}_0 = [0, 0, 8, 6]$。

第一次迭代：

确定入基变量：

非基变量 x_1，x_2 在目标函数中的系数分别为 16 和 10，因此，选择 x_1 为入基变量。

确定出基变量：

用入基变量来表达基变量，得

$$\begin{aligned} x_3 &= 8 - x_1 \qquad \uparrow 8 \\ x_4 &= 6 - 2x_1 \qquad \uparrow 3 \end{aligned} \tag{3.58}$$

基变量 x_3，x_4的最大增量分别为 8 和 3，选择 x_4为出基变量。

换基计算新解：

此时，基变量为 x_1，x_3，非基变量为 x_2，x_4。求解方程组得到新的解 $\boldsymbol{X}_1 = [3, 0, 5, 0]$，目标值为 48。

判断是否最优：

将目标函数用非基变量表示：

$$\max\ 16x_1 + 10x_2 = 16 \times \frac{1}{2}(6 - x_2 - x_4) + 10x_2 = 2x_2 - 8x_4 + 48 \tag{3.59}$$

从式（3.59）可以发现，目标函数中非基变量的系数不全为负数，增加非基变量 x_2 的值还能够进一步提升目标值。

第二次迭代：

确定入基变量：

非基变量 x_2，x_4在目标函数中的系数分别为 2 和 −8，因此，选择 x_2 为入基变量。

确定出基变量：

利用入基变量来表达基变量 x_1，x_3，得

$$x_1 = 3 - \frac{1}{2}x_2 \qquad \uparrow 6 \tag{3.60}$$

$$x_3 = 8 - x_1 + x_2 = 5 + \frac{3}{2}x_2 \qquad \uparrow +\infty$$

基变量 x_1，x_3 的最大增量分别为 6 和 $+\infty$，选择 x_1 为出基变量。

换基计算新解：

此时，基变量为 x_2，x_3，非基变量为 x_1，x_4。求解方程组得到新的解 $\boldsymbol{X}_1 = [0, 6, 14, 0]$，目标值为 60。

判断是否最优：

将目标函数用非基变量表示：

$$\max 2x_2 - 8x_4 + 48 = 2(6 - 2x_1 - x_4) - 8x_4 + 48 = -4x_1 - 10x_4 + 60 \quad (3.61)$$

从式（3.61）可以发现，目标函数中非基变量的系数全为负数，增加非基变量 x_2 的值不能够进一步提升目标值，找到最优解［0，6，14，0］。

四、单纯形法的表格方法

几何方法是单纯形法的本质，代数法是其计算和操作方法，为在计算机上解决高维问题提供了基础。但是代数法的操作过程较为复杂，可以通过表格的方法使得计算过程更为精简。表格法的起点也是从例3.1的标准型开始的，将其转化为表3.4所示的表格形式。

表3.4 初始单纯形表

c_i	16	10	0	0	b_j	
	x_1	x_2	x_3	x_4	—	
x_3	2	2	1	0	8	
x_4	2	1	0	1	6	

通过表3.4，例3.1的标准型中的所有信息都能够被记录下来。下面我们通过在表格上操作来实现单纯形法的计算。从表格中，直接表达了基变量为 x_3，x_4 并且初始解为 $\boldsymbol{X}_0 =$［0，0，8，6］，下面直接进入第一次迭代过程。

第一次迭代：

首先检验当前的解是否为最优解，判断条件是将目标函数用非基变量描述，非基变量的系数就是**检验数**，如表3.5中 λ_i 所对应的行。表中 λ_i 这一行与 b_j 这一列的交叉处记录的是目标值的相反数，这样做是为了操作方便。

由表3.5可以发现，此时最大的检验数为16，对应的非基变量为 x_1。因此，将 x_1 设置为入基变量。为了找出出基变量，在代数法中我们将基变量分别用入基变量表达出来，在此基础上找到入基变量的最大增加值。对应到表格中就是计算 $\frac{b_j}{a_{ij}}$。由于基变量 x_4 对应的 $\frac{b_j}{a_{ij}}$ 值较小，因此将其设为出基变量。

表3.5 第一次迭代找出基变量

c_i	16	10	0	0	b_j	$\frac{b_j}{a_{ij}}$
	x_1	x_2	x_3	x_4	—	
x_3	2	2	1	0	8	8/2 = 4
x_4	<u>2</u>	1	0	1	6	6/2 = 3
λ_i	16	10	0	0	0	

确定完入基变量与出基变量以后，在代数法中需要进行换基，以形成下一次迭代的基础。在表格法中，换基操作也较为简单，即将入基变量所对应的系数变化为出基变量

所对应的系数。在本例中，入基变量 x_1 所对应的系数为［2，2］，需要通过初等变化将其变为出基变量 x_4 的系数［0，1］。具体操作步骤就是线性代数中的初等变化，本节不再详细赘述，可以得到表3.6。

表3.6　第一次迭代换基

c_i	16	10	0	0	b_j	$\frac{b_j}{a_{ij}}$
	x_1	x_2	x_3	x_4	—	
x_3	0	1	1	-1	2	
x_1	1	1/2	0	1/2	3	

第二次迭代：

利用非基变量 x_2，x_4 描述目标函数，获得检验系数的值，其操作方法同样也是初等变化，利用表3.5中的 λ_i 所对应的行，使得入基变量的检验系数变为0，如表3.7所示。

表3.7　第二次迭代找出基变量

c_i	16	10	0	0	b_j	$\frac{b_j}{a_{ij}}$
	x_1	x_2	x_3	x_4	—	
x_3	0	<u>1</u>	1	-1	2	2/1 = 2
x_1	1	1/2	0	1/2	3	3/(1/2) = 6
λ_i	0	2	0	-8	-48	

由表3.7可以看出，非基变量 x_4 的检验系数已经为负数，增加 x_4 会使得目标值减小。但是非基变量 x_2 的检验系数仍然大于零，所以将 x_2 设为进基变量。基变量 x_3 的 $\frac{b_j}{a_{ij}}$ 值最小，所以将 x_3 设置为出基变量。

确定出基变量后，通过换基操作得到表3.8。

表3.8　第二次迭代换基

c_i	16	10	0	0	b_j	$\frac{b_j}{a_{ij}}$
	x_1	x_2	x_3	x_4	—	
x_2	0	1	1	-1	2	
x_1	1	0	-1/2	1	2	

第三次迭代：

利用非基变量 x_3，x_4 来描述目标函数，获得非基变量的检验数，如表3.9所示。

表 3.9 第三次迭代找出基变量

c_i	16	10	0	0	b_j	$\frac{b_j}{a_{ij}}$
	x_1	x_2	x_3	x_4	—	
x_2	0	1	1	-1	2	
x_1	1	0	-1/2	1	2	
λ_i	0	0	-2	-6	-52	

由表 3.9 中最后一行，所有非基变量 x_3，x_4的检验系数都小于零，也就是增加任何一个非基变量的值，将会使得目标值减小。所以，线性规划的最优解为 [2，2，0，0]，最优值为 52。

接下来我们考虑利用表格法来求解“单纯形法的代数方法”这一小节中例 3.1 的第一个变化问题所对应的线性规划模型。得到单纯形表 3.10。

表 3.10 变化问题的初始单纯形表及第一次迭代

c_i	16	8	0	0	b_j	$\frac{b_j}{a_{ij}}$
	x_1	x_2	x_3	x_4	—	
x_3	2	2	1	0	8	8/2 = 4
x_4	<u>2</u>	1	0	1	6	6/2 = 3
λ_i	16	8	0	0	0	
x_3	0	1	1	-1	2	2/1 = 2
x_1	1	1/2	0	1/2	3	3/(1/2) = 6
λ_i	0	0	0	-8	-48	

从表 3.10 中，我们可以发现一个新的情况出现了，即非基变量 x_2 的检验数为零，但不是负数。这说明，如果增加 x_2 的值不会增加目标值也不会减小目标值，这种情况意味着线性规划问题存在**多重解**。我们将 x_2 设置为入基变量继续迭代，得到单纯形表 3.11。

表 3.11 变化问题的第二次迭代

c_i	16	8	0	0	b_j	$\frac{b_j}{a_{ij}}$
	x_1	x_2	x_3	x_4	—	
x_3	2	2	1	0	8	8/2 = 4

续表

c_i	16	8	0	0	b_j	$\frac{b_j}{a_{ij}}$
x_4	$\underline{2}$	1	0	1	6	6/2 =3
λ_i	16	8	0	0	0	
x_3	0	$\underline{1}$	1	-1	2	2/1 =2
x_1	1	1/2	0	1/2	3	3/(1/2) =6
λ_i	0	0	0	-8	-48	
x_2	0	1	1	-1	2	
x_1	1	0	-1/2	1	2	
λ_i	0	0	0	-8	-48	

由表3.11可知，非基变量x_3的检验数为零，如果将x_3作为入基变量进行迭代，又会回到上一次迭代的状态。上一步得到的解为$\boldsymbol{X}_2=[3,\ 0,\ 2,\ 0]$，最后一步得到的解为$\boldsymbol{X}_3=[2,\ 2,\ 0,\ 0]$。所以，该线性规划模型有多重解，而且连接点（3，0）与点（2，2）线段上所有的点都是线性规划的最优解，且目标值都为48。

五、单纯形法的矩阵方法

为了便于计算机进行处理，在编程实现单纯形法时往往采用的是其矩阵形式。现假设有线性规划的标准型

$$\max \boldsymbol{Z}=\boldsymbol{C}^{\mathrm{T}}\boldsymbol{X} \tag{3.62}$$
$$\boldsymbol{AX}=\boldsymbol{b}$$
$$\boldsymbol{X}\geqslant\boldsymbol{0}$$

式中，$\boldsymbol{A}$是$m\times n$矩阵且秩为m；$\boldsymbol{X}=(x_1,\ x_2,\ \cdots,\ x_n)^{\mathrm{T}}$；$\boldsymbol{C}=(c_1,\ c_2,\ \cdots,\ c_n)^{\mathrm{T}}$；$\boldsymbol{b}=(b_1,\ b_2,\ \cdots,\ b_m)^{\mathrm{T}}$。在单纯形法中所有变量分为基变量和非基变量，因此可以令$\boldsymbol{X}=(\boldsymbol{X}_B,\ \boldsymbol{X}_N)^{\mathrm{T}}$，其中，$\boldsymbol{X}_B$指的是基变量的集合，$\boldsymbol{X}_N$指的是非基变量的集合。同样的，令$\boldsymbol{C}=(\boldsymbol{C}_B,\ \boldsymbol{C}_N)^{\mathrm{T}}$，$\boldsymbol{A}=(\boldsymbol{B},\ \boldsymbol{N})$，其中$\boldsymbol{C}_B$指的是基变量所对应的价值系数，$\boldsymbol{C}_N$指的是非基变量所对应的价值系数，$\boldsymbol{B}$指的是基变量所对应的工艺系数的列向量的集合，$\boldsymbol{N}$指的是非基变量所对应的工艺系数的列向量的集合。据此，矩阵形式的标准型中的$\boldsymbol{AX}=\boldsymbol{b}$可以表示为

$$(\boldsymbol{B},\boldsymbol{N})\begin{pmatrix}\boldsymbol{X}_B\\ \boldsymbol{X}_N\end{pmatrix}=\boldsymbol{BX}_B+\boldsymbol{NX}_N=\boldsymbol{b} \tag{3.63}$$

由于基矩阵$\boldsymbol{B}$是满秩的，因此$\boldsymbol{B}^{-1}$是存在的，可以直接得到基变量的取值，令所有的非基变量取值为0，可得

$$\boldsymbol{X}_B=\boldsymbol{B}^{-1}\boldsymbol{b}-\boldsymbol{B}^{-1}\boldsymbol{NX}_N=\boldsymbol{b} \tag{3.64}$$

相应的基本可行解为（$\boldsymbol{B}^{-1}\boldsymbol{b}$，$\boldsymbol{0}$）^{T}。

矩阵形式的标准型中的$\boldsymbol{Z}=\boldsymbol{CX}$可以表示为

$$Z=(C_B,C_N)\begin{pmatrix}X_B\\X_N\end{pmatrix}=C_BX_B+C_NX_N \tag{3.65}$$
$$=C_B(B^{-1}b-B^{-1}NX_N)+C_NX_N$$
$$=C_BB^{-1}b+(C_N-C_BB^{-1}N)X_N$$

通过上述分析，可以得到单纯形法矩阵方法的五个重要公式，通过这五个公式就能实现单纯形法的迭代过程。

$$X_B=B^{-1}b \tag{3.66}$$
$$\overline{N}=B^{-1}N \tag{3.67}$$
$$\lambda_N=C_N-C_BB^{-1}N \tag{3.68}$$
$$Z=C_BB^{-1}b \tag{3.69}$$
$$\pi=C_BB^{-1} \tag{3.70}$$

为了更直观地展示式（3.66）~式（3.70）的作用，将相关的矩阵放置在表格中，其中 π 称为单纯形乘子。

项目	X_B	X_N	b
X_B	B	N	b
λ	C_B	C_N	0

单纯形法的迭代，本质上是利用式（3.66）~式（3.70）对该表格进行变化的过程，通过公式 $X_B=B^{-1}b$ 变化表格的第 2 行，获得所有基变量的解 X_B。

项目	X_B	X_N	b
X_B	I	$B^{-1}N$	$B^{-1}b$
λ	C_B	C_N	0

为了求得非基变量的检验系数以进行迭代，通过公式 $\lambda_N=C_N-C_BB^{-1}N$，变化表格的第 3 行。

项目	X_B	X_N	b
X_B	I	$B^{-1}N$	$B^{-1}b$
λ	$C_B-C_BB^{-1}B$	$C_N-C_BB^{-1}N$	$-C_BB^{-1}b$

在此基础上利用 $C_N-C_BB^{-1}N$ 进行换基，获得下一次迭代的基变量及其基矩阵。

接下来考虑利用矩阵方法求解例 3.1 标准型所对应的线性规划模型，初始时各个矩阵的值如下所示：

$$A=\begin{pmatrix}2&2&1&0\\2&1&0&1\end{pmatrix},X_B=\begin{pmatrix}x_3\\x_4\end{pmatrix},X_N=\begin{pmatrix}x_1\\x_2\end{pmatrix} \tag{3.71}$$
$$B=\begin{pmatrix}1&0\\0&1\end{pmatrix},N=\begin{pmatrix}2&2\\2&1\end{pmatrix},b=\begin{pmatrix}8\\6\end{pmatrix}$$

$$\boldsymbol{C}_B=(0\quad 0),\boldsymbol{C}_N=(16\quad 10)$$

为了迭代单纯形法，获得 $\boldsymbol{B}^{-1}$ 和 $\boldsymbol{\pi}$

$$\boldsymbol{B}^{-1}=\begin{pmatrix}1 & 0\\ 0 & 1\end{pmatrix},\boldsymbol{\pi}=\boldsymbol{C}_B\boldsymbol{B}^{-1}=(0\quad 0)\begin{pmatrix}1 & 0\\ 0 & 1\end{pmatrix}=\boldsymbol{0} \tag{3.72}$$

进一步计算得到：

$$\boldsymbol{X}_B=\boldsymbol{B}^{-1}\boldsymbol{b}=\begin{pmatrix}1 & 0\\ 0 & 1\end{pmatrix}\begin{pmatrix}8\\ 6\end{pmatrix}=\begin{pmatrix}8\\ 6\end{pmatrix} \tag{3.73}$$

$$\bar{\boldsymbol{N}}=\boldsymbol{B}^{-1}\boldsymbol{N}=\begin{pmatrix}1 & 0\\ 0 & 1\end{pmatrix}\begin{pmatrix}2 & 2\\ 2 & 1\end{pmatrix}=\begin{pmatrix}2 & 2\\ 2 & 1\end{pmatrix}$$

$$\boldsymbol{\lambda}_N=\boldsymbol{C}_N-\boldsymbol{C}_B\boldsymbol{B}^{-1}\boldsymbol{N}=(16\quad 10)-(0\quad 0)\begin{pmatrix}2 & 2\\ 2 & 1\end{pmatrix}=(16\quad 10)$$

$$\boldsymbol{Z}=\boldsymbol{C}_B\boldsymbol{B}^{-1}\boldsymbol{b}=(0\quad 0)\begin{pmatrix}8\\ 6\end{pmatrix}=\boldsymbol{0}$$

通过 $\boldsymbol{\lambda}_N$ 可知所得解并非最优，需要进一步迭代，x_1 为入基变量，x_4为出基变量：

$$\boldsymbol{X}_B=\begin{pmatrix}x_3\\ x_1\end{pmatrix},\boldsymbol{X}_N=\begin{pmatrix}x_4\\ x_2\end{pmatrix} \tag{3.74}$$

$$\boldsymbol{B}=\begin{pmatrix}1 & 2\\ 0 & 2\end{pmatrix},\boldsymbol{N}=\begin{pmatrix}0 & 2\\ 1 & 1\end{pmatrix},\boldsymbol{b}=\begin{pmatrix}8\\ 6\end{pmatrix}$$

$$\boldsymbol{C}_B=(0\quad 16),\boldsymbol{C}_N=(0\quad 10)$$

为了迭代单纯形法，获得 $\boldsymbol{B}^{-1}$ 和 $\boldsymbol{\pi}$:

$$\boldsymbol{B}^{-1}=\begin{pmatrix}1 & -1\\ 0 & \frac{1}{2}\end{pmatrix},\boldsymbol{\pi}=\boldsymbol{C}_B\boldsymbol{B}^{-1}=(0\quad 16)\begin{pmatrix}1 & -1\\ 0 & \frac{1}{2}\end{pmatrix}=(0\quad 8) \tag{3.75}$$

进一步计算得到：

$$\boldsymbol{X}_B=\boldsymbol{B}^{-1}\boldsymbol{b}=\begin{pmatrix}1 & -1\\ 0 & \frac{1}{2}\end{pmatrix}\begin{pmatrix}8\\ 6\end{pmatrix}=\begin{pmatrix}2\\ 3\end{pmatrix} \tag{3.76}$$

$$\bar{\boldsymbol{N}}=\boldsymbol{B}^{-1}\boldsymbol{N}=\begin{pmatrix}1 & -1\\ 0 & 1/2\end{pmatrix}\begin{pmatrix}0 & 2\\ 1 & 1\end{pmatrix}=\begin{pmatrix}-1 & 1\\ 1/2 & 1/2\end{pmatrix}$$

$$\boldsymbol{\lambda}_N=\boldsymbol{C}_N-\boldsymbol{C}_B\boldsymbol{B}^{-1}\boldsymbol{N}=(0\quad 10)-(0\quad 8)\begin{pmatrix}0 & 2\\ 1 & 1\end{pmatrix}=(-8\quad 2)$$

$$\boldsymbol{Z}=\boldsymbol{C}_B\boldsymbol{B}^{-1}\boldsymbol{b}=(0\quad 8)\begin{pmatrix}8\\ 6\end{pmatrix}=48$$

通过 $\boldsymbol{\lambda}_N$ 可知所得解并非最优，需要进一步迭代，x_2 为入基变量，x_3 为出基变量：

$$\boldsymbol{X}_B=\begin{pmatrix}x_2\\ x_1\end{pmatrix},\boldsymbol{X}_N=\begin{pmatrix}x_4\\ x_3\end{pmatrix} \tag{3.77}$$

$$\boldsymbol{B}=\begin{pmatrix}2 & 2\\ 1 & 2\end{pmatrix},\boldsymbol{N}=\begin{pmatrix}1 & 0\\ 0 & 1\end{pmatrix},\boldsymbol{b}=\begin{pmatrix}8\\ 6\end{pmatrix}$$

$$\boldsymbol{C}_B=(10\quad 16),\boldsymbol{C}_N=(0\quad 0)$$

为了迭代单纯形法，获得 $\boldsymbol{B}^{-1}$ 和 $\boldsymbol{\pi}$

$$\boldsymbol{B}^{-1}=\begin{pmatrix}1 & -1\\ -\frac{1}{2} & 1\end{pmatrix},\boldsymbol{\pi}=\boldsymbol{C}_B\boldsymbol{B}^{-1}=(10\quad 16)\begin{pmatrix}1 & -1\\ -\frac{1}{2} & 1\end{pmatrix}=(2\quad 6) \tag{3.78}$$

进一步计算得到：

$$\boldsymbol{X}_B=\boldsymbol{B}^{-1}\boldsymbol{b}=\begin{pmatrix}1 & -1\\ -\frac{1}{2} & 1\end{pmatrix}\begin{pmatrix}8\\6\end{pmatrix}=\begin{pmatrix}2\\2\end{pmatrix} \tag{3.79}$$

$$\overline{\boldsymbol{N}}=\boldsymbol{B}^{-1}\boldsymbol{N}=\begin{pmatrix}1 & -1\\ -1/2 & 1\end{pmatrix}\begin{pmatrix}1 & 0\\ 0 & 1\end{pmatrix}=\begin{pmatrix}1 & -1\\ -1/2 & 1\end{pmatrix}$$

$$\boldsymbol{\lambda}_N=\boldsymbol{C}_N-\boldsymbol{C}_B\boldsymbol{B}^{-1}\boldsymbol{N}=(0\quad 0)-(2\quad 6)\begin{pmatrix}1 & 0\\ 0 & 1\end{pmatrix}=(-2\quad -6)$$

$$\boldsymbol{Z}=\boldsymbol{C}_B\boldsymbol{B}^{-1}\boldsymbol{b}=(2\quad 6)\begin{pmatrix}8\\6\end{pmatrix}=52$$

通过 $\boldsymbol{\lambda}_N$ 可知所得解为最优解，该线性规划问题的解为（2，2，0，0），目标函数值为 52。

第五节　单纯形法的初始值

一、大 M 法

在实际问题中有些模型并不含有单位矩阵，为了得到一组基向量和初基可行解，在约束条件的等式左端加一组虚拟变量，得到一组基变量。这种人为加的变量称为人工变量，构成的可行基称为人工基，用大 M 法或两阶段法求解，这种用人工变量作桥梁的求解方法称为人工变量法。

用大 M 法解例 3.1 的变化问题，组合椅子只需要 1 个大积木和 1 个小积木，每个小组必须至少用完 8 个小积木的情况。此时的线性规划模型为

$$\begin{gathered}\max\ 16x_1+10x_2\\ 2x_1+x_2\geqslant 8\\ 2x_1+x_2\leqslant 6\\ x_1,x_2\geqslant 0\end{gathered} \tag{3.80}$$

首先将数学模型化为标准形式

$$\begin{gathered}\max\ 16x_1+10x_2\\ 2x_1+x_2-x_3=8\\ 2x_1+x_2+x_4=6\\ x_1,x_2,x_3,x_4\geqslant 0\end{gathered} \tag{3.81}$$

例 3.1 变化问题的标准型中 x_3 为剩余变量，x_4 为松弛变量，x_4 可作为一个基变量，第一约束中加入人工变量 x_5，目标函数中加入 $-Mx_5$ 一项，得到人工变量单纯形法数学模型为

$$\max\ 16x_1 + 10x_2 - Mx_5 \tag{3.82}$$
$$2x_1 + x_2 - x_3 + x_5 = 8$$
$$2x_1 + x_2 + x_4 = 6$$
$$x_1, x_2, x_3, x_4, x_5 \geqslant 0$$

用前面介绍的单纯形法求解，见表 3. 12。

表 3. 12 变化问题的大 M 法单纯形表

C_i		16	10	0	0	$-M$	b
$\boldsymbol{C_B}$	$\boldsymbol{X_B}$	x_1	x_2	x_3	x_4	x_5	
$-M$	x_5	2	1	-1	0	1	8
0	x_4	[2]	1	0	1	0	6→
λ_i			$16+2M$↑	$10+M$	$-M$	0	0
$-M$	X_5	0	0	-1	-1	1	2
16	X_1	1	[1/2]	0	1/2	0	3→
λ_i		0	2↑	$-M$	$-8-M$	0	
$-M$	X_5	0	0	-1	-1	1	2
10	X_2	2	1	0	1	2	6
λ_i		-4	0	$-M$	$-M-10$	-20	

最优解 $\boldsymbol{X}=(0, 6, 0, 0, 2)^{\mathrm{T}}$；最优值 $Z=60-2M$，但最优解中含有人工变量 $x_5 \neq 0$ 说明这个解是伪最优解，是不可行的，因此原问题无可行解。

注意：

（1）M 是一个很大的抽象的数，不需要给出具体的数值，可以理解为它能大于给定的任何一个确定数值。

（2）初始表中的检验数有两种算法，第一种算法是利用第一个约束中的 x_5 的表达式代入目标函数消去 x_5，得到用非基变量表达的目标函数，其系数就是检验数；第二种算法是利用公式计算，如

$$\lambda_1 = C_1 - \boldsymbol{C_B P}_1 = 16 - (-M \quad 0)\begin{pmatrix}2\\2\end{pmatrix} \tag{3.83}$$
$$= 16 - (-M \times 2 + 0 \times 2) = 16 + 2M$$

二、两阶段方法

两阶段单纯形法与大 M 单纯形法的目的类似，将人工变量从基变量中换出，以求出原问题的初始基本可行解。将问题分成两个阶段求解，第一阶段的目标函数是

$$\min \sum_{i=1}^{m} R_i \tag{3.84}$$

约束条件是加入人工变量后的约束方程，当第一阶段的最优解中没有人工变量作基

变量时，得到原线性规划的一个基本可行解，第二阶段就以此为基础对原目标函数求最优解。当第一阶段的最优解 $w \neq 0$ 时，说明还有不为零的人工变量是基变量，则原问题无可行解。

用两阶段单纯形法求解例 3.1 的变化问题，组合椅子只需要 1 个大积木和 1 个小积木即可。

其线性规划模型的标准型为

$$\begin{aligned} &\max\ 16x_1+10x_2 \\ &2x_1+x_2-x_3=8 \\ &2x_1+x_2+x_4=6 \\ &x_1,x_2,x_3,x_4\geqslant 0 \end{aligned} \tag{3.85}$$

在第一约束方程中加入人工变量 x_5 后，第一阶段问题为

$$\begin{aligned} &\min\ x_5 \\ &2x_1+2x_2-x_3+x_5=8 \\ &2x_1+x_2+x_4=6 \\ &x_1,x_2,x_3,x_4,x_5\geqslant 0 \end{aligned} \tag{3.86}$$

用单纯形法求解，得到第一阶段问题的计算表 3.13。

表 3.13　变化问题的两阶段单纯形表的第一阶段

C_i		0	0	0	0	1	b
C_B	X_B	x_1	x_2	x_3	x_4	x_5	
0	x_4	[2]	1	0	1	0	6→
1	x_5	2	1	−1	0	1	8
λ_i		−2↑	−1	1	0	0	−8
0	x_1	1	$\frac{1}{2}$	0	$\frac{1}{2}$	0	3
1	x_5	0	0	−1	−1	1	2
λ_i		0	0	1	1	0	−2

最优解为 $\boldsymbol{X}=(3,\ 0,\ 0,\ 0,\ 2)^{\mathrm{T}}$，最优值 $w=2\neq 0$。x_5 仍在基变量中，从而该问题无可行解。

本章小结

本章由两个例题引入，分析了线性规划模型的特点，学习了简单线性规划问题的图解法。为了求解复杂线性规划问题，定义了线性规划的标准型、标准型的转化方法以及标准型中的基本概念。在此基础上，从几何法、代数法、表格法、矩阵法四个角度论述了单纯形法求解线性规划模型的过程，学习了线性规划模型的典型结束条件，即唯一最优解、无穷最优解、无界解和无可行解。学习了两种获得初始值的方法，包括大 M 法和两阶段法。

第四章

灵敏度分析

课程目标

1. 了解对偶问题的基本内涵。
2. 了解对偶模型与原问题的对应关系。
3. 了解重要的对偶性质。
4. 掌握对偶单纯形法的求解。
5. 掌握线性规划的灵敏度分析。

第一节　对偶模型

对偶模型是线性规划乃至整个优化模型中都非常重要的概念，对偶模型是实现灵敏度分析、模型快速求解的有效方法。本节从经济学、代数推导、直观理解等几个角度引入对偶模型。

一、经济学引入

在线性规划的部分，我们利用一个积木游戏说明了线性规划的模型及其求解方法，其模型如下：

$$\max\ 16x_1+10x_2 \tag{4.1}$$

$$2x_1+2x_2\leqslant 8$$

$$2x_1+x_2\leqslant 6$$

$$x_1, x_2\geqslant 0$$

利用单纯形法求解该模型可知，组合 2 张桌子和 2 把椅子时获得最大的收益，总收益为 52。现在请同学们来试想一个新的问题，如果现在不组合桌子和椅子了，而是把已有的积木卖给别人，期望获得比售出桌椅更高的收入，那么大积木和小积木应分别卖多少钱合适呢？我们能够建立一个模型来求解大积木和小积木应该卖多少钱吗？

按照最优化问题的思路，首先应该确定问题的优化变量、优化目标和约束条件。

优化变量：既然我们想知道大积木和小积木应该卖多少钱，那么直接假设 y_1，y_2 分别为大积木和小积木的出售价格即可。

优化目标：获得出售 6 个大积木和 8 个小积木的最小收益，因此优化目标如下：

$$\min\ 6y_1+8y_2 \tag{4.2}$$

约束条件：用大积木和小积木拼合起来形成桌子或者椅子是可以获得收益的，例如，1 个大积木和 2 个小积木可以组合成椅子，椅子的价格是 10，那么同时卖出 1 个大积木和 2 个小积木必然希望获得不少于 10 的收益。同样的，2 个大积木和 2 个小积木可以组合成桌子，桌子的价格是 16，那么同时卖出 2 个大积木和 2 个小积木必然希望获得不少于 16 的收益（这里是理想情况下，假设生产不需要消耗成本），因此约束条件如下：

$$y_1 + 2y_2 \geqslant 10 \tag{4.3}$$
$$2y_1 + 2y_2 \geqslant 16$$

用于求解大积木和小积木的最优价格的模型为

$$\begin{aligned} &\min\ 6y_1 + 8y_2 \\ &y_1 + 2y_2 \geqslant 10 \\ &2y_1 + 2y_2 \geqslant 16 \\ &y_1, y_2 \geqslant 0 \end{aligned} \tag{4.4}$$

用单纯形法求解可得大积木的价格为 6，小积木的价格为 2，卖出所有积木的收益为 52。可以发现，卖出所有积木的收益与生产桌椅所获得的收益是一致的。这一结果不是一种偶然现象，这是由于式（4.4）所示模型是式（4.1）所示模型的对偶模型，式（4.1）称为原问题（Prime Problem），式（4.4）称为对偶问题（Dual Problem）。也可以说是式（4.1）是式（4.4）所示模型的对偶模型，式（4.4）为原问题，式（4.1）为对偶模型。

从经济学的角度来说，大积木和小积木的最优价格被称为“影子价格”。资源的影子价格和其市场价格不同，影子价格重点描述的是在当前生产或者加工效率下，对应资源给总收益带来的贡献。影子价格可以为 0，即当某一种资源有剩余时，再增加该资源不会对目标或者收益带来提升，所以影子价格为 0，而市场价格则不会为 0。例如，大积木的影子价格为 6，其经济学含义是：一块大积木能够带来额外的收益为 6；小积木的影子价格为 2，其经济学含义是：一块小积木能够带来额外的收益为 2。值得注意的是，在不同的企业、不同的生产模式、生产效率的情况下，资源的市场价格可能是一样的，但是资源的影子价格都是不一样的。

二、代数推导引入

我们已经知道，所有的线性规划模型都可以用式（4.5）统一描述。

$$\begin{aligned} &\max\ \boldsymbol{C}^{\mathrm{T}}\boldsymbol{X} \\ &\boldsymbol{AX} \leqslant \boldsymbol{b} \\ &\boldsymbol{X} \geqslant \boldsymbol{0} \end{aligned} \tag{4.5}$$

在单纯形法的矩阵方法中，可以用表 4.1 实现单纯形法的迭代过程：

表 4.1　单纯形法矩阵法迭代过程

项目	$\boldsymbol{X}_B$	$\boldsymbol{X}_N$	$\boldsymbol{b}$
$\boldsymbol{X}_B$	$\boldsymbol{I}$	$\boldsymbol{B}^{-1}\boldsymbol{N}$	$\boldsymbol{B}^{-1}\boldsymbol{b}$
λ	$\boldsymbol{C}_B - \boldsymbol{C}_B\boldsymbol{B}^{-1}\boldsymbol{B}$	$\boldsymbol{C}_N - \boldsymbol{C}_B\boldsymbol{B}^{-1}\boldsymbol{N}$	$-\boldsymbol{C}_B\boldsymbol{B}^{-1}\boldsymbol{b}$

根据表4.1，当获得最优解时，所有变量检验系数必须全部满足 $\lambda \leqslant 0$，也就 $\boldsymbol{C}-\boldsymbol{C}_B\boldsymbol{B}^{-1}\boldsymbol{A}\leqslant\boldsymbol{0}$，其中 $\boldsymbol{C}=(\boldsymbol{C}_B,\ \boldsymbol{C}_N)^{\mathrm{T}}$，$\boldsymbol{A}=(\boldsymbol{B},\ \boldsymbol{N})$。事实上，在所有的变量中，有部分是原问题的变量，还有一部分是转化为标准型过程中添加的松弛变量。对于非基变量来说，$\boldsymbol{C}=\boldsymbol{0}$，且 $\boldsymbol{A}=\boldsymbol{I}$，所以可以进一步得到 $-\boldsymbol{C}_B\boldsymbol{B}^{-1}\leqslant\boldsymbol{0}$。此时，令 $\boldsymbol{Y}=\boldsymbol{C}_B\boldsymbol{B}^{-1}$，可得

$$\boldsymbol{YA}\geqslant\boldsymbol{C} \tag{4.6}$$
$$\boldsymbol{Y}\geqslant\boldsymbol{0}$$

此时，原问题的目标为 $\boldsymbol{Z}=\boldsymbol{C}_B\boldsymbol{B}^{-1}\boldsymbol{b}=\boldsymbol{Yb}$，由于 $\boldsymbol{Y}\geqslant\boldsymbol{0}$，目标值不存在上界，而问题本身存在最优解，必然存在下界，因此目标为

$$\min\ \boldsymbol{Yb} \tag{4.7}$$

通过上述过程，导出新的线性规划模型为

$$\min\ \boldsymbol{Yb} \tag{4.8}$$
$$\boldsymbol{YA}\geqslant\boldsymbol{C}$$
$$\boldsymbol{Y}\geqslant\boldsymbol{0}$$

该模型即为原问题的对偶问题，从本质上来说这两个模型描述的是同一个问题，只不过建模时的出发视角不同。

三、直观理解引入

接下来我们考虑一种更为直观的对偶模型的理解方式，仍然采用线性规划一章中的积木游戏，其模型如下所示：

$$\max\ 16x_1+10x_2 \tag{4.9}$$
$$2x_1+2x_2\leqslant 8\text{(a)}$$
$$2x_1+x_2\leqslant 6\text{(b)}$$
$$x_1,\ x_2\geqslant 0$$

该问题是一个最大化问题，希望通过组合桌子和椅子带来最大的收益。现在我们不考虑求解该模型，而是考虑能否找到一个收益的上界，也就是最大能够获得的收益不会超过多少？为了找到这个上界，我们可以通过把约束组合起来，使得 x_1 和 x_2 的系数分别大于 16 和 10。

此时，如果将 4.9 中的约束（b）两端同时乘以 10，可得

$$20x_1+10x_2\leqslant 60\text{(c)}$$

将约束（c）与式（4.9）中的目标函数对比发现，x_1 的系数比目标函数中 x_1 的系数要大（20 > 16），x_2 的系数与目标函数中 x_2 的系数相等，又由于 x_1，$x_2\geqslant 0$，因此可得

$$16x_1+10x_2\leqslant 20x_1+10x_2\leqslant 60 \tag{4.10}$$

所以，可以推测出目标值一定不能超过 60，即 60 是目标的一个上界。继续考虑是否可以找到一个比 60 更小的上界。如果将约束（a）和约束（b）两端分别乘以 5 和 3，然后两端加在一起可得

$$5(2x_1+2x_2)+3(2x_1+x_2)\leqslant 8\times 5+6\times 3 \tag{4.11}$$

化简后得

$$16x_1+13x_2\leqslant 58\text{(d)}$$

将约束（d）与式（4.9）中的目标函数对比发现，x_1 的系数与目标函数中 x_1 的系数

相等，x_2 的系数比目标函数中的 x_2 大（$13>10$），又由于 x_1，$x_2\geqslant 0$，因此可得

$$16x_1+10x_2\leqslant 16x_1+13x_2\leqslant 58 \tag{4.12}$$

所以，可以推测出目标值一定不能超过 58，即 58 是目标函数的一个上界。至此，继续考虑是否可以通过将多个约束条件组合起来，通过获得最小化的上界来得到问题的解。为了获得约束的不同组合方式，给每个约束分配一个“乘子” y_1，y_2，如下所示：

$$\begin{gathered}\max\ 16x_1+10x_2\\ 2x_1+2x_2\leqslant 8(a)y_1\\ 2x_1+x_2\leqslant 6(b)y_2\\ x_1,x_2\geqslant 0\end{gathered} \tag{4.13}$$

为了获得该问题的上界，需要满足的约束条件是：原问题中的约束条件组合起来后 x_1 的系数要大于等于 16，同样 x_2 的系数要大于等于 10，同时这些“乘子”必须非负，可得

$$\begin{gathered}2y_1+2y_2\geqslant 16\\ 2y_1+y_2\geqslant 10\\ y_1,y_2\geqslant 0\end{gathered} \tag{4.14}$$

目标函数是得到上界的最小值，可得

$$\min\ 8y_1+6y_2 \tag{4.15}$$

由以上分析可知，得到的新模型为

$$\begin{gathered}\min\ 8y_1+6y_2\\ 2y_1+2y_2\geqslant 16\\ 2y_1+y_2\geqslant 10\\ y_1,y_2\geqslant 0\end{gathered} \tag{4.16}$$

该模型即为原问题的对偶模型，从直观的角度来理解，对偶问题就是通过组合约束条件，来逼近目标函数的上界或下界所形成的模型。这种直观的理解方法将有助于理解后面将提到的对偶模型的各种性质。

四、模型对应关系

原问题和对偶问题本质上是同一个问题，只是进行问题建模时的出发角度不同，因此原问题和对偶问题所形成的线性规划模型之间存在着密切的关系。本节将首先给出原问题与对偶问题的对应关系，然后继续通过对偶的直观理解方法来解释模型之间的对应关系（见表 4.2）。

表 4.2 原问题与对偶模型对应关系

原问题	对偶问题
max	min
$\boldsymbol{A}$	$\boldsymbol{A}^{\mathrm{T}}$
$\boldsymbol{b}$	$\boldsymbol{C}^{\mathrm{T}}$
$\boldsymbol{C}^{\mathrm{T}}$	$\boldsymbol{b}$

续表

原问题	对偶问题
m 个约束	m 个变量
⩾	⩽0
⩽	⩾0
=	无约束
n 个变量	n 个约束
⩾0	⩾
⩽0	⩽
无约束	=

通过对偶模型的直观理解，可以知道：

（1）如果原问题为最大化，对偶问题是通过约束的组合来获得目标的上界，通过最小化上界来获得原问题的解，所以对偶问题为最小化，反之亦然；此外，模型各个矩阵的对应关系也很容易理解，本书不加赘述。

（2）原问题有 m 个约束，就需要设置 m 个“乘子”，也就是对偶问题中有 m 个变量。

（3）原问题有 n 个变量，就需要设置 n 个约束，使得组合后的约束中每个变量的系数满足一定条件。

（4）如果原问题中的变量是大于等于 0 的，那么多个约束组合后，该变量的系数应该大于等于目标函数中该变量的系数，这样才能形成原问题中目标函数的上界；如果原问题中的变量是小于等于 0 的，那么多个约束组合后，该变量的系数应该小于等于目标函数中该变量的系数，这样才能形成原问题中目标函数的上界；如果原问题中的变量是无约束的，那么多个约束组合后，该变量的系数应该等于目标函数中该变量的系数，这样无论该变量是正是负都不对上限产生影响。

（5）如果原问题中的约束是大于等于型的，那么其“乘子”，也就是对应该约束的变量应该是小于等于 0 的，这是由于我们希望得到的是上限，也就是组合约束需要是小于等于型的，因此对应变量设置为负数，可以改变符号的方向；如果原问题中的约束是小于等于型的，那么其“乘子”，也就是对应该约束的变量应该是大于等于的，因为此时组合约束为小于等于型的，可以获得上限；如果原问题的约束是等于型的，那么无论对应的“乘子”取什么值，该约束在组合约束都是一个常数，不影响上限，因此对偶问题的变量是无约束的。

根据上述的原问题与对偶问题的对应关系，可以快速地实现原问题到对偶问题的转换，例如：

$$
\begin{aligned}
\max Z = 2x_1 + 4x_2 - x_3 \qquad (4.17)\\
3x_1 - x_2 - 2x_3 \geqslant 6\\
-x_1 + 2x_2 - 3x_3 = 12\\
2x_1 + x_2 + 2x_3 \leqslant 8
\end{aligned}
$$

$$x_1+3x_2-x_3\geqslant 15$$
$$x_1\geqslant 0,x_2\leqslant 0,x_3\text{ 无约束}$$

目标函数由最小化转为最大化，其形式是 $\boldsymbol{b}$ 与 $\boldsymbol{C}^{\mathrm{T}}$ 互换，具体如下：

$$\max W=6y_1+12y_2+8y_3+15y_4 \tag{4.18}$$

原问题的四个约束分别为≥，=，≤，≥型，对应四个变量分别为≤0，无约束，≥0，≤0 型，即

$$y_1\leqslant 0,y_2\text{ 无约束},y_3\geqslant 0,y_4\leqslant 0 \tag{4.19}$$

原问题的三个变量分别为≥0，≤0，无约束，对应三个约束条件为≥，≤，=型，即

$$3y_1-y_2+2y_3+y_4\geqslant 2 \tag{4.20}$$
$$-y_1+2y_2+y_3+3y_4\leqslant 4$$
$$-2y_1-3y_2+2y_3-y_4=-1$$

综上，转换后的模型为

$$\max W=6y_1+12y_2+8y_3+15y_4 \tag{4.21}$$
$$3y_1-y_2+2y_3+y_4\geqslant 2$$
$$-y_1+2y_2+y_3+3y_4\leqslant 4$$
$$-2y_1-3y_2+2y_3-y_4=-1$$
$$y_1\leqslant 0,y_2\text{ 无约束},y_3\geqslant 0,y_4\leqslant 0$$

第二节　对偶性质

原问题和对偶问题本质上描述的是同一个问题，只不过是建模时的出发角度和考量的变量不同。因此，二者存在着非常紧密的联系，这种联系具有普适性，与具体的问题无关，以下说明六个最为重要的对偶性质。

一、性质1：对称性

对称性指的是对偶问题的对偶是原问题。现假设我们有如下的原问题的线性规划模型，称为 LP（Linear Programming）：

$$\max \boldsymbol{C}^{\mathrm{T}}\boldsymbol{X} \tag{4.22}$$
$$\boldsymbol{AX}\leqslant \boldsymbol{b}$$
$$\boldsymbol{X}\geqslant \boldsymbol{0}$$

很容易得到其对偶模型，称为 DLP（Dual Linear Programming）：

$$\min \boldsymbol{Yb} \tag{4.23}$$
$$\boldsymbol{YA}\geqslant \boldsymbol{C}$$
$$\boldsymbol{Y}\geqslant \boldsymbol{0}$$

通过一定的代数运算，可以将该对偶模型转化为如下形式：

$$\max\ -\boldsymbol{Yb} \tag{4.24}$$
$$-\boldsymbol{YA}\leqslant -\boldsymbol{C}$$
$$\boldsymbol{Y}\geqslant \boldsymbol{0}$$

对该模型在此进行对偶变换，可以得到如下的模型：

$$\min\ -\boldsymbol{C}^{\mathrm{T}}\boldsymbol{X} \qquad (4.25)$$

$$-\boldsymbol{AX} \geqslant -\boldsymbol{b}$$

$$\boldsymbol{X} \geqslant \boldsymbol{0}$$

通过数学变换以后，可以得到

$$\max\ \boldsymbol{C}^{\mathrm{T}}\boldsymbol{X} \qquad (4.26)$$

$$\boldsymbol{AX} \leqslant \boldsymbol{b}$$

$$\boldsymbol{X} \geqslant \boldsymbol{0}$$

通过观察发现，上述模型与式（4.22）是完全一致的，也就是式（4.22）通过两次变换后又与原模型一致了，因此可以得到结论，对偶问题的对偶是原问题。上述过程可以用图4.1来表达：

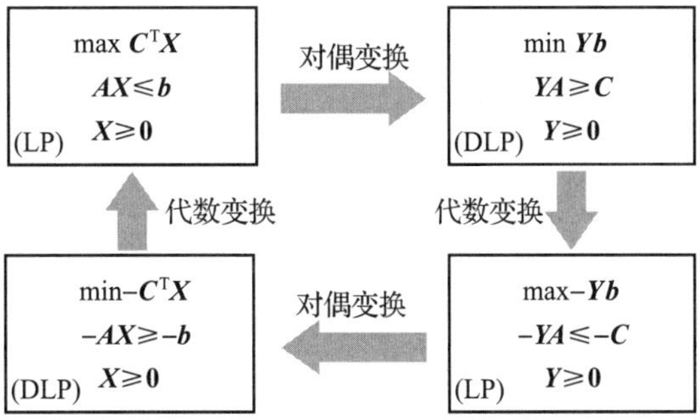

图4.1 对偶问题的对偶是原问题

二、性质2：弱对偶性

弱对偶性是指，如果 $\boldsymbol{X}'$，$\boldsymbol{Y}'$ 分别为原问题 LP(max) 和对偶问题 DLP(min) 的可行解，则有 $\boldsymbol{CX}' \leqslant \boldsymbol{Y}'\boldsymbol{b}$。

根据对偶的直观理解，该性质较为容易理解，即由于对偶问题的目的是找到原问题目标的上界的最小值，因此所有的可行解的目标函数值都是原问题的上界，所以必有 $\boldsymbol{CX}' \leqslant \boldsymbol{Y}'\boldsymbol{b}$。

从数学推导的角度来说，对于原问题，有

$$\boldsymbol{AX}' \leqslant \boldsymbol{b}, \boldsymbol{Y}' \geqslant \boldsymbol{0} \rightarrow \boldsymbol{Y}'\boldsymbol{AX}' \leqslant \boldsymbol{Y}'\boldsymbol{b} \qquad (4.27)$$

同样地，对于对偶问题，有

$$\boldsymbol{Y}'\boldsymbol{A} \geqslant \boldsymbol{C}, \boldsymbol{X}' \geqslant \boldsymbol{0} \rightarrow \boldsymbol{Y}'\boldsymbol{AX}' \geqslant \boldsymbol{CX}' \qquad (4.28)$$

通过对比式（4.27）和式（4.28），可以得到

$$\boldsymbol{CX}' \leqslant \boldsymbol{Y}'\boldsymbol{AX}' \leqslant \boldsymbol{Y}'\boldsymbol{b} \qquad (4.29)$$

利用该性质可以回答一系列的问题，例如：

（1）原问题有最优解时，对偶问题是否有最优解？

（2）对偶问题有无界解时，原问题是否有解？

这些思考性的内容留给同学进行思考。

三、性质3：最优准则

弱对偶性指的是，如果 $\boldsymbol{X}^*$，$\boldsymbol{Y}^*$ 分别为原问题 LP(max) 和对偶问题 DLP(min) 的可行

解，当且仅当 $\boldsymbol{CX}^*=\boldsymbol{Y}^*\boldsymbol{b}$ 成立时，$\boldsymbol{X}^*$，$\boldsymbol{Y}^*$ 分别为原问题 LP(max)和对偶问题 DLP(min)的最优解。

根据对偶问题的直观理解，该性质较为容易理解，即通过求解对偶问题的最优解，获得最小化的上界，如果上界无法再进一步减小，该最小值就是原问题的最优解。

从数学推导的角度来说，首先证明必要条件，即当 $\boldsymbol{X}^*$，$\boldsymbol{Y}^*$ 是原问题和对偶问题的最优解时，$\boldsymbol{B}$ 为最优基矩阵，有

$$\boldsymbol{CX}^* \xRightarrow{\boldsymbol{X}^*=\boldsymbol{B}^{-1}\boldsymbol{b}} \boldsymbol{CB}^{-1}\boldsymbol{b} \xRightarrow{\boldsymbol{Y}^*=\boldsymbol{CB}^{-1}} \boldsymbol{Y}^*\boldsymbol{b} \tag{4.30}$$

其次证明充分条件，即当 $\boldsymbol{CX}^*=\boldsymbol{Y}^*\boldsymbol{b}$ 成立时，$\boldsymbol{X}^*$，$\boldsymbol{Y}^*$ 分别为原问题 LP(max)和对偶问题 DLP(min)的最优解。对于原问题 LP(max)和对偶问题 DLP(min)的可行解 $\boldsymbol{X}'$，$\boldsymbol{Y}'$，有

$$\boldsymbol{CX}'\leqslant\boldsymbol{Y}^*\boldsymbol{b}=\boldsymbol{CX}^*\leqslant\boldsymbol{Y}'\boldsymbol{b} \tag{4.31}$$

由于 $\boldsymbol{Y}^*\boldsymbol{b}$ 是对偶问题 DLP(min)所有可行解的下界，$\boldsymbol{CX}^*$ 是原问题 LP(max)所有解的上界，因此 $\boldsymbol{X}^*$，$\boldsymbol{Y}^*$ 分别为原问题 LP(max)和对偶问题 DLP(min)的最优解。

四、性质4：强对偶性

强对偶性指的是，若互为对偶的两个问题其中一个有最优解，则另一个也有最优解，且最优值相同。

根据对偶问题的直观理解，该性质较为容易理解，即如果一个问题有最优解，则该最优解就是另一个问题的上界（max）或者下界（min），既然已有上界（max）或者下界（min），该问题有最优解，且最优解就是该上界（max）或者下界（min）。

从数学推导的角度来说，如果原问题 LP(max)有最优解 $\boldsymbol{X}^*$，那么对于其最优基矩阵 $\boldsymbol{B}$ 来说，有检验系数全部小于等于0，即

$$\begin{gathered}\boldsymbol{C}-\boldsymbol{C}_B\boldsymbol{B}^{-1}\boldsymbol{A}\leqslant\boldsymbol{0}\\ -\boldsymbol{C}_B\boldsymbol{B}^{-1}\leqslant\boldsymbol{0}\end{gathered} \tag{4.32}$$

令 $\boldsymbol{Y}=\boldsymbol{C}_B\boldsymbol{B}^{-1}$，可以推导出

$$\begin{gathered}\boldsymbol{YA}\geqslant\boldsymbol{C}\\ \boldsymbol{Y}\geqslant\boldsymbol{0}\end{gathered} \tag{4.33}$$

对于目标函数来说，有

$$\boldsymbol{CX}^*=\boldsymbol{C}_B\boldsymbol{X}_B^*=\boldsymbol{C}_B\boldsymbol{B}^{-1}\boldsymbol{b}=\boldsymbol{Y}^*\boldsymbol{b} \tag{4.34}$$

由性质3：最优准则可知，$\boldsymbol{Y}^*$ 是最优解，并且最优值相等。

五、性质5：互补松弛定理

互补松弛定理指的是，如果 $\boldsymbol{X}^*$，$\boldsymbol{Y}^*$ 分别为原问题 LP(max)和对偶问题 DLP(min)的可行解，$\boldsymbol{X}_S$ 和 $\boldsymbol{Y}_S$ 是它的松弛变量的可行解，则当且仅当

$$\boldsymbol{X}_S\boldsymbol{Y}^*=\boldsymbol{0},\boldsymbol{X}^*\boldsymbol{Y}_S=\boldsymbol{0} \tag{4.35}$$

$\boldsymbol{X}^*$，$\boldsymbol{Y}^*$ 分别为原问题 LP(max)和对偶问题 DLP(min)的最优解。

为了以直观的方式理解互补松弛定理，先通过下图来理解 $\boldsymbol{X}_S$，$\boldsymbol{Y}_S$ 的含义。例如有图4.2所示的线性规划可行域，其中包括5个约束，标号为(1)~(5)，有5个角点，分别为

A、B、C、D、O。

以 A 点为例，其由约束（1）和（2）相交而成，也就是这两个约束的等号是成立的，此时对应这两个约束的松弛变量为0；同样的，考虑 B 点，其由约束（2）和（3）相交而成，也就是这两个约束的等号是成立的，此时对应这两个约束的松弛变量为0。由此分析，可知松弛变量是否为0，能够指示松弛变量所对应的约束是否参与了形成角点，如果松弛变量为0，那么对应的约束参与了形成角点，如果松弛变量不为0，那么对应的约束未参与形成角点。

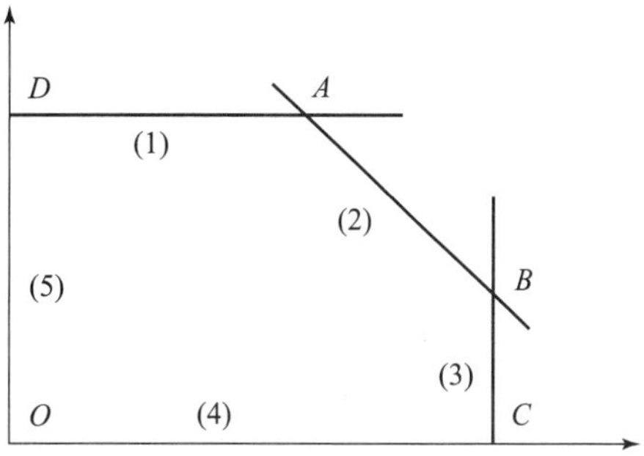

图4.2　理解松弛变量 $\boldsymbol{X}_S$ 和 $\boldsymbol{Y}_S$ 的含义

现在考虑，如果 $\boldsymbol{X}^*$，$\boldsymbol{Y}^*$ 分别为原问题 LP(max) 和对偶问题 DLP(min) 的最优解，$\boldsymbol{Y}^*$ 表示的是原问题中所有约束的一种最优的组合方式。在这种组合方式中，当 $y^*=0$，$y^*\in\boldsymbol{Y}^*$ 时，表示 y^* 对应的约束没有参与形成最优解 $\boldsymbol{X}^*$，无论对应的松弛变量 x_S^* 取任何值，都有 $x_S^*y^*=0$；当 $y^*>0$，$y^*\in\boldsymbol{Y}^*$ 时，表示对应的约束参与形成最优解 $\boldsymbol{X}^*$，此时，对应的松弛变量 $x_S^*=0$，所以有 $x_S^*y^*=0$。综上可知，如果 $\boldsymbol{X}^*$，$\boldsymbol{Y}^*$ 分别为原问题 LP(max) 和对偶问题 DLP(min) 的最优解，必有 $\boldsymbol{X}^*\boldsymbol{Y}_S=\boldsymbol{0}$。

从数学推导的角度来说，首先证明必要条件，如果 $\boldsymbol{X}^*$，$\boldsymbol{Y}^*$ 分别为原问题 LP(max) 和对偶问题 DLP(min) 的最优解，最优解同样也是可行解，满足以下等式

$$\boldsymbol{AX}^*+\boldsymbol{X}_S=\boldsymbol{b} \tag{4.36}$$
$$\boldsymbol{Y}^*\boldsymbol{A}-\boldsymbol{Y}_S=\boldsymbol{C}$$

将上面的第一个式子两侧同时乘以 $\boldsymbol{Y}^*$，在第二个式子两侧同时乘以 $\boldsymbol{X}^*$，可得

$$\boldsymbol{Y}^*\boldsymbol{AX}^*+\boldsymbol{Y}^*\boldsymbol{X}_S=\boldsymbol{Y}^*\boldsymbol{b} \tag{4.37}$$
$$\boldsymbol{Y}^*\boldsymbol{AX}^*-\boldsymbol{Y}_S\boldsymbol{X}^*=\boldsymbol{CX}^*$$

由对偶性质3：最优条件可知，$\boldsymbol{CX}^*=\boldsymbol{Y}^*\boldsymbol{b}$，因此有

$$\boldsymbol{Y}^*\boldsymbol{X}_S=-\boldsymbol{Y}_S\boldsymbol{X}^* \tag{4.38}$$

由于 $\boldsymbol{X}^*$，$\boldsymbol{X}_S$，$\boldsymbol{Y}^*$，$\boldsymbol{Y}_S$ 全部都是大于等于0的，如果上述等式成立，必然有

$$\boldsymbol{X}_S\boldsymbol{Y}^*=\boldsymbol{0},\boldsymbol{X}^*\boldsymbol{Y}_S=\boldsymbol{0} \tag{4.39}$$

其次证明充分条件，如果已知 $\boldsymbol{X}_S\boldsymbol{Y}^*=\boldsymbol{0}$，$\boldsymbol{X}^*\boldsymbol{Y}_S=\boldsymbol{0}$，对于任意的可行解 $\boldsymbol{X}^*$，$\boldsymbol{Y}^*$，满足如下条件：

$$\boldsymbol{AX}^*+\boldsymbol{X}_S=\boldsymbol{b} \tag{4.40}$$
$$\boldsymbol{Y}^*\boldsymbol{A}-\boldsymbol{Y}_S=\boldsymbol{C}$$

同样的，将上面的第一个式子两侧同时乘以 $\boldsymbol{Y}^*$，在第二个式子两侧同时乘以 $\boldsymbol{X}^*$，可得

$$\boldsymbol{Y}^*\boldsymbol{AX}^*+\boldsymbol{Y}^*\boldsymbol{X}_S=\boldsymbol{Y}^*\boldsymbol{b} \tag{4.41}$$
$$\boldsymbol{Y}^*\boldsymbol{AX}^*-\boldsymbol{Y}_S\boldsymbol{X}^*=\boldsymbol{CX}^*$$

因此，$\boldsymbol{CX}^*=\boldsymbol{Y}^*\boldsymbol{b}$，根据性质3：最优条件可知，$\boldsymbol{X}^*$，$\boldsymbol{Y}^*$ 分别为原问题 LP(max) 和对偶问题 DLP(min) 的最优解。

互补松弛定理是五个对偶性质中十分重要的一个，它给出了如何通过原问题的解快速得出对偶问题解的方法。仍然以积木问题为例，其原问题为

$$\max\ 16x_1 + 10x_2 \tag{4.42}$$
$$2x_1 + 2x_2 \leqslant 8$$
$$2x_1 + x_2 \leqslant 6$$
$$x_1, x_2 \geqslant 0$$

对偶问题为

$$\min\ 8y_1 + 6y_2 \tag{4.43}$$
$$2y_1 + 2y_2 \geqslant 16$$
$$2y_1 + y_2 \geqslant 10$$
$$y_1, y_2 \geqslant 0$$

已知该模型的最优解为（2，2，0，0），从该解中可以看出，由于 $\boldsymbol{X}_1$，$\boldsymbol{X}_2$ 不为零，因此对应的 $\boldsymbol{Y}_{S1}$，$\boldsymbol{Y}_{S2}$必为零，也就是对偶问题的两个约束的等号成立，即

$$2y_1 + 2y_2 = 16 \tag{4.44}$$
$$2y_1 + y_2 = 10$$

由此可以直接得 $y_1 = 6$，$y_2 = 2$，目标值为 52，与前面得出的结果是一致的。

六、性质 6：过程对应关系

上述五个对偶性质描述的都是模型本身或者最优解的对应关系，过程对应关系则给出了在单纯形法的每一次迭代过程中原问题和对偶问题都存在的对应关系，也就是一个单纯形表可以同时表达原问题和对偶问题的单纯形法计算过程。

过程对应关系指的是，原问题 LP(max) 每次迭代的检验数的相反数对应对偶问题 DLP(min) 的一组基本解，如果原问题 LP 为目标最小化问题，那么每次迭代的检验数对应对偶问题 DLP 的一组基本解。在线性规划的单纯形法求解过程中，所有变量分为决策变量和松弛变量。其中，第 j 个决策变量 x_j 的检验数的相反数对应于对偶问题的第 j 个约束的松弛变量的值；第 i 个松弛变量的检验系数的相反数对应于对偶问题中第 i 个对偶变量 y_i 的值。

七、模型结果映射关系

通过上述六个对偶性质，可以推理出原问题 LP(max) 和对偶问题 DLP(min) 结果的映射关系，如表 4.3 所示。

表 4.3　原问题与对偶问题结果的映射关系

原问题	对偶问题
有最优解	有最优解
无最优解	无最优解
无界解	无可行解
无可行解	无界解或无可行解

第三节　对偶单纯形法

一、对偶单纯形法的基本思想

在求解原问题 LP(max)时，单纯形法的计算过程中换基的主要原则是：在保持解的可行性的前提下，尽快地使得所有检验系数变为小于等于0 的数，如表4.4 所示。根据对偶性质6 可知，原问题的检验系数的相反数就是对偶问题的一组基本解。在单纯形法达到最优解之前，总是存在检验数大于等于0 的情况（对应对偶问题的非可行基解），直到到达最优解时，所有检验系数变为小于等于0（对应对偶问题的可行基解）。因此，单纯形法中换基的主要原则也可以描述为：在保持原问题解的可行性的前提下，尽快地使对偶问题的解变得可行。

表4.4　单纯形法计算过程（单纯形表）

c_i	16	10	0	0	b_j	$\frac{b_j}{a_{ij}}$
	x_1	x_2	x_3	x_4		
x_3	2	2	1	0	8	8/2 =4
x_4	[2]	1	0	1	6	6/2 =3→
λ_i	16↑	10	0	0	0	

从另外一个角度考虑，我们也可以将单纯形法中换基的主要原则确定为：在保持对偶问题解的可行性的前提下，尽快地使原问题的解变得可行。采用这种换基原则将形成一种新的单纯形法，称其为对偶单纯形法。采用对偶单纯形法在很多情况下将带来一些便利，在利用单纯形法进行求解时，可能无法容易地找到初始可行解，而必须要借助于大 M 法或者两阶段法来寻找初始可行解，利用对偶单纯形法则不需要首先给出问题的初始可行解，只要在不断的迭代过程中，找到原问题的可行解即可。

值得强调的是：对偶单纯形法不是将原问题转化为对偶问题，然后利用单纯形法求解的方法，而是在单纯形法的计算过程中采用了不同的初始化策略、换基策略等所形成的新方法。

二、对偶单纯形法的计算步骤

单纯形法和对偶单纯形法同样都属于搜索算法，二者进行计算的基本框架和逻辑仍然是一致的，对偶单纯形法计算过程如下：

1. *获得初始基本解*

利用松弛变量和剩余变量，将线性规划模型中所有不等式转化为等式，找到一组基本解，使得对偶问题是可行的，即当目标是最大化时，所有检验系数小于等于零；当目标是最小化时，所有检验系数大于等于零。使得对偶问题的解是可行的这一条件有时很难满足，这也是对偶单纯形法很少独立使用的原因，一般对偶单纯形法用在灵敏度分析过程中。

2. 确定出基变量

对偶单纯形法的目标是保持对偶问题解的可行性，最快地使得原问题的解变得可行。原问题的解不可行主要是其中含有负数，因此只要找出最小的变量值，将该变量作为出基变量即可。

3. 确定入基变量

确定入基变量有两个原则：

（1）原则1：符号原则。即确定的出基变量的右侧项为负数，入基变量的系数必须也为负数，这样才能在初等变换后保持系数的符号为正。

（2）原则2：比例原则。即确定入基变量后需要重新计算检验系数，要保持对偶问题可行，就需要所有的检验系数小于等于零（原问题为 max）（如果原问题为 min 型，就需要保持所有的检验系数始终大于等于零），因此，需要找到 $\min\left\{\frac{\lambda_j}{a_{ij}}\middle| a_{ij}\leqslant 0\right\}$所对应的变量，将该变量作为入基变量。

4. 求解基本解

利用与线性规划相同的方法，通过矩阵的初等变化，找到新的基变量的解，观察基本解中是否存在小于零的值，如果存在则继续迭代，如果不存在说明已经找到最优解。

三、对偶单纯形法的结束条件

为了讲解对偶单纯形法的结束条件，本节不加考虑实际意义地对积木游戏中的案例进行了变更。首先，考虑如下的线性规划模型：

例 4.1

$$\max\ -16x_1-10x_2 \tag{4.45}$$

$$2x_1+2x_2\geqslant 8$$

$$2x_1+x_2\geqslant 6$$

$$x_1,x_2\geqslant 0$$

上述线性规划模型的标准型为

$$\max\ -16x_1-10x_2+0x_3+0x_4 \tag{4.46}$$

$$2x_1+2x_2-x_3=8$$

$$2x_1+x_2-x_4=6$$

$$x_1,x_2,x_3,x_4\geqslant 0$$

模型（4.45）和模型（4.46）中的两个约束两端同时乘以 -1，得

$$\max\ -16x_1-10x_2+0x_3+0x_4 \tag{4.47}$$

$$-2x_1-2x_2+x_3=-8$$

$$-2x_1-x_2+x_4=-6$$

$$x_1,x_2,x_3,x_4\geqslant 0$$

从上述线性规划的标准型中无法直接获得可行解，所以采用对偶单纯形法的表格法进行求解。(见表4.5)

表4.5　例4.11对偶单纯形法表格法

c_i		-16	-10	0	0	b_j	
c_B	基	x_1	x_2	x_3	x_4		
0	x_3	-2	[-2]	1	0	-8	→
0	x_4	-2	-1	0	1	-6	
λ		-16	-10↑	0	0		
λ_i/a_{ij}		8	5				
-10	x_2	1	1	-1/2	0	4	
0	x_4	-1	0	-1/2	1	-2	→
λ		-6↑	0	-5	0		
λ_i/a_{ij}		6		10			
-10	x_2	0	1	-1	1	2	
-16	x_1	1	0	1/2	-1	2	

从最后一次迭代过程中发现，基变量 x_1，x_2 的解都为2，已获得了最优解，无须进一步迭代。因此最终该模型的最优解为（2，2，0，0），最优值为-52。

接下来改变上述问题的价值系数，将 x_2 的系数由-10改为-8，形成一个新的模型，利用对偶单纯形法进行求解。

例4.2

$$\max\ -16x_1-8x_2 \tag{4.48}$$

$$2x_1+2x_2\geqslant 8$$

$$2x_1+x_2\geqslant 6$$

$$x_1,x_2\geqslant 0$$

经过标准型处理和转化以后，得如下模型：

$$\max\ -16x_1-8x_2+0x_3+0x_4 \tag{4.49}$$

$$-2x_1-2x_2+x_3=-8$$

$$-2x_1-x_2+x_4=-6$$

$$x_1, x_2, x_3, x_4 \geq 0$$

表4.6所示为例4.2对偶单纯形法表格法。

表4.6 例4.2对偶单纯形法表格法

c_i		−16	−8	0	0	b_j	
c_B	基	x_1	x_2	x_3	x_4		
0	x_3	−2	[−2]	1	0	−8	→
0	x_4	−2	−1	0	1	−6	
λ		−16	−8↑	0	0		
λ_i/a_{ij}		8	4				
−8	x_2	1	1	−1/2	0	4	
0	x_4	[−1]	0	−1/2	1	−2	→
λ		−8↑	0	−4	0		
λ_i/a_{ij}		8		8			

最后一次迭代过程中，可以发现x_4为出基变量，但是x_1，x_3都可以作为入基变量，因为二者的$\left|\frac{\lambda_i}{a_{ij}}\right|$的大小相同，都为8。这种情况预示着该问题存在多重解，可以任选x_1，x_3中的一个变量作为入基变量，这里选择x_1继续迭代（见表4.7）。

表4.7 例4.2选择x_1为入基变量时的对偶单纯形法表格法

c_i		−16	−8	0	0	b_j	
c_B	基	x_1	x_2	x_3	x_4		
−8	x_2	1	1	−1/2	0	4	
0	x_4	[−1]	0	−1/2	1	−2	→
λ		−8↑	0	−4	0		
λ_i/a_{ij}		8		8			
−8	x_2	0	1	−1	1	2	
−16	x_1	1	0	1/2	−1	2	

从最后一次的迭代过程中发现，基变量x_1，x_2的解都为2，已经获得了最优解，无须进一步的迭代。因此最终该模型的最优解为（2，2，0，0），最优值为−48。

在上一步，如果选择x_3作为入基变量，则单纯形表如表4.8所示。

表 4.8　例 4.2 选择 x_3 为入基变量时的对偶单纯形法表格法

c_i		−16	−8	0	0	b_j	
c_B	基	x_1	x_2	x_3	x_4		
−8	x_2	1	1	−1/2	0	4	
0	x_4	−1	0	[−1/2]	1	−2	→
λ		−8	0	−4↑	0		
λ_i/a_{ij}		8		8			
−8	x_2	2	1	0	−1	6	
0	x_3	2	0	1	−2	4	

从最后一次迭代的过程中发现，x_2，x_3 基变量的解分别为 6 和 4，已经获得了最优解，无须进一步迭代。因此，最终该模型的最优解为（0，6，4，0），最优值为 −48。由于所得目标值与入基变量为 x_1 时相同，因此该问题存在多重最优解。这一结果从该问题的可行域中也能观察到（见图 4.3）。

接下来，我们考虑经过变换的另外一个问题：

例 4.3

$$\max\ -16x_1-10x_2 \tag{4.50}$$

$$2x_1+2x_2\geqslant 8$$

$$2x_1+x_2\geqslant 6$$

$$x_1+x_2\leqslant 2$$

$$x_1,x_2\geqslant 0$$

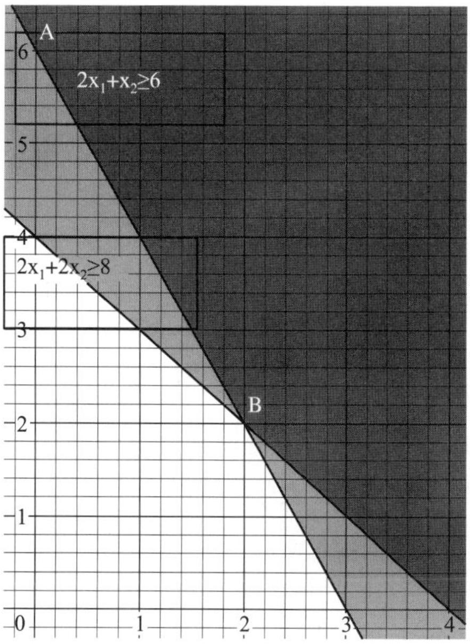

图 4.3　例 4.2 问题的可行域

经过标准型处理和转化后，得如下模型：

$$\max \quad -16x_1 - 10x_2 + 0x_3 + 0x_4 + 0x_5 \tag{4.51}$$

$$-2x_1 - 2x_2 + x_3 = -8$$

$$-2x_1 - x_2 + x_4 = -6$$

$$x_1 + x_2 + x_5 = 2$$

$$x_1, x_2, x_3, x_4, x_5 \geq 0$$

采用对偶单纯形法的表格法进行求解（见表 4.9）。

表 4.9　例 4.3 对偶单纯形法表格法

c_i		-16	-10	0	0	0	b_j	
c_B	基	x_1	x_2	x_3	x_4	x_5		
0	x_3	-2	[-2]	1	0	0	-8	→
0	x_4	-2	-1	0	1	0	-6	
0	x_5	1	1	0	0	1	2	
λ		-16	-10 ↑	0	0	0		
λ_i/a_{ij}		8	5					
-10	x_2	1	1	-1/2	0	0	4	
0	x_4	[-1]	0	-1/2	1	0	-2	→
0	x_5	0	0	1/2	0	1	-2	
λ		-6 ↑	0	-5	0	0		
λ_i/a_{ij}		6		10				
-10	x_2	0	1	-1	0	0	2	
-16	x_1	1	0	1/2	-1	0	2	
0	x_5	0	0	1/2	0	1	-2	→
λ		0	0	-2	-6	0		

从最后一次迭代过程中发现，出基变量为 x_5，但是无法获得入基变量。这种情况说明：无法在保持对偶问题可行的情况下使得原问题的解变得可行，也就是原问题不存在可行解，即无可行解，从该问题的可行域也观察到这种情况（见图 4.4）。

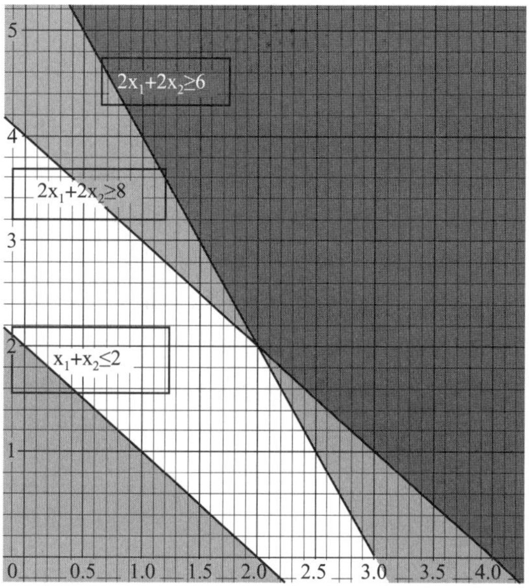

图 4.4　例 4.3 问题的可行域

第四节　灵敏度分析

在利用线性规划解决实际问题的过程中，由于数据收集、整理不完善，或者模型考虑不全面等问题，在此基础上所构建的模型一定是不完全准确的。对于十分庞大的模型来说，求解一次的时间比较长，如果采用模型一旦更改就重新求解的策略，将给问题的求解带来不可估量的时间成本。事实上，在改变线性规划模型后，可以在已有最优解的基础上进行继续迭代来分析最优解的变化情况，以避免重复求解，浪费计算资源。

线性规划模型中包含几个重要的参数，即价值系数、资源限量、工艺系数等，这些参数的设定与具体的业务场景息息相关，模型中的参数并不是完全准确的。因此，这些参数的波动如何影响最优解是解决现实问题过程中十分重要的问题。此外，模型的变更还可能会引入新的优化变量，增加新的约束条件等。本节将对这些情况开展分析，主要关注如下两个问题：

（1）参数在什么范围内变化时，原最优解或最优基不变？

（2）当参数已经变化或增加约束时，最优解或最优基有何变化？

一、价值系数变化

首先，我们来考虑当价值系数在什么范围内变化时，已经获得的最优解保持不变这一问题。从单纯形法的学习过程中，我们可以知道，判断最优解是否达到或者是否变化是通过检验数实现的。假设如下的模型：

$$\max \ \boldsymbol{C}^T\boldsymbol{X} \tag{4.52}$$
$$\boldsymbol{AX}=\boldsymbol{b}$$
$$\boldsymbol{X}\geqslant\boldsymbol{0}$$

其最优基为 $\boldsymbol{B}$，则所有基变量的检验数为 $\boldsymbol{C_B}-\boldsymbol{C_B}\boldsymbol{B}^{-1}\boldsymbol{B}=\boldsymbol{0}$，所有非基变量的检验数

为 $\boldsymbol{C}_N - \boldsymbol{C}_B\boldsymbol{B}^{-1}\boldsymbol{N}$。

因此，在改变价值系数的值时，只要确保所有检验系数小于等于零即可。基变量和非基变量的检验数的表达式不同，需要分为两种情况进行考虑：

1. 当价值系数 c_i 是非基变量的系数时

当 c_i 是非基变量的系数时，其仅影响非基变量的检验系数 $\boldsymbol{C}_N - \boldsymbol{C}_B\boldsymbol{B}^{-1}\boldsymbol{N}$，其中 $\lambda_i = c_i - \boldsymbol{C}_B\boldsymbol{B}^{-1}\boldsymbol{N}$。通过求解不等式 $c_i - \boldsymbol{C}_B\boldsymbol{B}^{-1}\boldsymbol{N} \leqslant \boldsymbol{0}$ 就能得到答案。令 c_i 的变化量为Δc_i，即

$$c_i + \Delta c_i - \boldsymbol{C}_B\boldsymbol{B}^{-1}\boldsymbol{N} \leqslant \boldsymbol{0} \tag{4.53}$$

求解可得

$$\Delta c_i \leqslant -c_i + \boldsymbol{C}_B\boldsymbol{B}^{-1}\boldsymbol{N} = -\lambda_i \tag{4.54}$$

也就是当 c_i 是非基变量的价值系数时，只要其变化小于 $-\lambda_i$，最优解和最优值就可以保持不变。

2. 当价值系数 c_i 是基变量的系数时

当 c_i 是基变量的系数时，其同时影响基变量和非基变量的检验数。通过求解不等式 $c_j - \boldsymbol{C}_B\boldsymbol{B}^{-1}\boldsymbol{P}_j \leqslant \boldsymbol{0}$ 就能得到答案，其中 $\boldsymbol{P}_j$ 为矩阵 $\boldsymbol{A}$ 中对应变量 x_i 的列向量，具体为 $\boldsymbol{P}_j = (a_{1i}, a_{2i}, \cdots, a_{mi})^{\mathrm{T}}$。令 c_i 的变化量为Δc_i，即

$$\begin{aligned} & c_j - (\boldsymbol{C}_B + \Delta\boldsymbol{C}_B)\boldsymbol{B}^{-1}\boldsymbol{P}_j \\ &= c_j - \boldsymbol{C}_B\boldsymbol{B}^{-1}\boldsymbol{P}_j - \Delta\boldsymbol{C}_B\boldsymbol{B}^{-1}\boldsymbol{P}_j \\ &= \lambda_j - \Delta\boldsymbol{C}_B\boldsymbol{B}^{-1}\boldsymbol{P}_j \\ &= \lambda_j - (0,0,\cdots,\Delta c_i,\cdots,0,0)(\overline{a_{1i}},,\overline{a_{2i}},\cdots,\overline{a_{mi}})^{\mathrm{T}} \\ &= \lambda_j - \Delta c_i\,\overline{a_{ij}} \leqslant 0 \end{aligned} \tag{4.55}$$

得到 Δc_i 需要满足如下条件：

$$\Delta c_i \overline{a_{ij}} \geqslant \lambda_j \tag{4.56}$$

当$\overline{a_{ij}} > 0$ 时，有

$$\Delta c_i \geqslant \frac{\lambda_j}{a_{ij}} \tag{4.57}$$

当$\overline{a_{ij}} < 0$ 时，有

$$\Delta c_i \leqslant \frac{\lambda_j}{a_{ij}} \tag{4.58}$$

由于最优解不变要求所有的非基变量的检验系数保持小于等于 0，因此 Δc_j 最终需要满足如下条件：

$$\delta_1 \leqslant \Delta c_i \leqslant \delta_2 \tag{4.59}$$

其中

$$\delta_1 = \max_i\left\{\frac{\lambda_j}{a_{ij}} \,\middle|\, a_{ij} > 0\right\}, \delta_2 = \min_j\left\{\frac{\lambda_j}{a_{ij}} \,\middle|\, a_{ij} < 0\right\} \tag{4.60}$$

以如下的线性规划模型为例：

例 4.4

$$\begin{aligned} \max\ & 16x_1 + 10x_2 + 0x_3 + 0x_4 \\ & 2x_1 + 2x_2 + x_3 = 8 \end{aligned} \tag{4.61}$$

$$2x_1+x_2+x_4=6$$

$$x_1,x_2,x_3,x_4\geqslant 0$$

利用单纯形法对该模型进行求解，如表 4.10 所示。

表 4.10　例 4.4 单纯形法表格法

c_i		16	10	0	0	b_j	$\frac{b_j}{a_{ij}}$
$\boldsymbol{c_B}$	基	x_1	x_2	x_3	x_4		
0	x_3	2	2	1	0	8	4
0	x_4	[2]	1	0	1	6	3→
λ		16↑	10	0	0		
0	x_3	0	[1]	1	−1	2	2→
16	x_1	1	1/2	0	1/2	3	6
λ		0	2↑	0	−8		
10	x_2	0	1	1	−1	2	
16	x_1	1	0	−1/2	1	2	
λ		0	0	−2	−6	−52	

即该线性规划的最优解为（2，2，0，0），最优值为 52。现在分别求出 c_1，c_2，c_3 在什么范围变化，使得最优解不变。

由于在最优解中，x_1，x_2 为基变量，因此 c_1，c_2 的变化范围为

$$-6=\max\{-6/1\}\leqslant\Delta c_1\leqslant\min\{-2/(-1/2)\}=4 \tag{4.62}$$

$$-2=\max\{-2/1\}\leqslant\Delta c_2\leqslant\min\{-6/(-1)\}=6$$

即

$$10\leqslant c_1\leqslant 20 \tag{4.63}$$

$$8\leqslant c_2\leqslant 16$$

由以上分析可知，当 c_1，c_2 在以上区间变换时，线性规划模型能够保持最优解不变。

二、资源限量变化

首先，我们来考虑资源限量变化时到底影响什么？按照单纯形法的矩阵方法，可知资源限量是计算基变量的关键，即 $\boldsymbol{X_B}=\boldsymbol{B}^{-1}\boldsymbol{b}$。从单纯形的计算过程来看，只有当基变量的值存在负数的时候，才需要换基进行下一次迭代，如果基变量的值保持为正数，则不需要换基。因此，只要通过 $\boldsymbol{X_B}=\boldsymbol{B}^{-1}\boldsymbol{b}\geqslant\boldsymbol{0}$ 就能找到问题的答案。令 b_j 的变化量为 Δb_j，$\boldsymbol{b}$ 的变化量为 $(0,0,\cdots,\Delta b_j,\cdots,0,0)^{\mathrm{T}}$。

$$\boldsymbol{B}^{-1}(\boldsymbol{b}+\Delta\boldsymbol{b})=\boldsymbol{X_B}+\boldsymbol{B}^{-1}\Delta\boldsymbol{b} \tag{4.64}$$

由于

$$B^{-1}\Delta b = [\beta_1,\beta_2,\cdots,\beta_m]\begin{bmatrix}0\\ \vdots\\ \Delta b_j\\ \vdots\\ 0\end{bmatrix} = \Delta b_j\begin{bmatrix}\beta_{1j}\\ \beta_{2j}\\ \beta_{3j}\\ \vdots\\ \beta_{mj}\end{bmatrix} \tag{4.65}$$

所以，改变资源限量以后，基变量的值如下：

$$X'_B = X_B + B^{-1}\Delta b = \begin{bmatrix}\overline{b_1}\\ \overline{b_2}\\ \vdots\\ \overline{b_m}\end{bmatrix} + \Delta b_j\begin{bmatrix}\beta_{1j}\\ \beta_{2j}\\ \vdots\\ \beta_{mj}\end{bmatrix} = \begin{bmatrix}\overline{b_1}+\Delta b_j\beta_{1j}\\ \overline{b_2}+\Delta b_j\beta_{2j}\\ \vdots\\ \overline{b_m}+\Delta b_j\beta_{mj}\end{bmatrix} \geqslant 0 \tag{4.66}$$

由此，可以得到 m 个不等式，当资源限量改变时，只要 m 个不等式仍然满足，最优基就不变，最优解仍然可以简单地由最优基计算出来。

当 $\beta_{ji}>0$ 时，有

$$\Delta b_j \geqslant \frac{-\overline{b_j}}{\beta_{ji}} \tag{4.67}$$

此时，Δb_j 必须要大于右侧项中最大值，才能满足所有的不等式，即

$$\Delta b_j \geqslant \delta_1 = \max\left\{\frac{-\overline{b_j}}{\beta_{ji}} \,\middle|\, \beta_{ji}>0\right\} \tag{4.68}$$

当 $\beta_{ji}<0$ 时，有

$$\Delta b_j \leqslant \frac{-\overline{b_j}}{\beta_{ji}} \tag{4.69}$$

此时，Δb_j 必须要小于右侧项中最小值，才能满足所有的不等式，即

$$\Delta b_j \leqslant \delta_2 = \min\left\{\frac{-\overline{b_j}}{\beta_{ji}} \,\middle|\, \beta_{ji}<0\right\} \tag{4.70}$$

因此，当资源限量 $\boldsymbol{b}$ 在以上范围内变更时，单纯形法的最优基不变，最优解仍可以用公式 $B^{-1}b$ 进行计算。

考虑本节中的例 4.4，在得到最优解（2，2，0，0）和最优值 52 后，求 b_1，b_2 在什么区间变化时，最优基不变。

在最终的单纯形表中，基变量为 x_1，x_2，基矩阵为

$$B = [P_2, P_1] = \begin{bmatrix}2 & 2\\ 1 & 2\end{bmatrix} \tag{4.71}$$

从单纯形法表中可以直接读出基矩阵的逆矩阵，即

$$B^{-1} = \begin{bmatrix}1 & -1\\ -1/2 & 1\end{bmatrix} \tag{4.72}$$

当前的最优解中基变量的值为

$$X_B = \begin{bmatrix}\overline{b_1}\\ \overline{b_2}\end{bmatrix} = \begin{bmatrix}2\\ 2\end{bmatrix} \tag{4.73}$$

对于 b_1 的第一列既有正数又有负数，需要满足如下条件：

$$-2=-2/1\leqslant\Delta b_1\leqslant-2/(-1/2)=4 \tag{4.74}$$

对于 b_2 的第二列既有正数又有负数，需要满足如下条件：

$$-2=-2/1\leqslant\Delta b_2\leqslant-2/(-1)=2 \tag{4.75}$$

综上所述，b_1 的范围在区间［6，10］变化时，最优基不变；b_2 的范围在区间［4，8］变化时，最优基不变。

接下来考虑，如果已知资源限量发生变化，变为 $\boldsymbol{b}=[6,10]^{\mathrm{T}}$，此时已经得到的最优解是否仍然成立呢？

回答该问题，首先要考虑的是资源限量 $\boldsymbol{b}$ 的变化到底影响什么。按照单纯形法的计算过程，我们知道资源限量是计算基变量 $\boldsymbol{X_B}=\boldsymbol{B}^{-1}\boldsymbol{b}$ 的关键，对检验系数没有影响。因此，只要考虑改变资源限量 $\boldsymbol{b}$ 后，计算得到的基变量是否仍然可行即可（所有基变量的值大于等于0）。

根据该思路，有

$$\boldsymbol{X_B}=\boldsymbol{B}^{-1}\boldsymbol{b}=\begin{bmatrix}1 & -1\\ -1/2 & 1\end{bmatrix}\begin{bmatrix}6\\ 10\end{bmatrix}=\begin{bmatrix}-4\\ 7\end{bmatrix} \tag{4.76}$$

由于新计算得到的基变量存在小于0 的情况，因此不是可行解。需要将计算得到的解加入单纯形表中，并利用上一节已经学习的对偶单纯形法进行下一步迭代（见表4.11）。

表 4.11 例 4.4 改变 b 后用对偶单纯形法表格法求解结果

c_j		16	10	0	0	b_i	$\frac{b_i}{a_{ij}}$
$\boldsymbol{c_B}$	基	x_1	x_2	x_3	x_4		
10	x_2	0	1	1	[−1]	−4	→
16	x_1	1	0	−1/2	1	7	
λ		0	0	−7	−3↑	−52	
0	x_4	0	−1	−1	1	4	
16	x_1	1	1	1/3	0	3	
λ		0	−6	−8	0	−48	

通过迭代以后，得到的基变量为 x_4，x_1，最优解为（3，0，0，4），最优值为48。

三、工艺系数变化

同样的，如果要分析工艺系数变化以后原最优解是否仍然是最优解，需要首先考虑工艺系数改变后到底影响什么。工艺系数是计算检验系数的关键。如果修改的工艺系数所对应的变量是非基变量，那么由于基矩阵没有变化，可以直接通过求解对应的检验系数来判断是否是最优解。

如果工艺系数的变化仍然使对应的检验系数保持小于等于0（max），那么最优基不变，最优解可以直接通过 $\boldsymbol{X_B}=\boldsymbol{B}^{-1}\boldsymbol{b}$ 计算得到。

假设第 i 个变量的工艺系数改变为 $\boldsymbol{P}_i=(a'_{1i},a'_{2i},\cdots,a'_{mi})^{\mathrm{T}}$，则该变量对应的检验

系数为

$$\lambda_i = c_i - C_B B^{-1} P_i \tag{4.77}$$

只要检验系数的值仍然小于等于0，则最优基不变，否则采用单纯形法继续迭代获得最优解。

如果修改的工艺系数所对应的变量是基变量，那么 $\boldsymbol{B}$，$\boldsymbol{B}^{-1}$ 也会发生改变。此时，先按照原来的基矩阵计算新的工艺系数的检验系数，并将其作为新的一列加入单纯形表中。通过进一步迭代，将新的一列作为进基变量，并从单纯形法表中去除原工艺系数的一列。

例如在本节的例4.4，当 x_2 的系数改变为 $[1, 0]^{\mathrm{T}}$ 时，对应的检验系数为

$$\lambda_j = c_j - [10, 16]\begin{bmatrix} \overline{a_{12}} \\ \overline{a_{22}} \end{bmatrix} \tag{4.78}$$

$$\begin{bmatrix} \overline{a_{12}} \\ \overline{a_{22}} \end{bmatrix} = \boldsymbol{B}^{-1}\boldsymbol{P}_i = \begin{bmatrix} 1 & -1 \\ -1/2 & 1 \end{bmatrix}\begin{bmatrix} 1 \\ 0 \end{bmatrix} = \begin{bmatrix} 1 \\ -1/2 \end{bmatrix} \tag{4.79}$$

可得

$$\lambda_2 = 10 - [10, 16]\begin{bmatrix} 1 \\ -1/2 \end{bmatrix} = 10 - 2 = 8 \tag{4.80}$$

由于对应的检验系数大于0，需要进一步迭代，在最终的单纯形表中添加新的 x_2' 列，迭代过程如表4.12所示。

表4.12　例4.4改变工艺系数后用单纯形法表格法求解结果

c_i		16	10	0	0	10	b_j	$\frac{b_j}{a_{ij}}$
c_B	基	x_1	x_2	x_3	x_4	x_2'		
10	x_2	0	1	1	−1	[1]	2	→
16	x_1	1	0	−1/2	1	−1/2	2	
λ		0	0	−2	−6	8 ↑		
10	x_2'	0	—	1	−1	1	2	
16	x_1	1	—	0	[1/2]	0	3	→
λ		0	—	−10	2 ↑	0		
10	x_2'	3	—	1	0	1	8	
0	x_4	2	—	0	1	0	6	
λ		−14	—	−10	0	0	−80	

从表4.12中，可以发现工艺系数改变以后，得到的最优解为（0，8，0，6），最优值为80。

四、增加新的变量

增加一个新的变量往往表示在模型中增加一种产品，出售产品带来的收益需要在目

标函数中新添加一项价值系数 c_i。此外，这种产品的生产会消耗一定的资源，消耗资源的数量需要在工艺系数中新添加一列 $\boldsymbol{P}_i$。

在这种情况下，c_i 和 $\boldsymbol{P}_i$ 主要影响该变量的检验系数，如果计算后检验系数小于等于0，则最优解不变；如果计算后检验系数大于0，则进一步利用单纯形法迭代，获得最优解。

例如，工厂除了生产桌子和椅子之外，还生产小板凳，小板凳需要1个小积木就能组装形成，价格为6。在这种情况下，其检验系数为

$$\lambda_i = c_i - \boldsymbol{C_B B}^{-1}\boldsymbol{P}_i = 6 - [10,16]\begin{bmatrix} 1 & -1 \\ -1/2 & 1 \end{bmatrix}\begin{bmatrix} 1 \\ 0 \end{bmatrix} = 6 - [10,16]\begin{bmatrix} 1 \\ -1/2 \end{bmatrix} = 4 \tag{4.81}$$

此时，检验系数大于0，需要利用单纯形法进一步迭代，过程比较简单，不再赘述。

五、增加新的约束

当新增加一个约束时，首先将原问题的最优解带入到约束中，如果最优解满足不等式约束，则不需要进一步计算，最优解和最优值不变。如果原问题的最优解不满足不等式约束，则需要通过增加松弛变量、人工变量的方式将不等式转化为等式约束，并在单纯形表中添加一行，将添加的松弛变量、人工变量作为基变量进行迭代，获得最优解。

例如，乐高游戏中，要求生产椅子的数量多于生产桌子的数量，但是不能多于3件，新的约束如下：

$$-x_1 + x_2 \leqslant 3 \tag{4.82}$$

原问题的最优解为（2，2，0，0），发现原问题的解满足约束，因此加入新的约束以后最优解和最优值均不变。

再考虑如果要求生产桌子和椅子的总数量不能多于3，新的约束如下：

$$x_1 + x_2 \leqslant 3 \tag{4.83}$$

将原问题的解代入到不等式中，发现不满足不等式约束，因此，需要将约束转化为等式：

$$x_1 + x_2 + x_5 = 3 \tag{4.84}$$

考虑到 x_1，x_2 是基变量，可以将其用非基变量表达出来，整理约束得

$$\left(2 + \frac{1}{2}x_3 - x_4\right) + (2 + x_4 - x_3) + x_5 = -\frac{1}{2}x_3 + x_5 + 4 = 3 \tag{4.85}$$

$$-\frac{1}{2}x_3 + x_5 = -1$$

将该约束加入单纯形表中继续计算，由于右侧项为负数，因此采用对偶单纯形法计算最优解（见表4.13）。

表4.13 例4.4增加约束后用对偶单纯形法表格法求解结果

c_i		16	10	0	0	0	b_j	$\frac{b_j}{a_{ij}}$
$\boldsymbol{c_B}$	基	x_1	x_2	x_3	x_4	x_5		
10	x_2	0	1	1	−1	0	2	
16	x_1	1	0	−1/2	1	0	2	

续表

c_i		16	10	0	0	0	b_j	$\frac{b_j}{a_{ij}}$
c_B	基	x_1	x_2	x_3	x_4	x_5		
0	x_5	0	0	[−1/2]	0	1	−1	→
λ		0	0	−2↑	−6	0		
10	x_2	0	1	0	−1	2	0	
16	x_1	1	0	0	1	−1	3	
0	x_3	0	0	1	0	−2	2	
λ		0	0	0	−6	−4	−48	

由表4.13可知，最优解为（3，0，2，0，0，0），最优值为48。

六、综合分析案例

综合本节的所有内容，考虑如下的线性规划模型的灵敏度分析问题：

例4.5

$$\max\ 2x_1-x_2+4x_3 \tag{4.86}$$
$$-3x_1+2x_2+4x_3\leqslant 5$$
$$x_1+x_2+x_3\leqslant 3$$
$$x_1-x_2+x_3\leqslant 4$$
$$x_1,x_2,x_3\geqslant 0$$

利用单纯形法求出线性规划模型的最优解后，分析如下参数的变量情况下，最优解是否变化：

（1）资源限量 $\boldsymbol{b}=\begin{bmatrix}10\\4\\2\end{bmatrix}$；

（2）改变目标函数中 x_3 的价值系数 $c_3=1$；

（3）改变目标函数中 x_2 的价值系数 $c_2=2$；

（4）改变 x_2 的系数，使得 $\begin{bmatrix}c_2'\\a_{12}'\\a_{22}'\\a_{32}'\end{bmatrix}=\begin{bmatrix}3\\3\\-1\\2\end{bmatrix}$；

（5）改变约束（1）为 $-3x_1-x_2+4x_3\leqslant 3$；

（6）增加一个新的约束 $-5x_1+x_2+6x_3\leqslant 5$；

（7）增加一个新的约束 $5x_1+x_2-2x_3\leqslant 10$。

首先采用单纯形法求得上述线性规划模型的最优解，其迭代过程如表4.14所示。

表 4.14　例 4.5 单纯形法求解结果

c_i		2	−1	4	0	0	0	b_j	$\frac{b_j}{a_{ij}}$
c_B	基	x_1	x_2	x_3	x_4	x_5	x_6		
0	x_4	−3	2	[4]	1	0	0	5	5/4→
0	x_5	1	1	1	0	1	0	3	3
0	x_6	1	−1	1	0	0	1	4	4
λ		2	−1	4↑	0	0	0	0	
4	x_3	−3/4	1/2	1	1/4	0	0	5/4	+∞
0	x_5	[7/4]	1/2	0	−1/4	1	0	7/4	1→
0	x_6	7/4	−3/2	0	−1/4	0	1	11/4	11/7
λ		5↑	−3	0	−1	0	0	−5	
4	x_3	0	5/7	1	1/7	3/7	0	2	
2	x_1	1	2/7	0	−1/7	4/7	0	1	
0	x_6	0	−2	0	0	−1	1	1	
λ		0	−31/7	0	−2/7	−20/7	0	−10	

(1) 资源限量的改变，直接影响基变量的取值，其计算过程如下：

$$X_B = B^{-1}b = \begin{bmatrix} 1/7 & 3/7 & 0 \\ -1/7 & 4/7 & 0 \\ 0 & -1 & 1 \end{bmatrix} \begin{bmatrix} 10 \\ 4 \\ 2 \end{bmatrix} = \begin{bmatrix} 22/7 \\ 6/7 \\ -2 \end{bmatrix} \tag{4.87}$$

由此可见，资源限量改变以后，基变量中存在负数值，基本解不可行，需要进一步迭代。迭代过程如表 4.15 所示。

表 4.15　例 4.5 资源限量改变后用对偶单纯形法表格法求解结果

c_i		2	−1	4	0	0	0	b_j	
c_B	基	x_1	x_2	x_3	x_4	x_5	x_6		
4	x_3	0	5/7	1	1/7	3/7	0	22/7	
2	x_1	1	2/7	0	−1/7	4/7	0	6/7	
0	x_6	0	[−2]	0	0	−1	1	−2	→
λ		0	−31/7↑	0	−2/7	−20/7	0	−100/7	
λ_i/a_{ij}			31/14			40/14			
4	x_3	0	0	1	1/7	1/14	5/14	17/7	
2	x_1	1	0	0	−1/7	3/7	1/7	4/7	
−1	x_2	0	1	0	0	1/2	−1/2	1	
λ		0	0	0	−2/7	−9/14	−31/14	−69/7	

由表4.15可知，所有检验系数均小于等于0，且解是可行的，证明已经找到了最优解。最优解为（4/7，1，17/7，0，0，0），最优值为69/7。

（2）改变目标函数中 x_3 的价值系数 $c_3=1$。由于 x_3 为基变量，Δc_3 的变化范围在 $[-2, +\infty)$，c_3 的变化范围为 $[2, +\infty)$。$c_3=1$ 不在 c_3 的变化区间中，需要进行迭代，如表4.16所示。

表4.16 例4.5价值系数改变后用单纯形法表格法求解结果

c_i		2	−1	1	0	0	0	b_j	$\frac{b_j}{a_{ij}}$
c_B	基	x_1	x_2	x_3	x_4	x_5	x_6		
1	x_3	0	[5/7]	1	1/7	3/7	0	2	14→
2	x_1	1	2/7	0	−1/7	4/7	0	1	$+\infty$
0	x_6	0	−2	0	0	−1	1	1	$+\infty$
λ		0	−16/7	0	1/7↑	−11/7	0	−4	
0	x_4	0	5	7	1	3	0	14	
2	x_1	1	1	1	0	1	0	3	
0	x_6	0	−2	0	0	−1	1	1	
λ		0	−3	−1	0	−2	0	−6	

由表4.16可知，最优解为（3，0，0，14，0，1），目标的最优值为6。

（3）改变目标函数中 x_2 的价值系数 $c_2=2$。由于 x_2 为非基变量，Δc_2 的变化范围为 $\Delta c_2 \leqslant -\lambda_2 = 31/7$，因此 c_2 的变化范围为 $[-\infty, 27/4]$，$c_2=2$ 在该变化区间内，所以最优解不变，仍然为（1，0，2，0，0，1）。

（4）改变 x_2 的系数，使得 $\begin{bmatrix} c_2' \\ a_{12}' \\ a_{22}' \\ a_{32}' \end{bmatrix} = \begin{bmatrix} 3 \\ 3 \\ -1 \\ 2 \end{bmatrix}$，首先计算 x_2 所对应的检验系数：

$$\lambda_2' = c_2 - \boldsymbol{C_B B^{-1} P}_2 = 3 - [4 \quad 2 \quad 0] \begin{bmatrix} 1/7 & 3/7 & 0 \\ -1/7 & 4/7 & 0 \\ 0 & -1 & 1 \end{bmatrix} \begin{bmatrix} 3 \\ -1 \\ 2 \end{bmatrix} = 3 - [4 \quad 2 \quad 0] \begin{bmatrix} 0 \\ -1 \\ 3 \end{bmatrix} = 3 + 2 = 5 \tag{4.88}$$

由于检验系数大于零，因此利用单纯形法进行计算，并将 x_2 作为入基变量，如表4.17所示。

表 4.17　例 4.5 改变 x_2 的系数后用单纯形法表格法求解结果

c_i		2	3	4	0	0	0	b_j	$\frac{b_j}{a_{ij}}$
c_B	基	x_1	x_2	x_3	x_4	x_5	x_6		
4	x_3	0	0	1	1/7	3/7	0	2	+∞
2	x_1	1	-1	0	-1/7	4/7	0	1	+∞
0	x_6	0	[3]	0	0	-1	1	1	1/3→
λ		0	5↑	0	-2/7	-20/7	0	-10	
0	x_3	0	0	1	1/7	3/7	0	2	
2	x_1	1	0	0	-1/7	5/21	1/3	4/3	
0	x_2	0	1	0	0	-1/3	1/3	1/3	
λ		0	0	0	-2/7	-25/21	-5/3	-35/3	

由表 4.17 可知，最优解为（4/3，1/3，2，0，0，0），最优值为 35/3。

（5）改变约束（1）为 $-3x_1-x_2+4x_3\leqslant 3$。该约束实际上是改变了 a_{12} 和 b_1，a_{12} 的改变影响 x_2 的检验系数，b_1 的改变影响解的可行性。首先来计算 x_2 的检验系数。

由于 x_2 为非基变量，其检验系数计算过程如下：

$$\lambda_2=c_2-\boldsymbol{C}_B\boldsymbol{B}^{-1}\boldsymbol{P}_2=3-[4\quad 2\quad 0]\begin{bmatrix}1/7 & 3/7 & 0\\ -1/7 & 4/7 & 0\\ 0 & -1 & 1\end{bmatrix}\begin{bmatrix}-1\\ 1\\ -1\end{bmatrix}=-\frac{25}{7}<0 \tag{4.89}$$

所以最优基不变，最优解通过如下方式计算：

$$\boldsymbol{X}_B=\boldsymbol{B}^{-1}\boldsymbol{b}=\begin{bmatrix}1/7 & 3/7 & 0\\ -1/7 & 4/7 & 0\\ 0 & -1 & 1\end{bmatrix}\begin{bmatrix}3\\ 3\\ 4\end{bmatrix}=\begin{bmatrix}12/7\\ 9/7\\ 1\end{bmatrix} \tag{4.90}$$

最终得到最优解为（9/7，0，12/7，0，0，1），目标的最优值为 66/7。

（6）增加一个新的约束 $-5x_1+x_2+6x_3\leqslant 5$。通过添加松弛变量，将该约束转化为等式约束：

$$-5x_1+x_2+6x_3+x_7=5 \tag{4.91}$$

x_1，x_3 为基变量，利用最优单纯形表可以将其用非基变量表示出来，转化后得

$$-\frac{13}{7}x_2-\frac{11}{7}x_4+\frac{1}{7}x_5+x_7=-2 \tag{4.92}$$

新添加了一个约束，x_7 为对应新添加的基变量，其值为 -2，解不可行，利用对偶单纯形法进行进一步的迭代，如表 4.18 所示。

表 4.18　例 4.5 增加新约束后用对偶单纯形法表格法求解结果

c_i		2	-1	4	0	0	0	0	b_j	
c_B	基	x_1	x_2	x_3	x_4	x_5	x_6	x_7		
4	x_3	0	5/7	1	1/7	3/7	0	0	2	
2	x_1	1	2/7	0	-1/7	4/7	0	0	1	
0	x_6	0	-2	0	0	-1	1	0	1	
0	x_7	0	-13/7	0	[-11/7]	1/7	0	1	-2	→
λ		0	-31/7	0	-2/7 ↑	-20/7	0	0		
λ_i/a_{ij}			31/14		2/11					
4	x_3	0	6/11	1	0	5/11	0	1/11	20/11	
2	x_1	1	5/11	0	0	6/11	0	-1/11	13/11	
0	x_6	0	-2	0	0	-1	1	0	1	
0	x_4	0	13/11	0	1	-2/11	0	-7/11	14/11	
λ		0	-45/11	0	0	-32/11	0	-2/11	-106/11	

由表 4.18 可知，添加一个新约束后，最优解为（13/11，0，20/11，14/11，0，1，0），最优值为 106/11。

（7）增加一个新的约束 $5x_1+x_2-2x_3\leqslant 10$。将原最优解代入到约束中，发现最优解满足新添加的约束条件，所以最优解和最优值不变。

通过上面的案例可知，开展灵敏度分析关键是要研究清楚变动的参数到底影响单纯形表中的哪些项，这些项的计算公式是什么，只要掌握了这种逻辑，开展灵敏度分析就会有迹可循。

本章小结

本章从经济学、代数推导、直观理解等三个方面引入线性规划的对偶模型，力图给出一种直观的理解对偶模型的方法。利用直观理解方法分析了对偶模型的对称性、弱对偶性、最优准则、强对偶性、互补松弛定理、过程对应关系等六个基本性质。在此基础上，以基本的搜索公式为指导，给出了对偶单纯形法的求解方法和过程。最后，分析了线性规划模型的灵敏度分析，主要考虑了价值系数变化、资源限量变化、工艺系数变化、增加新变量、增加新约束等几类变动情况下的灵敏度分析方法。

第五章

运输问题

课程目标

1. 了解运输问题的特殊结构。
2. 了解运输问题模型的特点。
3. 掌握运输问题的求解步骤及方法。
4. 掌握变异运输问题的求解方法。
5. 掌握指派问题的特点及求解方法。

第一节　运输模型

一、运输模型的举例

火影忍者游戏是同学们课余经常玩的游戏，该游戏源于日本动漫《火影忍者》。在游戏中，存在正、反两派，正派需要进行攻击来打败反派，每次攻击都要消耗一定的查克拉（相当于能量）并且能够攻击的总次数是有限的，反派可以承受一定次数的攻击（最大承受次数），一旦达到最大承受次数，反派将被杀死，表 5.1 所示为正派角色攻击一次所需的查克拉，以及反派的最大承受攻击次数。

表 5.1　火影忍者游戏

查克拉	角度	飞段	迪达拉	带土	攻击数量
鸣人	3	11	3	10	7
四代火影	1	9	2	8	4
自来也	7	4	10	5	9
受击数量	3	6	5	6	20

请问：如果你是游戏者，会如何安排攻击策略以消耗最少的查克拉来打败所有的反派？

按照前几章学习的线性规划，我们首先要确定优化变量，即鸣人、四代火影、自来也分别攻击角度、飞段、迪达拉和带土的次数，用 x_{ij}表示，其中，$i \in [1, 2, 3]$ 表示的是鸣人、四代火影、自来也；$j \in [1, 2, 3, 4]$ 表示的是角度、飞段、迪达拉和带土。

优化目标为消耗的查克拉最少，即

$$\begin{aligned} \min = & 3x_{11} + 11x_{12} + 3x_{13} + 10x_{14} + \\ & x_{21} + 9x_{22} + 2x_{23} + 8x_{24} + \\ & 7x_{31} + 4x_{32} + 10x_{33} + 5x_{34} \end{aligned} \tag{5.1}$$

约束条件有两类，一是鸣人、四代火影、自来也的攻击次数是有限的，即

$$\begin{aligned} x_{11} + x_{12} + x_{13} + x_{14} &= 7 \\ x_{21} + x_{22} + x_{23} + x_{24} &= 4 \\ x_{31} + x_{32} + x_{33} + x_{34} &= 9 \end{aligned} \tag{5.2}$$

值得注意的是这里与线性规划不同。约束中直接写的是“=”，这是从表 5.1 中的数据可知，正派的可用攻击次数和反派可承受的总次数是相同的。而且角度、飞段、迪达拉和带土所能够承受的攻击次数是有限的，即

$$\begin{aligned} x_{11} + x_{21} + x_{31} &= 3 \\ x_{12} + x_{22} + x_{32} &= 6 \\ x_{13} + x_{23} + x_{33} &= 5 \\ x_{14} + x_{24} + x_{34} &= 6 \end{aligned} \tag{5.3}$$

此外，所有变量非负且为整数，即

$$x_{ij} \geqslant 0, i = 1,2,3; j = 1,2,3,4 \tag{5.4}$$

现在考虑另外一个案例，现有 A_1，A_2，A_3 三个产粮区，可供应粮食分别为 10，8，5（万吨），先将粮食运往 B_1，B_2，B_3，B_4 四个销售区，其需要量分别为 5，7，8，3（万吨）。产粮区到销售区运价（元/吨）如表 5.2 所示。

表 5.2　产粮区到销售区运价

产粮区 \ 销售区	B_1	B_2	B_3	B_4	产量
A_1	3	2	6	3	10
A_2	5	3	8	2	8
A_3	4	1	2	9	5
需要量	5	7	8	3	23

请问：如何安排一个运输计划，使总的运输费用最少？

与火影忍者类似，同样的，将优化变量设置为由产粮区运往销售区的数量，即 $i \in [1, 2, 3]$ 表示产粮区 A_1，A_2，A_3，$j \in [1, 2, 3, 4]$ 表示销售区 B_1，B_2，B_3，B_4，优化目标为运量产生的花费最少，即

$$\begin{aligned} \min = & 3x_{11} + 2x_{12} + 6x_{13} + 3x_{14} + \\ & 5x_{21} + 3x_{22} + 8x_{23} + 2x_{24} + \\ & 4x_{31} + x_{32} + 2x_{33} + 9x_{34} \end{aligned} \tag{5.5}$$

约束条件有两类：一是产粮区的粮食都要运出去，即

$$\begin{aligned} x_{11} + x_{12} + x_{13} + x_{14} &= 10 \\ x_{21} + x_{22} + x_{23} + x_{24} &= 8 \end{aligned} \tag{5.6}$$

$$x_{31}+x_{32}+x_{33}+x_{34}=5$$

二是销售区的需求量都要满足。即

$$\begin{aligned} x_{11}+x_{21}+x_{31}&=5\\ x_{12}+x_{22}+x_{32}&=7\\ x_{13}+x_{23}+x_{33}&=8\\ x_{14}+x_{24}+x_{34}&=3 \end{aligned} \tag{5.7}$$

此外，所有的变量均为非负数，即

$$x_{ij}\geqslant 0, i=1,2,3; j=1,2,3,4 \tag{5.8}$$

从问题的领域和需要解决的实际问题来说具有明显的不同，但是从优化模型的角度来说，二者要解决的本质问题又是相同的。上述两个模型通过前面学习的单纯形法能够求解出来，请同学们尝试利用单纯形法，求解上述问题并给出最优解。但是，此类问题的特殊之处在于：优化变量的数目往往会特别多（例如火影忍者游戏中的正、反角色数量可能会很多，粮食运输问题中的产粮区和销售区的数量会很多），而且所形成的工艺系数矩阵有一定的规律性，可以利用这种特殊的规律性来设计更为高效的求解方法，为大规模或超大规模运输问题的求解提供支撑。

结合以上案例，可以发现运输模型的一般形式为：

$$\min \sum_{i=1}^{m}\sum_{j=1}^{n} c_{ij}x_{ij} \tag{5.9}$$

$$\sum_{j=1}^{n} x_{ij} = a_i$$

$$\sum_{i=1}^{m} x_{ij} = b_j$$

$$x_{ij}\geqslant 0$$

该模型表示有 m 个产地，n 个销地，并且产地的生产数量与销地的需求数量相同，即平衡运输问题。其中，c_{ij} 表示的是单位运输成本；a_i 表示的是产地的产量；b_j 表示的是销地的需求量。

二、运输问题的特点

运输问题有如下几个基本特点：

（1）运输问题的模型总是包含 $m\times n$ 个优化变量，例如火影忍者游戏的模型中有 3 个正派角色，4 个反派角色，优化变量一共有 12 个；在粮食运输案例中有 3 个产粮区和 4 个销售区，优化变量同样一共有 12 个。

（2）运输问题的模型总是包含 $m+n$ 个约束条件，其中 m 个约束表示产地的产出要全部运走，n 个约束表示销地所有的需求要全部满足。

（3）运输问题一定存在可行解，也一定有最优解。

通过式（5.9）可以看出，如果令变量：

$$x_{ij}=\frac{a_i b_j}{Q}, Q=\sum_{i=1}^{m} a_i=\sum_{j=1}^{n} b_j \tag{5.10}$$

可知原问题有下界，不会无限趋向于无穷小，而问题本身为最小化问题，因此，必然存在最优解；

（4）运输问题具有 $m+n-1$ 个基变量。

由于运输问题共有 $m+n$ 个约束条件，但是由于是平衡问题，总产量恰好等于总需求量，因此这 $m+n$ 个约束并不是相互独立的，所以运输问题变量的数目一定小于 $m+n$。

$$
\begin{array}{c}
\qquad x_{11}x_{12}\cdots x_{1n}\quad x_{21}x_{22}\cdots x_{2n}\cdots\quad x_{m1}x_{m2}\cdots x_{mn}\\
\boldsymbol{A}=\left[\begin{array}{ccccccccccccc}
1 & 1 & 1 & \cdots & 1 & & & & & & & & \\
 & & & & & 1 & 1 & \cdots & 1 & & & & \\
 & & & & & & & & & \ddots & & & \\
 & & & & & & & & & & 1 & 1 & \cdots & 1\\
1 & & & & & 1 & & & & \cdots & 1 & & \\
 & 1 & & & & & 1 & & & \cdots & & 1 & \\
 & & \ddots & & & & & \ddots & & & & & \ddots\\
 & & & & 1 & & & & 1 & \cdots & & & & 1
\end{array}\right]
\begin{array}{l}
\left.\begin{array}{c}\\ \\ \\ \\ \end{array}\right\}m\text{ 行}\\
\left.\begin{array}{c}\\ \\ \\ \\ \end{array}\right\}n\text{ 行}
\end{array}
\end{array}
$$

如果从上述系数矩阵中取出第 1 行到第 $m+n-1$ 行，取出 x_{1n}，x_{2n}，…，x_{mn}，x_{11}，x_{12}，…，$x_{1,n-1}$对应的列，组成一个矩阵，该矩阵的行列式不为零。

$$
\left[\begin{array}{ccccccccc}
1 & & & & \vdots & 1 & 1 & \cdots & 1\\
 & 1 & & & \vdots & & & & \\
 & & \ddots & & \vdots & & & & \\
 & & & 1 & \vdots & & & & \\
\cdots & \cdots & \cdots & \cdots & \ddots & \cdots & \cdots & \cdots & \cdots\\
 & & & & \vdots & 1 & & & \\
 & & & & \vdots & & 1 & & \\
 & & & & \vdots & & & \ddots & \\
 & & & & \vdots & & & & 1
\end{array}\right]\neq \boldsymbol{0}
$$

所以，该矩阵的秩为 $m+n-1$，也就是运输问题具有 $m+n-1$ 个基变量。

第二节　运输单纯形法

一、运输单纯形法的基本步骤

从式（5.9）中可以看出来，运输问题本质上就是线性规划问题，利用单纯形法能够进行求解。但是考虑到系数矩阵的特殊结构，可以开发出效率更高的算法，这类算法称为运输单纯形法，仍然遵从单纯形法的基本过程。该算法主要包括获得初始解、解的最优性检验、解的迭代方法等。以下章节以火影忍者游戏的模型说明运输单纯形法的计算过程。

二、运输单纯形法的初始解

确定运输问题的初始解是进行求解的第一步，其核心是找到 $m+n-1$ 个基变量。目前有三种方法用于找到初始解，即西北角法、最小元素法以及元素差额法。

（一）西北角法

西北角法是优先从运价表的左上角的变量赋值，当行或列分配完毕后，再在表中余下部分的左上角赋值，以此类推，直到右下角元素分配完毕。当出现同时分配完一行和一列时，仍然应在打“×”的位置上选一个变量作为基变量，以保证最后的基变量数等于 $m+n-1$，火影忍者游戏：西北角法如图 5.1 所示，每一行代表一个正派，每一列代表一个反派，每个方格右上角的数字表示正派攻击反派所需要的能量，方格中的问号表示的是正派攻击反派的次数。

查克拉	角度	飞段	迪拉达	带土	攻击数量
鸣人	3 ?	11 ?	3 ?	10 ?	7
四代火影	1 ?	9 ?	2 ?	8 ?	4
自来也	7 ?	4 ?	10 ?	5 ?	9
受击数量	3	6	5	6	20

图 5.1　火影忍者游戏：西北角法

通过在图 5.1 中的问号处填上数值，来获得初始解。西北角法的策略是在最左上角的空格处填写最大的攻击量，其基本过程如下：

首先关注表格中最左上角的空格（A_1，B_1），其对应的攻击数量是 7，受击数量是 3，选择两者中最小的数值填到空格处，此时反派 B_1 得到满足，将对应的列用“×”号划去并在对应的行减去攻击数量。从式（5.9）的角度来看，上述操作本质上满足了左上角的空格所对应的列所形成的约束条件，如图 5.2 所示。

查克拉	角度	飞段	迪拉达	带土	攻击数量
鸣人	3 3	11 ?	3 ?	10 ?	~~7~~ 4
四代火影	1 ×	9 ?	2 ?	8 ?	4
自来也	7 ×	4 ?	10 ?	5 ?	9
受击数量	~~3~~	6	5	6	20

图 5.2　西北角法：步骤一

此时由于第一列已经被“划去”，最左上角的空格变为（A_1，B_2），其对应的攻击数量为 4，受击数量为 6，选择两者中最小的数值填到空格处，此时鸣人的攻击数量全部使用完毕，将对应的行用“×”号划去并在对应的列减去已经攻击的数量。从式（5.9）的角度来看，上述操作本质上是满足了左上角的空格所对应的行所形成的约束条件，如图 5.3 所示。

查克拉	角度	飞段	迪拉达	带土	攻击数量
鸣人	3 3	11 4	3 ×	10 ×	~~7~~ 4
四代火影	1 ×	9 ?	2 ?	8 ?	4
自来也	7 ×	4 ?	10 ?	5 ?	9
受击数量	~~3~~	~~6~~ 2	5	6	20

图 5.3　西北角法：步骤二

此时，由于第一列和第二行已经被“划去”，最左上角的空格变为（A_2，B_2），其所对应的攻击数量为 4，受击数量为 2，选择二者中最小的数值填到空格处，此时飞段的受击数量已经满足，将对应的列用“×”号划去并在对应行减去已经攻击的数量，如图 5.4 所示。

查克拉	角度	飞段	迪拉达	带土	攻击数量
鸣人	3 3	11 4	3 ×	10 ×	~~7~~ 4
四代火影	1 ×	9 2	2 ?	8 ?	~~4~~ 2
自来也	7 ×	4 ×	10 ?	5 ?	9
受击数量	~~3~~	~~6~~ 2	5	6	20

图 5.4　西北角法：步骤三

此时，由于第一列、第二列和第一行已经被“划去”，最左上角的空格变为（A_2，B_3），其所对应的攻击数量为 2，受击数量为 5，选择二者中最小的填到空格处，此时四代火影的攻击数量使用完毕，将对应的行用“×”号划去，并在对应的列减去已经受到的受击数量，经过迭代，可以知道剩余空格处分别填写 3 和 6 即可，如图 5.5 所示。

查克拉	角度	飞段	迪拉达	带土	攻击数量
鸣人	3 3	11 4	3 ×	10 ×	~~7~~ 4
四代火影	1 ×	9 2	2 2	8 ×	~~4~~ 2
自来也	7 ×	4 ×	10 3	5 6	~~9~~
受击数量	~~3~~	~~6~~ 2	~~5~~ 3	~~6~~	20

图 5.5　西北角法：步骤四

因此，按照西北角法该问题的初始解为 $x_{11}=3$，$x_{12}=4$，$x_{22}=2$，$x_{23}=2$，$x_{33}=3$，$x_{34}=$

6，其余变量的取值为 0。初始解的目标值为 9 + 44 + 18 + 4 + 30 + 30 = 135。

如果给出如图 5.6 所示的初始运输表，利用西北角法获得初始解。

A_i \ B_j	B_1	B_2	B_3	B_4	产量
A_1	(9)	(3)	(8)	(4)	70
A_2	(7)	(6)	(5)	(1)	50
A_3	(2)	(10)	(9)	(2)	20
销量	10	60	40	30	

图 5.6　初始运输表

同样的，在西北角的空格（A_1，B_1）填上对应的产量与销量的最小值，此时为 10，并划去对应的列，如图 5.7 所示。

A_i \ B_j	B_1	B_2	B_3	B_4	产量
A_1	(9) 10	(3)	(8)	(4)	~~70~~ 60
A_2	(7) ×	(6)	(5)	(1)	50
A_3	(2) ×	(10)	(9)	(2)	20
销量	~~10~~	60	40	30	

图 5.7　西北角法：步骤一

此时，西北角为（A_1，B_2），此时该空格所对应的产量和需求均为 60，如果将 60 填到空格中，那么对应的产量和需求均被满足。在这种情况下，不能简单地将对应的行和列全部用"×"号划去。如果将对应行和列同时划去，意味着通过设置 1 个基变量，同时满足了两个约束条件，最终将无法得到 $m + n - 1$ 个基变量，也就无法得到初始解。处理这种情况的方法很简单，只要任意选择行或者列，添加一个基变量，使其运量为 0 即可，通过这种设置，可以确保 1 个变量对应一个约束条件，如图 5.8 所示。

A_i \ B_j	B_1	B_2	B_3	B_4	产量
A_1	(9) 10	(3) 60	(8) 0	(4) ×	~~70~~ ~~60~~
A_2	(7) ×	(6) ×	(5)	(1)	50
A_3	(2) ×	(10) ×	(9)	(2)	20
销量	~~10~~	~~60~~	40	30	

图 5.8　西北角法：步骤二

此时，西北角为（A_2，B_3），仍然按照上述原则为空格赋值即可，最终得到的运输表如图 5.9 所示。

A_i \ B_j	B_1	B_2	B_3	B_4	产量
A_1	9 10	3 60	8 0	4 ×	~~70~~ 60
A_2	7 ×	6 ×	5 40	1 10	~~50~~ 10
A_3	2 ×	10 ×	9 0	2 20	~~20~~
销量	~~10~~	~~60~~	~~40~~	~~30~~ 20	

图 5.9　西北角法：步骤三

因此，按照西北角法该问题的初始解为 $x_{11}=10$，$x_{12}=60$，$x_{13}=0$，$x_{23}=40$，$x_{24}=10$，$x_{34}=20$，其余变量的取值为 0。初始解的目标值为 $90+180+0+200+10+40=520$。

（二）最小元素法

最小元素法的思想是最低成本优先运送，即运输价格 c_{ij} 最低的位置对应的变量 x_{ij} 优先赋值。然后再在剩下的运输价格中取得最小运价对应的变量赋值并满足约束，依次迭代下去，直到最后得到一个初始基可行解。火影忍者游戏模型的计算过程如下：

首先，从所有的空格中找到运价最低的方格，此时为（A_2，B_1），其对应的攻击数量为 4，受击数量为 3。与西北角法相同，取二者中最小的填入空格，用"×"号划去对应的列，将对应行的受击数量减去 3，如图 5.10 所示。

查克拉	角度	飞段	迪拉达	带土	攻击数量
鸣人	3 ×	11	3	10	7
四代火影	1 3	9	2	8	~~4~~ 1
自来也	7 ×	4	10	5	9
受击数量	~~3~~	6	5	6	20

图 5.10　最小元素法：步骤一

此时，运价最低的方格为（A_2，B_3），其所对应的攻击数量为 1，受击数量为 5，取二者中最小的填入空格，用"×"号划去对应的行，将对应列的受击数量减去 1，如图 5.11 所示。

查克拉	角度	飞段	迪拉达	带土	攻击数量
鸣人	3 ×	11	3	10	7
四代火影	1 3	9 ×	2 1	8 ×	~~4~~ ~~1~~
自来也	7 ×	4	10	5	9
受击数量	~~3~~	6	~~5~~ 4	6	20

图 5.11　最小元素法：步骤二

此时，运价最低的方格为（A_1，B_3），其所对应的攻击数量为7，受击数量为4，取二者中最小的填入空格，用“×”号划去对应的列，将对应行的攻击数量减去4，如图5.12所示。

查克拉	角度	飞段	迪拉达	带土	攻击数量
鸣人	3 ×	11	3 4	10	~~7~~ 3
四代火影	1 3	9 ×	2 1	8 ×	~~4 1~~
自来也	7 ×	4	10 ×	5	9
受击数量	~~3~~	6	~~5 4~~	6	20

图5.12 最小元素法：步骤三

此时，运价最低的方格为（A_3，B_2），其所对应的攻击数量为9，受击数量为6，取二者中最小的填入空格，用“×”号划去对应的列，将对应行的攻击数量减去6，如图5.13所示。

查克拉	角度	飞段	迪拉达	带土	攻击数量
鸣人	3 ×	11 ×	3 4	10	~~7~~ 3
四代火影	1 3	9 ×	2 1	8 ×	~~4 1~~
自来也	7 ×	4 6	10 ×	5	~~9~~ 3
受击数量	~~3~~	~~6~~	~~5 4~~	~~6~~ 3	20

图5.13 最小元素法：步骤四

此时，运价最低的方格为（A_3，B_4），其所对应的攻击数量为3，受击数量为6，取二者中最小的填入空格，用“×”号划去对应的行，将对应列的受击数量减去3，如图5.14所示。

查克拉	角度	飞段	迪拉达	带土	攻击数量
鸣人	3 ×	11 ×	3 4	10 3	~~7 3~~
四代火影	1 3	9 ×	2 1	8 ×	~~4 1~~
自来也	7 ×	4 6	10 ×	5 3	~~9 3~~
受击数量	~~3~~	~~6~~	~~5 4~~	~~6 3~~	20

图5.14 最小元素法：步骤五

因此，按照最小元素法，该问题的初始解为 $x_{13}=4$，$x_{14}=3$，$x_{21}=3$，$x_{23}=1$，$x_{32}=6$，$x_{34}=3$，其余变量的取值为 0，初始解的目标值为 $12+30+3+2+24+15=86$。可见，最小元素法获得的初始解明显优于西北角法获得的初始解（目标值为 135）。

（三）元素差额法

最小元素法只考虑了局部运输费用最小。有时候为了节省某一处的运费，而在其他处可能运费很大。例如，考虑如图 5.15 所示的运价表。

按照最小元素法，得到如图 5.16 所示的运输方案，总的运输成本为 130。

10	4	10
3	1	20
15	15	

图 5.15　运价表

10 (10)	× (4)	10
5 (3)	15 (1)	20
15	15	

图 5.16　运输方案

从图 5.16 中可以直接观察出来：由于给运费为 1 的空格分配的运量较多，导致给运费为 3 的空格分配的运量较少，进而导致给运费为 10 的空格分配的运量偏多，使得总体运输成本偏高。

元素差额法对最小元素法进行了改进，考虑产地到销地的最小运价和次小运价之间的差额，如果差额很大，就选最小运价先调运，否则会增加总运费。为了解决该问题，使用元素差额法按照以下步骤进行计算：

（1）找出每行次小运价与最小运价之差，记为 u_i，$i=1, 2, \cdots, m$；同时求出每列次小运价与最小运价之差，记为 v_j，$j=1, 2, \cdots, n$。

（2）找出所有行、列差额的最大值，即 $L=\max\{u_i, v_j\}$，差额最大值 L 对应行或列的最小运价处优先调运。

（3）一次调运之后，一定会有一行或者一列分配完毕，在剩下的运价中再求最大差额，进行第二次调运，依次不断迭代，直到最后全部调运完毕，就得到一个初始调运方案。

以下采用火影忍者游戏中的数据来说明元素差额法的计算过程。

首先计算出每行、列所对应的差额 u_i 和 v_j，其中最大差额为 5（对应 B_2），B_2 一列中所需查克拉最小的方格为（A_3，B_2），其对应的攻击数量为 9，受击数量为 6，将二者中小的值填入方格，并用“×”号将方格对应的列划去，将对应行的攻击数量减去 6，如图 5.17 所示。

此时重新计算出每行、列所对应的差额 u_i 和 v_j，其中最大差额为 3（对应 B_4），B_4 一列中所需查克拉最小的方格为（A_3，B_4），其对应的攻击数量为 3，受击数量为 6，将二者中小的值填入方格，并用“×”号将方格对应的行划去，将对应列的受击数量减去 3，如图 5.18 所示。

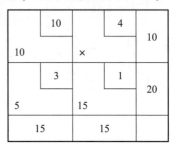

查克拉	角度	飞段	迪拉达	带土	攻击数量	u_i
鸣人	3	11 / ×	3	10	7	0
四代火影	1	9 / ×	2	8	4	1
自来也	7	4 / 6	10	5	~~9~~ 3	1
受击数量	3	~~6~~	5	6	20	
v_j	2	5	1	3		

图 5.17　元素差额法：步骤一

查克拉	角度	飞段	迪拉达	带土	攻击数量	u_i
鸣人	3	11 / ×	3	10	7	0
四代火影	1	9 / ×	2	8	4	1
自来也	7 / ×	4 / 6	10 / ×	5 / 3	~~9~~ 3	2
受击数量	3	~~6~~	5	~~6~~ 3	20	
v_j	2	—	1	3		

图 5.18　元素差额法：步骤二

此时重新计算出每行、列所对应的差额 u_i 和 v_j，其中最大差额为 2（对应 B_1 和 B_4），任选一列即可，此处选择 B_1，B_1 一列中所需查克拉最小的方格为（A_2，B_1），其对应的攻击数量为 4，受击数量为 3，将二者中小的值填入方格，并用“×”号将方格对应的行划去，将对应列的受击数量减去 3，如图 5.19 所示。

查克拉	角度	飞段	迪拉达	带土	攻击数量	u_i
鸣人	3 / ×	11 / ×	3	10	7	0
四代火影	1 / 3	9 / ×	2	8	~~4~~ 1	1
自来也	7 / ×	4 / 6	10 / ×	5 / 3	~~9~~ 3	—
受击数量	~~3~~	~~6~~	5	~~6~~ 3	20	
v_j	2	—	1	2		

图 5.19　元素差额法：步骤三

此时重新计算出每行、列所对应的差额 u_i 和 v_j，其中最大差额为 7（对应 A_1），A_1 一行中所需查克拉最小的方格为（A_1，B_3），其对应的攻击数量为 7，受击数量为 5，将二者中小的值填入方格，并用“×”号将方格对应的列划去，将对应行的攻击数量减去5，如图5.20所示。

查克拉	角度	飞段	迪拉达	带土	攻击数量	u_i
鸣人	3 ×	11 ×	3 5	10 	~~7~~ 2	7
四代火影	1 3	9 ×	2 ×	8 	~~4~~ 1	6
自来也	7 ×	4 6	10 ×	5 3	~~9~~ 3	—
受击数量	~~3~~	~~6~~	~~5~~	~~6~~ 3	20	
v_j	—	—	1	2		

图5.20 元素差额法：步骤四

因此，按照元素差额法，该问题的初始解为 $x_{13}=5$，$x_{14}=2$，$x_{21}=3$，$x_{24}=1$，$x_{32}=6$，$x_{34}=3$，其余变量的取值为0，如图5.21所示。初始解的目标值为 $15+20+3+8+24+15=85$。可见，元素差额法获得的初始解明显优于最小元素法获得的初始解（目标值为86）以及西北角法获得的初始解（目标值为135）。

查克拉	角度	飞段	迪拉达	带土	攻击数量	u_i
鸣人	3 ×	11 ×	3 5	10 2	~~7~~ ~~2~~	—
四代火影	1 3	9 ×	2 ×	8 1	~~4~~ 1	—
自来也	7 ×	4 6	10 ×	5 3	~~9~~ 3	—
受击数量	~~3~~	~~6~~	~~5~~	~~6~~ 3	20	
v_j	—	—	—	2		

图5.21 元素差额法：步骤五

三、运输单纯形法的检验法

在获得初始解以后，下一步需要判断是否已经得到最优解，如果是最优解，则停止迭代输出结果，否则进行换基操作，得到一组新的解。目前，常采用闭回路法和位势法两种方法实现运输方案的检验。

（一）闭回路法

在学习单纯形法的过程中，我们通过检查所有非基变量的检验数来判断当前的解是否为最优解，如果所有非基变量的检验系数都为非负数，即增加非基变量的值将使得目标值增加，则当前的解为最优解，否则不为最优解。按照这样的思路，我们来检验由元素差额法获得的初始解是否为最优解。

以非基变量 x_{11} 为例，如果要将 x_{11} 的值由 0 升为 1，为了保持鸣人的攻击数量不高于上限，需要在该行中找到一个基变量，将攻击次数减 1，为此，将基变量 x_{14} 的值从 2 降低为 1。为了平衡带土的受击数量，需要在该列中找一个基变量将其变量值增加 1，为此将非基变量 x_{24} 的值由 1 升为 2。同理，为了保持四代火影的攻击数量不高于上限，需要在该行找到一个基变量，将攻击次数减 1，为此将基变量的值由 3 降为 2，由于非基变量 x_{11} 的值恰好增加了 1，使该列所对应的数量平衡，以上过程形成了一个封闭的回路，该回路的顶点处非基变量的值增加 1，基变量的值减去 1。如图 5.22 所示。

查克拉	角度	飞段	迪拉达	带土
鸣人	3 ×	11 ×	3 5	10 2
四代火影	1 3	9 ×	2 ×	8 1
自来也	7 ×	4 6	10 ×	5 3

图 5.22　闭回路法：非基变量 x_{11} 为例

因此，当非基变量 x_{11} 的值增加 1 时，给目标值带来的改变为 $3-10+8-1=0$，即目标值不变。采取同样的方法进行分析，当非基变量 x_{12} 的值增加 1 时，给目标值带来的改变为 $11-10+5-4=2$，如图 5.23 所示。

查克拉	角度	飞段	迪拉达	带土
鸣人	3 ×	11 ×	3 5	10 2
四代火影	1 3	9 ×	2 ×	8 1
自来也	7 ×	4 6	10 ×	5 3

图 5.23　闭回路法：非基变量 x_{12} 为例

当非基变量 x_{22} 的值增加 1 时，给目标值带来的改变为 $9-8+5-4=2$，如图 5.24 所示。

查克拉	角度	飞段	迪拉达	带土
鸣人	3 ×	11 ×	3 5	10 2
四代火影	1 3	9 ×	2 ×	8 1
自来也	7 ×	4 6	10 ×	5 3

图 5.24　闭回路法：非基变量 x_{22} 为例

当非基变量 x_{23} 的值增加 1 时，给目标值带来的改变为 $2-3+10-8=1$，如图 5.25 所示。

查克拉	角度	飞段	迪拉达	带土
鸣人	3 ×	11 ×	3 5	10 2
四代火影	1 3	9 ×	2 ×	8 1
自来也	7 ×	4 6	10 ×	5 3

图 5.25 闭回路法：非基变量 x_{23} 为例

当非基变量 x_{31} 的值增加 1 时，给目标值带来的改变为 $7-1+8-5=9$，如图 5.26 所示。

查克拉	角度	飞段	迪拉达	带土
鸣人	3 ×	11 ×	3 5	10 2
四代火影	1 3	9 ×	2 ×	8 1
自来也	7 ×	4 6	10 ×	5 3

图 5.26 闭回路法：非基变量 x_{31} 为例

当非基变量 x_{33} 的值增加 1 时，给目标值带来的改变为 $10-3+10-5=12$，如图 5.27 所示。

查克拉	角度	飞段	迪拉达	带土
鸣人	3 ×	11 ×	3 5	10 2
四代火影	1 3	9 ×	2 ×	8 1
自来也	7 ×	4 6	10 ×	5 3

图 5.27 闭回路法：非基变量 x_{33} 为例

采用同样的方法，可以得到所有非基变量的检验系数，具体如下：

$$\lambda_{11}=0, \lambda_{12}=2, \lambda_{22}=2, \lambda_{23}=1, \lambda_{31}=9, \lambda_{33}=12 \tag{5.11}$$

由于所有的检验系数都大于等于 0，因此通过元素差额法获得的初始解为最优解。

采用同样的方法，对最小元素获得的初始解分析，求得所有的非基变量的检验系数为

$$\lambda_{11}=1, \lambda_{12}=2, \lambda_{22}=1, \lambda_{24}=-1, \lambda_{31}=10, \lambda_{33}=12 \tag{5.12}$$

可见，由于 $\lambda_{24}=-1<0$，因此通过最小元素法获得的初始解不是最优解，需要进一步迭代获得最优解，具体迭代的方法在第四部分讨论。

（二）位势法

利用闭回路法求检验数时，需要给每一个非基变量找一条闭回路。当产销点非常多

时，这种计算方法比较烦琐。相对来说，位势法是一种计算更为简单的方法，该方法是由线性规划的对偶理论推导出来的，令 u_i，$i=1$，…，m 和 v_j，$j=1$，…，n 分别对应前 m 个和后 n 个约束的对偶变量。

$$\min \sum_{i=1}^{m} \sum_{j=1}^{n} c_{ij} x_{ij} \tag{5.13}$$

$$\sum_{j=1}^{n} x_{ij} = a_i \quad u_i, i = 1, \cdots, m$$

$$\sum_{i=1}^{m} x_{ij} = b_j \quad v_j, j = 1, \cdots, n$$

$$x_{ij} \geqslant 0$$

按照对偶问题的直观理解方法，原问题是目标最小化时，对偶问题通过组合不同的约束“从下而上”逼近原问题的解，即对应一个优化变量，对偶变量的组合小于等于对应的价值系数。

$$u_i + v_j \leqslant c_{ij}, i = 1, \cdots, m; j = 1, \cdots, n \tag{5.14}$$

添加松弛变量后，可得

$$u_i + v_j + \lambda_{ij} = c_{ij}, i = 1, \cdots, m; j = 1, \cdots, n \tag{5.15}$$

当 x_{ij} 为基变量时，检验系数为0，即式（5.15）中的 $\lambda_{ij}=0$，可得

$$u_i + v_j = c_{ij}, i = 1, \cdots, m; j = 1, \cdots, n \tag{5.16}$$

当 x_{ij} 为非基变量时，其检验系数为

$$\lambda_{ij} = c_{ij} - (u_i + v_j), i = 1, \cdots, m; j = 1, \cdots, n \tag{5.17}$$

通过式（5.16）和式（5.17）的组合就能计算得到所有非基变量的检验数。下面以元素差额法获得的初始解为例进行说明：

初始解中的基变量分别为 x_{13}，x_{14}，x_{21}，x_{24}，x_{32}，x_{34}，通式（5.16）可得

$$\begin{gathered} u_1 + v_3 = 3 \\ u_1 + v_4 = 10 \\ u_2 + v_1 = 1 \\ u_2 + v_4 = 8 \\ u_3 + v_2 = 4 \\ u_3 + v_4 = 5 \end{gathered} \tag{5.18}$$

令 $u_1=0$，可得

$$\begin{gathered} u_1 = 0, u_2 = -2, u_3 = -5 \\ v_1 = 3, v_2 = 9, v_3 = 3, v_4 = 10 \end{gathered} \tag{5.19}$$

因此，可以得到所有非基变量的检验系数：

$$\begin{gathered} \lambda_{11} = 3 - (0 + 3) = 0 \\ \lambda_{12} = 11 - (0 + 9) = 2 \\ \lambda_{22} = 9 - (-2 + 9) = 2 \\ \lambda_{23} = 2 - (-2 + 3) = 1 \\ \lambda_{31} = 7 - (-5 + 3) = 9 \\ \lambda_{33} = 10 - (-5 + 3) = 12 \end{gathered} \tag{5.20}$$

上述结果与采用闭回路法得到的结果是一致的。

下面采用位势法计算最小元素法获得的初始解。初始解中的基变量分别为 x_{13}，x_{14}，x_{21}，x_{23}，x_{32}，x_{34}，通过式（5.16）可得

$$\begin{aligned} u_1+v_3&=3\\ u_1+v_4&=10\\ u_2+v_1&=1\\ u_2+v_3&=2\\ u_3+v_2&=4\\ u_3+v_4&=5 \end{aligned} \tag{5.21}$$

令 $u_1=0$，可得

$$\begin{gathered} u_1=0, u_2=-1, u_3=-5\\ v_1=2, v_2=9, v_3=3, v_4=10 \end{gathered} \tag{5.22}$$

因此可以得到所有非基变量的检验系数：

$$\begin{aligned} \lambda_{11}&=3-(0+2)=1\\ \lambda_{12}&=11-(0+9)=2\\ \lambda_{22}&=9-(-1+9)=1\\ \lambda_{24}&=8-(-1+10)=-1\\ \lambda_{31}&=7-(-5+2)=10\\ \lambda_{33}&=10-(-5+3)=12 \end{aligned} \tag{5.23}$$

上述结果与采用闭回路法得到的结果是一样的。

四、运输单纯形法的迭代

运输单纯形法的迭代过程是找到一组新的基，其基本过程与一般的单纯形法是相同的。利用闭回路法进行迭代的思路较为简单，即将检验数最小的非基变量作为入基变量，持续提升入基变量的值，直到闭回路上某一基变量的值首次降低到0，将该基变量作为出基变量，也就是找到闭回路中基变量的值最小的变量，在火影忍者游戏中，通过最小元素法获得的初始解不是最优解，需要进行迭代，如下：

由于 x_{24}的检验系数为负数，且是最小的检验系数，因此将其作为入基变量，将 x_{24}所在的闭回路上，注为（−1）的减去最小的基变量取值（1），标注为（+1）的加上最小的基变量取值（1），由此形成新的一组解，如图 5.28 所示。

查克拉	角度	飞段	迪拉达	带土
鸣人	3 ×	11 ×	(+1) 3 4	(−1) 10 3
四代火影	1 3	9 ×	(−1) 2 1	8 × (+1)
自来也	7 ×	4 6	10 ×	5 3

图 5.28 以 x_{24}作为入基变量构建闭回路

迭代形成的新解与通过元素差额法得到的初始解相同，前面已经通过计算检验数知道了该解为最优解，因此停止迭代，输出最优解与最优值即可，如图 5.29 所示。

查克拉	角度	飞段	迪拉达	带土
鸣人	3 ×	11 ×	3 5	10 2
四代火影	1 3	9 ×	2 ×	8 1
自来也	7 ×	4 6	10 ×	5 3

图 5.29　以 x_{24} 作为入基变量迭代后的结果

五、运输单纯形法的结束条件

在运输问题的特点一节中，我们已经证明了平衡的运输问题一定有解并且有最优解，但是有唯一最优解还是有无穷多个最优解呢？判断这一问题的方法与传统的单纯形法思路是一致的，即当最终的迭代完成时，所有非基变量的检验系数大于等于 0，则运输问题具有唯一的最优解；当非基变量的检验系数中有任意一个等于 0 时，将对应的非基变量作为入基变量不会改变目标函数的值，因此运输问题具有无穷多组最优解，最优解的目标值相同。

六、不平衡问题

前面给出的问题都是平衡问题，即产地的生产量和销地的需求量是相等的，即

$$\sum_{j=1}^{n} b_j = \sum_{i=1}^{m} a_i \tag{5.24}$$

然而，在现实中很多情况下并不是平衡运输问题。解决问题的办法是将不平衡的运输问题转化为平衡运输问题，下面探讨两种情况下的不平衡运输问题转化的问题。

当产量大于需求时，设置一个虚拟的销地，令所有产地运送到虚拟销地的成本为 0，其需求量恰好为

$$\sum_{i=1}^{m} a_i - \sum_{j=1}^{n} b_j \tag{5.25}$$

这样就将非平衡问题转化为平衡问题，继续利用上面的方法进行求解。

当产量小于需求时，设置一个虚拟的产地，令虚拟产地运送到所有销地的成本为无限大（M），其产量恰好为

$$\sum_{j=1}^{n} b_j - \sum_{i=1}^{m} a_i \tag{5.26}$$

为了对平衡问题进行说明，对火影忍者游戏进行适当的调整，游戏的关键数据如表 5.3 所示。

容易知道该问题属于“产量大于需求”，因此增设一个虚拟的列，容纳多余的攻击数量，且攻击消耗的查克拉全部为零，如表 5.4 所示。

表 5.3 火影忍者游戏

查克拉	角度	飞段	迪拉达	带土	攻击数量
鸣人	3	11	3	10	8
四代火影	1	9	2	8	6
自来也	7	4	10	5	10
受击数量	3	6	5	6	20 \ 24

表 5.4 设置虚拟反派后的火影忍者游戏

查克拉	角度	飞段	迪拉达	带土	虚拟	攻击数量
鸣人	3	11	3	10	0	8
四代火影	1	9	2	8	0	6
自来也	7	4	10	5	0	10
受击数量	3	6	5	6	4	24

针对该问题，采用最小元素法求解其初始解，如表 5.5 所示，目标值为 111。

表 5.5 利用最小元素获得火影忍者游戏初始解

查克拉	角度	飞段	迪拉达	带土	虚拟	攻击数量
鸣人	3 ×	11 ×	3 2	10 2	0 4	~~8~~ 4 ~~2~~
四代火影	1 3	9 ×	2 3	8 ×	0 ×	~~6~~ ~~3~~
自来也	7 ×	4 6	10 ×	5 4	0 ×	~~10~~ 2
受击数量	~~3~~	~~6~~	~~5~~ ~~2~~	~~6~~ ~~2~~	4	24

采用位势法求所有非基变量的检验系数，首先求得对偶变量的值，具体如下：

$$
\begin{aligned}
u_1+v_3&=3\\
u_1+v_4&=10\\
u_1+v_5&=0\\
u_2+v_1&=1\\
u_2+v_3&=2\\
u_3+v_2&=4\\
u_3+v_4&=5
\end{aligned}
\tag{5.27}
$$

令 $u_1=0$，可得

$$
\begin{gathered}
u_1=0,u_2=-1,u_3=-5\\
v_1=2,v_2=9,v_3=3,v_4=10,v_5=0
\end{gathered}
\tag{5.28}
$$

因此可以得到所有非基变量的检验系数：

$$\lambda_{11} = 3 - (0 + 2) = 1 \tag{5.29}$$
$$\lambda_{12} = 11 - (0 + 9) = 2$$
$$\lambda_{22} = 9 - (-1 + 9) = 1$$
$$\lambda_{24} = 8 - (-1 + 10) = -1$$
$$\lambda_{25} = 8 - (-1 + 0) = 9$$
$$\lambda_{31} = 7 - (-5 + 2) = 10$$
$$\lambda_{33} = 10 - (-5 + 3) = 12$$

由于 $\lambda_{24} = -1$，故上述初始解并非最优解，需要进一步迭代。如表 5.6、表 5.7 所示。

表 5.6 构建闭回路

查克拉	角度	飞段	迪拉达	带土	虚拟	攻击数量
鸣人	3 ×	11 ×	3 (+1) 2	10 (−1) 2	0 4	8̶ 4̶ 2
四代火影	1 3	9 ×	2 (−1) 3	8 × (+1)	0 ×	6̶ 3
自来也	7 ×	4 6	10 ×	5 4	0 ×	1̶0̶ 4
受击数量	3	6	5̶ 2	6̶ 2	4	24

表 5.7 最终结果

查克拉	角度	飞段	迪拉达	带土	虚拟	攻击数量
鸣人	3 ×	11 ×	3 4	10 ×	0 4	8̶ 4̶ 2
四代火影	1 3	9 ×	2 1	8 2	0 ×	6̶ 3
自来也	7 ×	4 6	10 ×	5 4	0 ×	1̶0̶ 2
受击数量	3	6	5̶ 2	6̶ 2	4	24

利用位势法求得所有非基变量的检验数，得

$$\lambda_{11} = 1, \lambda_{12} = 3, \lambda_{14} = 1 \tag{5.30}$$
$$\lambda_{22} = 2, \lambda_{25} = 1$$
$$\lambda_{31} = 9, \lambda_{33} = 11, \lambda_{35} = 4$$

由于所有非基变量的检验系数都大于零，因此当前的解已经为最优解。可以看出来，鸣人有 4 次攻击没有使用，四代火影和自来也的所有攻击数量都被使用了，使用的总查克拉为 77。相反，如果是需求大于产量呢？

第三节　指派问题

指派问题是与运输问题紧密相关的一类问题，可以利用运输单纯形法进行求解，但是，指派问题的模型所具有的特殊结构允许我们采用更有效的方法进行更大规模的计算，本节对指派问题的模型以及求解该模型的匈牙利进行介绍。

一、基本模型

现在公司人事处想要安排4名员工分头完成4项工作，根据4名员工以往的工作记录，4名员工在4项工作上的成本情况如表5.8所示，该表被称为效率矩阵，现在想知道如何分配这四名员工完成四项工作，使得最终成本最低。需要注意的是，每项工作必须由一名员工完成，每名员工也只能完成一项工作。

表5.8　员工的效率矩阵

员工＼任务	A	B	C	D
甲	85	92	73	90
乙	95	87	76	95
丙	82	83	79	90
丁	86	90	80	88

为了解决该问题，可以设定优化变量为 x_{ij}：

$$x_{ij}=\begin{cases}1,\text{分配 } i \text{ 完成 } j \text{ 项工作}\\0,\text{分配 } i \text{ 不完成 } j \text{ 项工作}\end{cases}\quad i,j=1,2,3,4 \tag{5.31}$$

在此基础上，优化模型的目标为

$$\begin{aligned}\min =\ &85x_{11}+92x_{12}+73x_{13}+90x_{14}+\\&95x_{21}+87x_{22}+76x_{23}+95x_{24}+\\&86x_{41}+90x_{42}+80x_{43}+88x_{44}\end{aligned} \tag{5.32}$$

每一名员工只能完成四项工作中的一项：

$$\begin{aligned}x_{11}+x_{12}+x_{13}+x_{14}=1\\x_{21}+x_{22}+x_{23}+x_{24}=1\\x_{31}+x_{32}+x_{33}+x_{34}=1\\x_{41}+x_{42}+x_{43}+x_{44}=1\end{aligned} \tag{5.33}$$

每项工作必须由一名员工完成：

$$\begin{aligned}x_{11}+x_{21}+x_{31}+x_{41}=1\\x_{12}+x_{22}+x_{32}+x_{42}=1\\x_{13}+x_{23}+x_{33}+x_{43}=1\\x_{14}+x_{24}+x_{34}+x_{44}=1\end{aligned} \tag{5.34}$$

此外，优化变量只能取 0 或者 1：

$$x_{ij}=0 \text{ 或者 } 1,\quad i,j=1,2,3,4 \tag{5.35}$$

接下来，我们考虑非常著名的八皇后问题，如图 5.30 所示，该问题要求在一个 8 行 8 列的棋盘上放置 8 个皇后，使其不能互相攻击，即任意两个皇后都不能处于同一行、同一列或同一对角线。

图 5.30　八皇后问题

为了解决该问题，可以设置优化变量为 x_{ij}：

$$x_{ij}=\begin{cases}1, \text{在 } i \text{ 行 } j \text{ 列放置皇后} \\ 0, \text{在 } i \text{ 行 } j \text{ 列不放置皇后}\end{cases}\quad i,j=1,2,3,4 \tag{5.36}$$

在此基础上，优化目标该如何设置呢？事实上八皇后问题并没有明确的优化目标，其目标主要是找到可行的方案，因此只要将目标设置为 0 即可。

要求每一行每一列都必须有且只有一个皇后，该约束表达为

$$\sum_{i=1}^{8} x_{ij} = 1,\quad j = 1,\cdots,8 \tag{5.37}$$

$$\sum_{j=1}^{8} x_{ij} = 1,\quad i = 1,\cdots,8$$

要求对角线上不能有多个皇后，该约束表达为

$$\sum_{i=1}^{8-j} x_{i,i+j} \leqslant 1,\quad j = 0,1,\cdots,7 \tag{5.38}$$

$$\sum_{i=1}^{8-j} x_{i+j,i} \leqslant 1,\quad j = 0,1,\cdots,7$$

此外，优化变量只能取 0 或者 1：

$$x_{ij}=0 \text{ 或者 } 1,\quad i,j=1,2,3,4 \tag{5.39}$$

通过上述两个例子可以发现，分配问题的基本模型如下：

$$\min \sum_{i=1}^{m} \sum_{j=1}^{n} c_{ij}x_{ij} \tag{5.40}$$

$$\sum_{i=1}^{m} x_{ij} = 1,\quad j = 1,\cdots,n$$

$$\sum_{j=1}^{n} x_{ij} = 1, \quad i = 1,\cdots,m$$

$$x_{ij}=0 \text{ 或者 } 1, \quad i,j=1,2,3,4$$

其中，m，n 分别为总人数和总任务数，c_{ij}为效率值，所有的 c_{ij}组成效率矩阵 $[c_{ij}]$。

二、匈牙利方法

对于上述两个问题，我们可以通过运输单纯形法进行求解。由于分配问题的变量数目往往更多，而且问题本身存在着特定结构，因此匈牙利方法就是利用这种特殊结构来实现的一种新方法，该方法要求问题为最小值、任务数与人数相等、效率非负。匈牙利方法求解单纯形法是基于一个重要的规律，即将效率矩阵 $[c_{ij}]$ 中的一行减去一个常数 u_i 或者一列中减去一个常数 v_j，得到的新效率矩阵的最优解与原问题的最优解保持一致。

$$\begin{aligned}\sum_{i=1}^{m}\sum_{j=1}^{n} c_{ij}x_{ij} &= \sum_{i=1}^{m}\sum_{j=1}^{n}(c_{ij}-u_i-v_j)x_{ij} \\ &= \sum_{i=1}^{m}\sum_{j=1}^{n} c_{ij}x_{ij} - \sum_{i=1}^{m}\sum_{j=1}^{n} u_i x_{ij} - \sum_{i=1}^{m}\sum_{j=1}^{n} v_j x_{ij} \\ &= \sum_{i=1}^{m}\sum_{j=1}^{n} c_{ij}x_{ij} - \sum_{i=1}^{m} u_i \sum_{j=1}^{n} x_{ij} - \sum_{j=1}^{n} v_j \sum_{i=1}^{m} x_{ij} \\ &= \sum_{i=1}^{m}\sum_{j=1}^{n} c_{ij}x_{ij} - \sum_{i=1}^{m} u_i - \sum_{j=1}^{n} v_j\end{aligned} \tag{5.41}$$

由于 $\sum_{i=1}^{m} u_i + \sum_{j=1}^{n} v_j$ 为常数项，因此不影响整个优化过程。由此可知，新效率矩阵的最优解与原问题的最优解是一致的，两者的目标值相差一个常数项。

在此基础上，匈牙利方法的基本思想是：不断地通过将原效率矩阵中的行、列减去常数，使得新得到的效率矩阵出现一系列的零，若恰好能够以零成本给每个人安排一个任务，此时目标为0，已经无法继续缩小，输出获得最优解。

下面以上一节的任务分配为例说明匈牙利方法的计算过程：

初始效率矩阵如图 5.31 示。

将上述效率矩阵的每一列减去列中的最小值，可得一个新的效率矩阵，如图 5.32 所示。

85	92	73	90
95	87	76	95
82	83	79	90
86	90	80	88

图 5.31 初始效率矩阵

3	9	0	2
13	4	3	7
0	0	6	2
4	7	7	0

图 5.32 匈牙利方法：步骤一

此时，观察已经出现的“0”，能否在满足约束的前提下形成分配方案。检验方法非常简单，即用平行于行或列的直线覆盖所有的零元素，如果所需要的直线数量等于 4（任务数量），则停止迭代，形成分配方案；如果小于 4，则需要进一步迭代。由图 5.33 知，利用 3 条直线就能够将所有的零元素覆盖。

继续从每一行中减去对应行的最小值，如图 5.34 所示。

3	9	0	2
13	4	3	7
0	0	6	2
4	7	7	0

图 5.33　匈牙利方法：步骤二

3	9	0	2
10	1	0	4
0	0	6	2
4	7	7	0

图 5.34　匈牙利方法：步骤三

同样的，通过划线可知，利用 3 条直线就能够将所有的零元素覆盖，还没有得到最优解，需要继续迭代。从矩阵未被覆盖的数字中找到一个最小数 k 并且减去 k，矩阵中 $k=1$，直线相交处的元素加上 k，被直线覆盖而没有相交的元素不变，如图 5.35 所示，得到下列矩阵。

通过划线可知，必须用 4 条直线才能将所有的零元素覆盖，如图 5.36 所示。

2	8	0	2
9	0	0	4
0	0	7	3
3	6	7	0

图 5.35　匈牙利方法：步骤四

2	8	0	2
9	0	0	4
0	0	7	3
3	6	7	0

图 5.36　匈牙利方法：步骤五

所以，最终解为：$x_{13}=1$，$x_{22}=1$，$x_{31}=1$，$x_{44}=1$，完成任务所需成本为 $73+87+82+88=330$。

本章小结

本章从简化的火影忍者游戏和粮食运输安排问题入手，分析了运输问题模型的特点。以搜索技术框架，介绍了运输单纯形法的基本步骤，包括初始解、检验法、迭代法、结束条件等。在此基础上，介绍获得初始解的三种方法，即西北角法、最小元素法、元素差额法；介绍了利用闭回路法和位势法检验是否为最优解的思路和方法；介绍了基于闭回路法的运输单纯形法迭代方法；介绍了运输单纯形法的结束条件；最后给出了求解指派问题——一种运输问题的特例及其匈牙利方法。

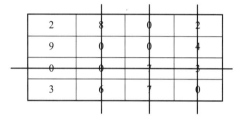

第六章

网络模型

课程目标

1. 了解网络模型的基本概念。
2. 掌握最小支撑树的计算方法。
3. 掌握最短路径的计算方法。
4. 掌握最大流的计算方法。

第一节　最小支撑树

一、基本概念

在我们的生产生活中，很多问题都可以用网络模型进行描述。例如，将班级中的所有同学用绳子连接起来，最少需要多少段绳子？从同学A传送一件物品到同学B，最短的路径是什么？任意两个同学之间的最短路径是什么？上述这些问题都能够利用图模型进行求解。图6.1所示为一个典型的图模型。

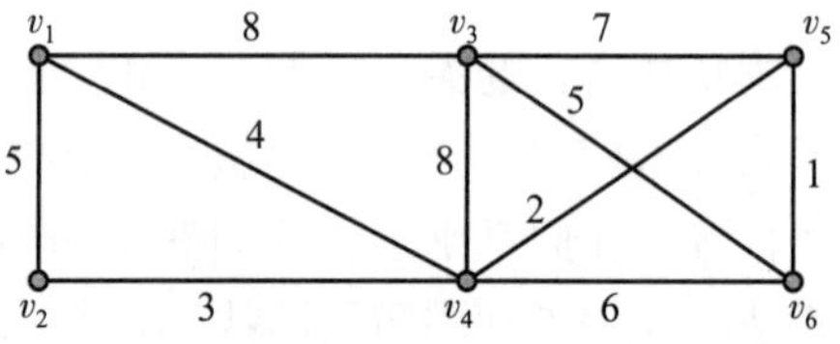

图6.1　网络图模型

运筹学中研究的图模型具有下列特征：

（1）用点表示研究对象，用边（有方向或无方向）表示对象之间某种关系，有方向的称为有向图，无方向的称为无向图；

（2）强调点与点之间的关联关系，不讲究图的比例大小与形状；

（3）每条边上都赋有一个权，其图称为赋权图。实际中权可以代表两点之间的距离、费用、利润、时间、容量等不同的含义；

（4）建立一个图模型，求最大值或最小值。

图6.1中，点的集合为

$$V=\{v_1,v_2,\cdots,v_6\} \tag{6.1}$$

图的边用 $[v_i,\ v_j]$ 来表示或者简单记为 $[i,\ j]$，边的集合为

$$E=\{[1,2],[1,3],\cdots,[5,6]\} \tag{6.2}$$

图6.1中边上面的数字表示的是权重，记为 $w[v_i,\ v_j]$ 或者 $w[i,\ j]$，权重集合为

$$W=\{w_{12},w_{13},w_{14},\cdots,w_{56}\} \tag{6.3}$$

连通的赋权图称为网络图，记为

$$G = \{V, E, W\} \tag{6.4}$$

一个无圈并且连通的无向图称为树图或简称树。组织机构、家谱、学科分支、因特网络、通信网络及高压线路网络等都能表达成一个树图 。在无向图和连通图 $G = \{V, E\}$ 中，生成树是一个子图，是包括 G 的所有顶点且边数最少的树。一个图可能有几棵生成树，生成树的长度是树中所有边的权重之和。最小生成树是长度最小的生成树，即将所有顶点连接在一起，并且边的总权重最小。

计算最小生成树的方法一般有两种，即破圈法和加边法。

二、破圈法

破圈法的基本思想是：从图中任意选择一个圈，去掉权重最大的边，直到图中已经没有圈。以图 6.2 为例说明破圈法的计算过程。

在图中任意找到一个圈，如虚线的三角形所示。该圈中权重最大的边为［1，3］，［3，4］，虽然有两条权重相同的边，但是只能去除一条边进行破圈。例如，去除边［1，3］，得到图 6.3。

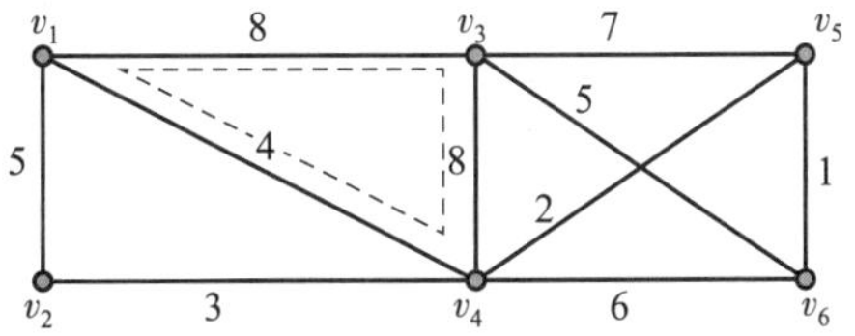

图 6.2　破圈法计算图（一）

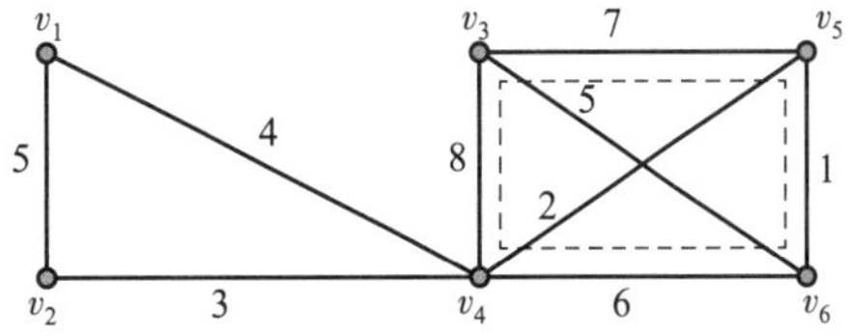

图 6.3　破圈法计算图（二）

再次找到一个圈，如虚线的正方形所示。该圈中权重最大的边为［3，4］，因此去除该边以破圈，得到图 6.4。

再次找到一个圈，如虚线的三角形所示。该圈中权重最大的边为［1，2］，因此去除该边以破圈，得到图 6.5。

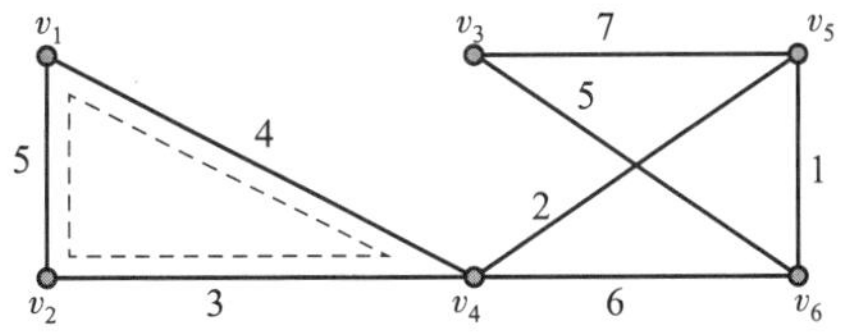

图 6.4　破圈法计算图（三）

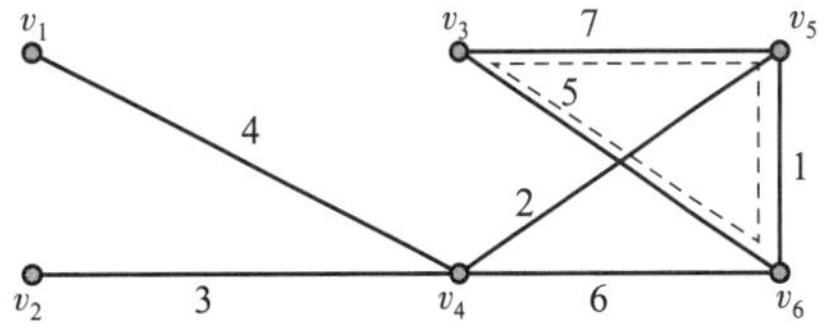

图 6.5　破圈法计算图（四）

再次找到一个圈，如虚线的三角形所示。该圈中权重最大的边为［3，5］，因此去除该边以破圈，得到图 6.6。

再次找到一个圈，如虚线的三角形所示。该圈中权重最大的边为［4，6］，因此去除该边以破圈，得到图 6.7。

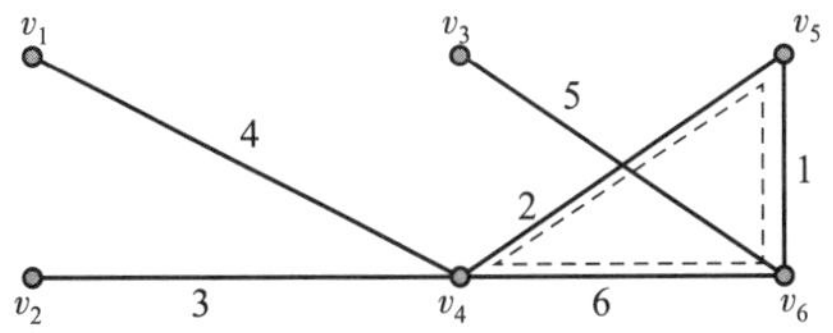

图 6.6　破圈法计算图（五）

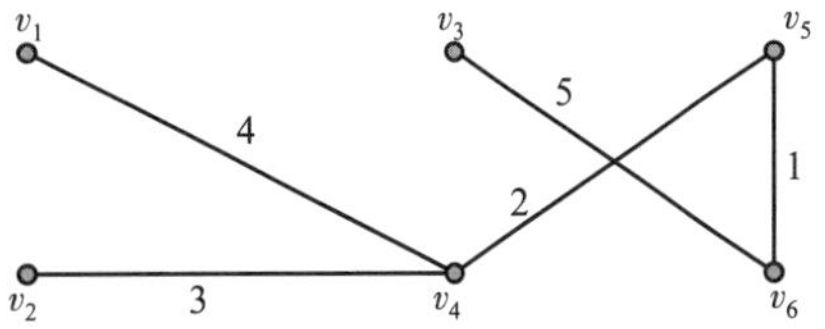

图 6.7　破圈法计算图（六）

图 6.7 中已经不存在圈，因此得到的子图为最小生成树，该树的长度为 4 + 3 + 2 + 5 +

1 = 15。

三、加边法

加边法的基本思想是：从一个只有节点没有边的图开始，不断地加入最短的边，如果遇到圈则绕过，直到将所有的节点连接起来，所形成的图为最小生成树，得到图 6. 8。

原图中权重最小的边为［5，6］，添加该边形成图 6. 9。

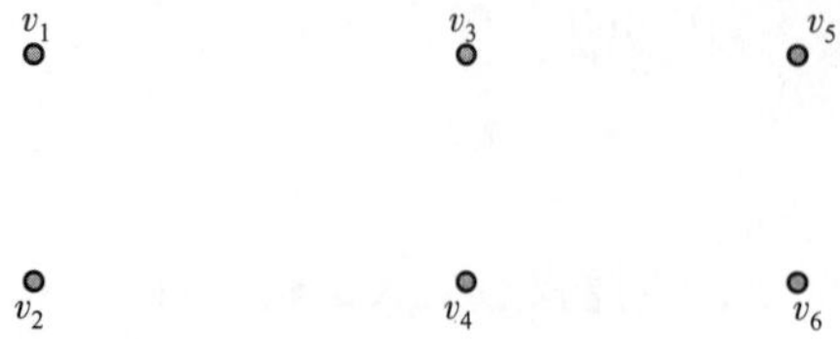

图 6. 8　加边法计算图（一）

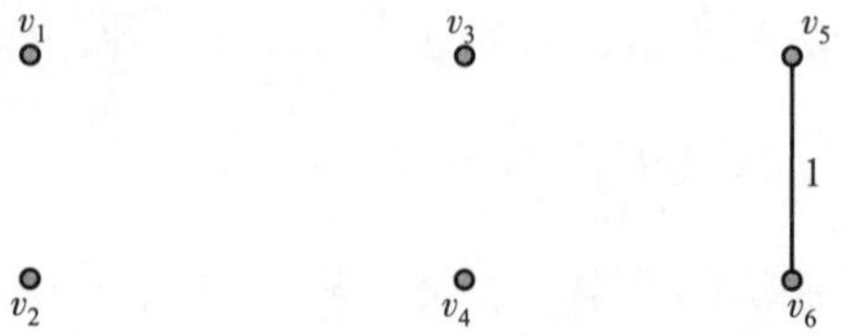

图 6. 9　加边法计算图（二）

依次通过添加权重最小的边，得到图 6. 10。

此时，最小权重的边为［1，2］，添加该边形成图 6. 11。

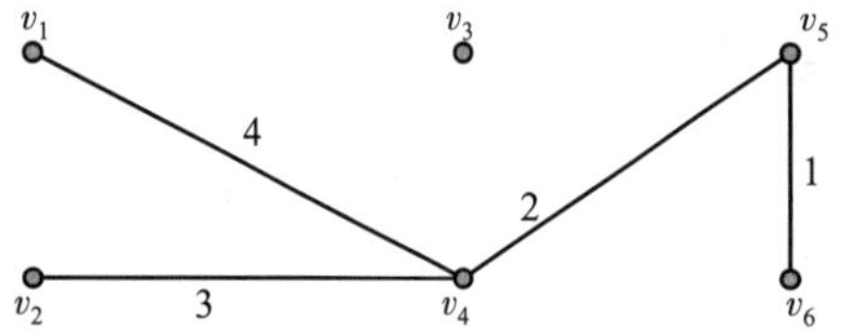

图 6. 10　加边法计算图（三）

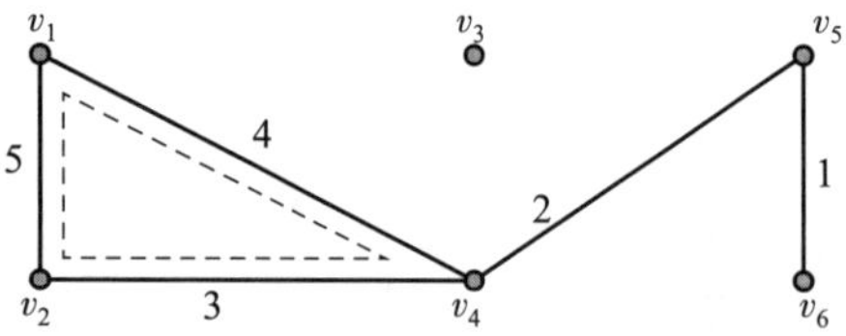

图 6. 11　加边法计算图（四）

添加边［1，2］后，图中出现了圈，不满足生成树的条件，因此，虽然该边的权重最小，但是仍然需要跳过该边，添加其他的边。边［3，6］具有与边［1，2］相同的权重，因此添加该边，形成图 6. 12。

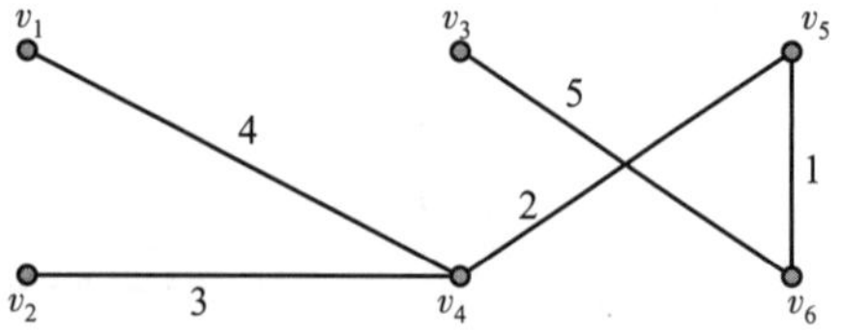

图 6. 12　加边法计算图（五）

至此，所有的节点已经被连接起来，得到了最小生成树，其长度为 4 + 3 + 2 + 5 + 1 = 15，与采用破圈法得到的最小生成树是相同的。

第二节　最短路径

最短路径问题是从网络图中找出一个点到任意其他的点的最短的路径。很多现实的问题都可以被抽象为最短路径问题，例如管路铺设问题、电话线路，有些看似和最短路问题无关的问题也可以描述为最短路，例如设备更新问题、投资问题等，通过一些建模手段也能够转化为最短路径问题。

一、问题描述

最短路径问题的数学描述一般如下：

设 $G=\{V, E, W\}$ 为连通图，图中各边 (v_i, v_j) 有权 w_{ij}（若 v_i，v_j 之间无边，则 $w_{ij}=\infty$），v_s，v_t 为图中任意两点，求一条路径 P，使它是从 v_s 到 v_t 的所有路径中总权最小的

路径，即

$$\min \sum_{(v_i,v_j)\in P} w_{ij} \tag{6.5}$$

下面我们介绍三种用于求解最短路径问题的常用方法：Dijkstra 方法、Floyd 方法和 Bellman－Ford 方法

二、Dijkstra 方法

Dijkstra 方法可用于求解指定两点 v_s，v_t 间的最短路径，或从指定点 v_s 到其余各点的最短路径。算法的基本思想基于如下原理：

若路径 $v_s \to v_1 \to \cdots \to v_{n-1} \to v_n$ 是从 v_s 到 v_n 的最短路径，则路径 $v_s \to v_1 \to \cdots \to v_{n-1}$ 必为从 v_s 到 v_{n-1} 的最短路径。

需要注意的是，Dijkstra 方法要求图中各边的权不能为负值。

下面给出 Dijkstra 方法的基本步骤，采用标号法。可用两种标号：k 标号与 b 标号，k 标号为临时标号，b 标号为永久标号。给 v_i 点一个 b 标号表示从 v_s 到 v_i 点的最短路径，v_i 点的标号不再改变；给 v_i 点一个 k 标号时，表示从 v_s 到 v_i 点的最短路径的上界。

步骤：

（1）给起点 v_s 一个 b 标号，$b(v_s)=0$，其余各点给 k 标号，$k(v_i)=+\infty$。

（2）若 v_i 点刚得到 b 标号，考虑这样的点 v_j：(v_i,v_j)属于集合 E 且 v_j 为 k 标号。对 v_j 的 k 标号做如下更改：

$$k(v_j)=\min[k(v_j),b(v_i)+w_{ij}] \tag{6.6}$$

比较所有具有 k 标号的点，把最小者改为 b 标号。

当全部点均为 b 标号时，则计算结束。

以图 6.13 为例，用 Dijkstra 方法求图中 v_1 点到 v_6 点的最短路径。

首先给 v_1 以 b 标号，$b(v_1)=0$，给其余各点以 k 标号，$k(v_i)=+\infty$（见图 6.14）。

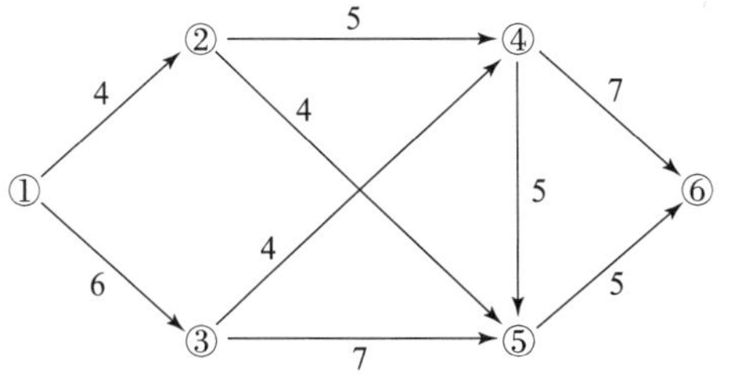

图 6.13　Dijkstra 方法计算图（一）

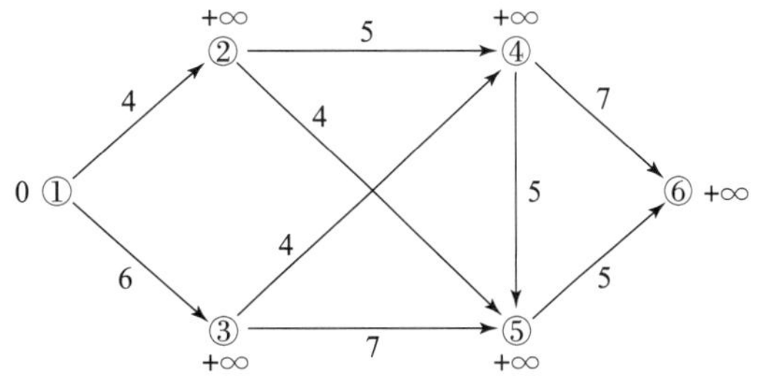

图 6.14　Dijkstra 方法计算图（二）

由于（v_1，v_2），（v_1，v_3）边属于 E，且 v_2，v_3 为 k 标号，因此修改这两个点的标号（见图 6.15）。

$$k(v_2)=\min[k(v_2),b(v_1)+w_{12}]=\min[+\infty,0+4]=4 \tag{6.7}$$

$$k(v_3)=\min[k(v_3),b(v_1)+w_{13}]=\min[+\infty,0+6]=6$$

比较所有 k 标号，$k(v_2)$最小，所以令 $b(v_2)=4$，并记录路径（v_1，v_2）（见图 6.16）。

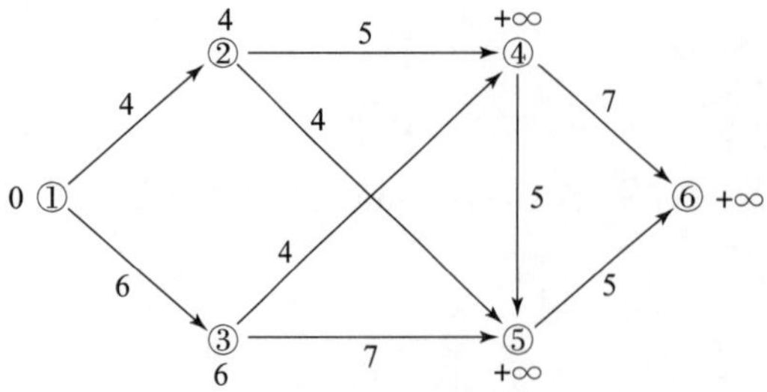

图 6.15 Dijkstra 方法计算图（三）

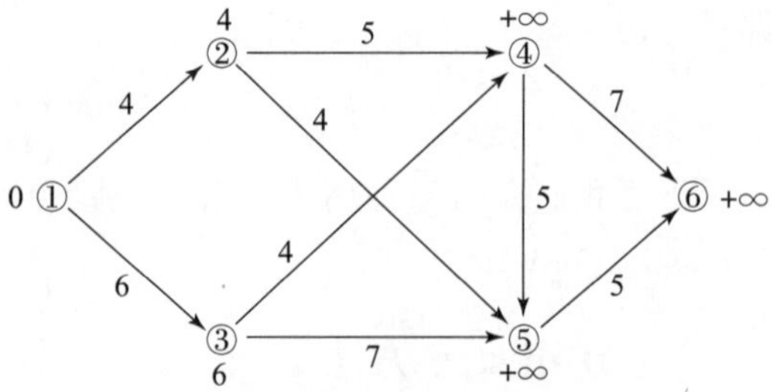

图 6.16 Dijkstra 方法计算图（四）

v_2 为刚得到 b 标号的点，考察边（v_2，v_4），（v_2，v_5）的端点 v_4，v_5（见图 6.17）。

$$k(v_4)=\min[k(v_4),b(v_2)+w_{24}]=\min[+\infty,4+5]=9 \tag{6.8}$$

$$k(v_5)=\min[k(v_5),b(v_2)+w_{25}]=\min[+\infty,4+4]=8$$

比较所有 k 标号，$k(v_3)$最小，所以令 $b(v_3)=6$，并记录路径（v_1，v_3）（见图 6.18）。

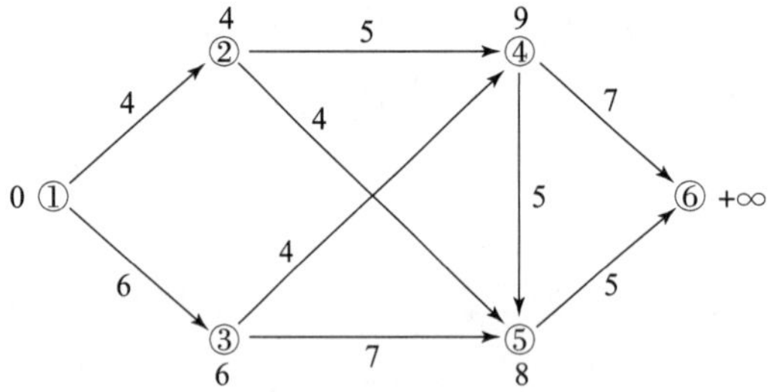

图 6.17 Dijkstra 方法计算图（五）

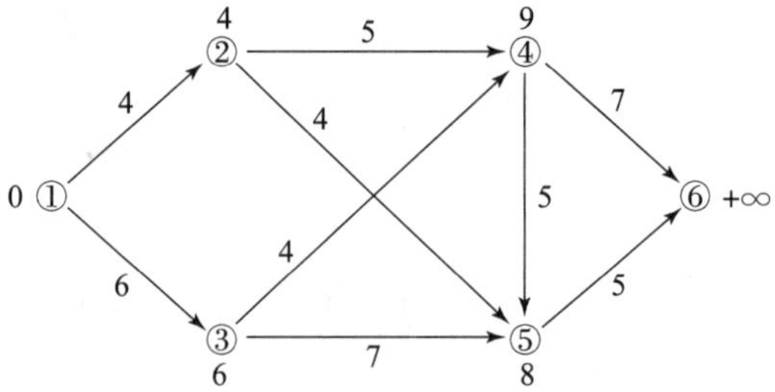

图 6.18 Dijkstra 方法计算图（六）

考虑点 v_3，有

$$k(v_4)=\min[k(v_4),b(v_3)+w_{34}]=\min[9,6+4]=9 \tag{6.9}$$

$$k(v_5)=\min[k(v_5),b(v_3)+w_{35}]=\min[8,6+7]=8$$

比较所有 k 标号，$k(v_5)$最小，所以令 $b(v_5)=8$，并记录路径（v_2，v_5）（见图 6.19）。

考虑点 v_5，有

$$k(v_6)=\min[k(v_6),b(v_5)+w_{56}]=\min[+\infty,8+5]=13 \tag{6.10}$$

比较所有 k 标号，$k(v_4)$最小，所以令 $b(v_4)=9$，并记录路径（v_2，v_4）（见图 6.20）。

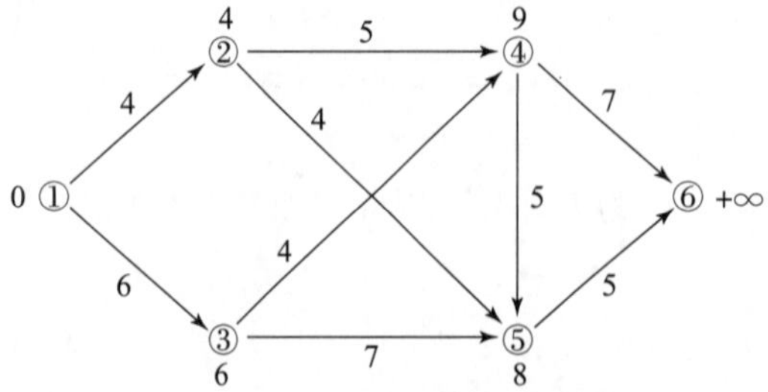

图 6.19 Dijkstra 方法计算图（七）

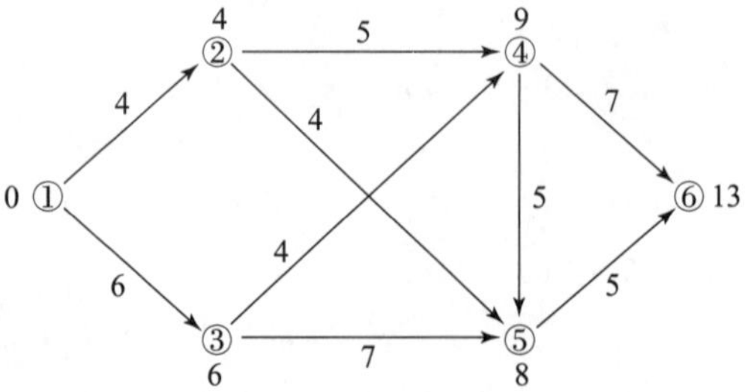

图 6.20 Dijkstra 方法计算图（八）

考虑点 v_4，有

$$k(v_6)=\min[k(v_6),b(v_4)+w_{46}]=\min[13,9+7]=13 \quad (6.11)$$

比较所有 k 标号，$k(v_6)$最小，所以令 $b(v_6)=13$，并记录路径（v_5，v_6）。计算结束（见图6.21）。

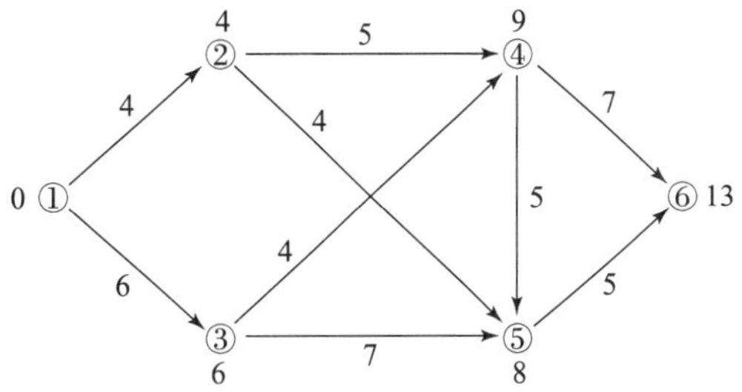

图 6.21　Dijkstra 方法计算图（九）

由计算结果可知，v_1 到 v_6 的最短路径为 $v_1 \to v_2 \to v_5 \to v_6$，路长 $P(v_6)=13$。

三、Floyd 方法

在某些问题中，要求解出网络上任意两点间的最短路径，若用 Dijkstra 方法依次改变起点来计算会比较烦琐。这里介绍 Floyd 方法，可直接求解出网络上任意两点间的最短路径。

我们记网络（包含 n 个节点）的权矩阵为 $\boldsymbol{D}=(d_{ij})_{n\times n}$，$l_{ij}$为点 v_i 到 v_j 的距离。其中，

$$d_{ij}=\begin{cases} l_{ij},(v_i,v_j)\in E \\ \infty,\text{其他} \end{cases} \quad (6.12)$$

Floyd 方法的基本步骤：

（1）置权矩阵 $\boldsymbol{D}^{(0)}=\boldsymbol{D}$。

（2）计算 $\boldsymbol{D}^{(k)}=(d_{ij}^{(k)})_{n\times n}(k=1,\ 2,\ \cdots,\ n)$，其中

$$d_{ij}^{(k)}=\min[d_{ij}^{(k-1)},d_{ik}^{(k-1)}+d_{kj}^{(k-1)}] \quad (6.13)$$

（3）$\boldsymbol{D}^{(n)}=(d_{ij}^{(n)})_{n\times n}$中元素 $d_{ij}^{(n)}$ 就是点 v_i 到 v_j 的最短路长。

以图 6.22 为例，用 Floyd 方法求图中任意两点间的最短路径。

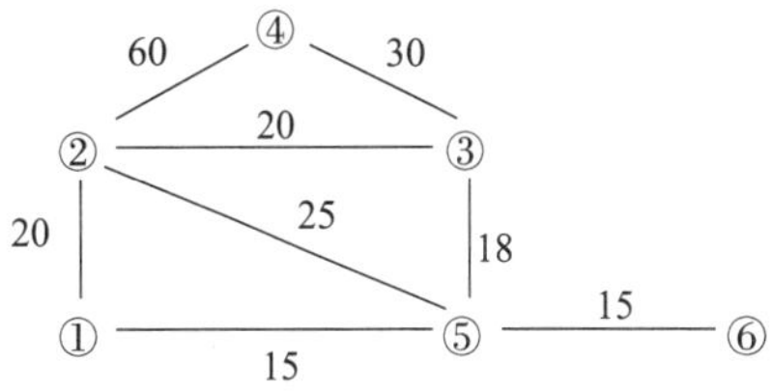

图 6.22　Floyd 方法计算示例图

由图 6.22 可以得到 $\boldsymbol{D}^{(0)}$，表示的是 v_i 到 v_j 直接到达的路径长度。由于上述网络为无向图，故矩阵关于主对角线对称，如表 6.1 所示。

表 6.1　Floyd 方法计算表 $\boldsymbol{D}^{(0)}$

项目	v_1	v_2	v_3	v_4	v_5	v_6
v_1	0	20	∞	∞	15	∞
v_2	20	0	20	60	25	∞
v_3	∞	20	0	30	18	∞
v_4	∞	60	30	0	∞	∞
v_5	15	25	18	∞	0	15
v_6	∞	∞	∞	∞	15	0

计算 $d_{ij}^{(1)}=\min[d_{ij}^{(0)},\ d_{ik}^{(0)}+d_{kj}^{(0)}]$可得到 $\boldsymbol{D}^{(1)}$，且 $\boldsymbol{D}^{(1)}=\boldsymbol{D}^{(0)}$，如表 6.2 所示。其中 $d_{ij}^{(1)}$表示从点 v_i 到 v_j 或直接到达或经过中间点 v_1 到达的最短路径。

表 6.2　Floyd 方法计算表 $\boldsymbol{D}^{(1)}$

项目	v_1	v_2	v_3	v_4	v_5	v_6
v_1	0	20	∞	∞	15	∞
v_2	20	0	20	60	25	∞
v_3	∞	20	0	30	18	∞
v_4	∞	60	30	0	∞	∞
v_5	15	25	18	∞	0	15
v_6	∞	∞	∞	∞	15	0

同理计算可得 $\boldsymbol{D}^{(2)}$，如表 6.3 所示。其中 $d_{ij}^{(2)}$ 表示从点 v_i 到 v_j 最多经过中间点 v_1，v_2 到达的最短路长。

表 6.3　Floyd 方法计算表 $\boldsymbol{D}^{(2)}$

项目	v_1	v_2	v_3	v_4	v_5	v_6
v_1	0	20	40	80	15	∞
v_2	20	0	20	60	25	∞
v_3	40	20	0	30	18	∞
v_4	80	60	30	0	85	∞
v_5	15	25	18	85	0	15
v_6	∞	∞	∞	∞	15	0

同理计算可得 $\boldsymbol{D}^{(3)}$，如表 6.4 所示。

表 6.4　Floyd 方法计算表 $\boldsymbol{D}^{(3)}$

项目	v_1	v_2	v_3	v_4	v_5	v_6
v_1	0	20	40	70	15	∞
v_2	20	0	20	50	25	∞
v_3	40	20	0	30	18	∞
v_4	70	50	30	0	48	∞
v_5	15	25	18	48	0	15
v_6	∞	∞	∞	∞	15	0

同理计算可得 $\boldsymbol{D}^{(4)}$，且 $\boldsymbol{D}^{(4)}=\boldsymbol{D}^{(3)}$。

同理计算可得 $\boldsymbol{D}^{(5)}$，如表 6.5 所示。

表 6.5　Floyd 方法计算表 $D^{(5)}$

项目	v_1	v_2	v_3	v_4	v_5	v_6
v_1	0	20	33	63	15	30
v_2	20	0	20	50	25	40
v_3	33	20	0	30	18	33
v_4	63	50	30	0	48	63
v_5	15	25	18	48	0	15
v_6	30	40	33	63	15	0

同理计算可得 $\boldsymbol{D}^{(6)}$，且 $\boldsymbol{D}^{(6)}=D^{(5)}$，计算结束。$\boldsymbol{D}^{(6)}$ 给出了任意两点间不论几步到达的最短路径。

四、Bellman－Ford 方法

Dijkstra 方法是处理最短路径问题的有效方法，但它局限于边的权值是非负的情况，若图中出现权值为负的边，Dijkstra 方法就会失效，求出的最短路径就可能是错的。这时候，就需要使用其他的方法来求解最短路径，Bellman－Ford 方法就是其中最常用的一个。下面我们简要介绍一下 Bellman－Ford 方法。

Bellman－Ford 方法的计算过程可分为两个部分：松弛过程和检验过程。

给定图 $G=\{V, E, W\}$，数组 Distant[i]记录从发点 v_s 到 v_i 的路径长度。初始化数组使发点的 Distant[s] =0，其余点的 Distant[i] =∞。

1. 松弛过程

执行下述操作循环 $n-1$ 次（n 为图中节点数）：

对于每一条边（v_i，v_j），如果 Distant[i] + w_{ij} < Distant[j]，则令 Distant[j] = Distant[i] + w_{ij}。

若在某次循环中上述操作没有对数组 Distant 进行更新，说明最短路径已经查找完毕，或者部分点不可达，跳出循环。

2. 检验过程

检验图中是否存在负环路，即权值之和小于 0 的环路。对于每一条边（v_i，v_j），如果存在 Distant[i] + w_{ij} < Distant[j]，则图中存在负环路，说明无法求出最短路径。否则，最短路径已找到。为了更好地理解负环路，我们考虑图 6.23。

初始化数组 Distant，使 Distant[1] =0，Distant[2] =∞，Distant[3] =∞。

遍历图 6.23 中每一条边，更新数组 Distant，得到 Distant[2] =0 +5 =5，Distant[3] = 5 +3 =8，Distant[1] =8 −10 = −2。

再次遍历图 6.24 中每一条边，更新数组 Distant，得到 Distant[2] = −2 +5 =3，Distant[3] =3 +3 =6，Distant[1] =6 −10 = −4。

不难发现，对于图 6.25 中的每一条边，均有 Distant[i] + w_{ij} < Distant[j]，这说明图

中的环路是一个负环路。如果循环不停止，则每次遍历后都将使数组 Distant 各元素的值减小，即不存在最短路径。

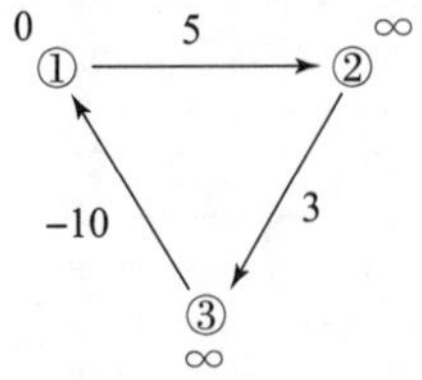

图 6.23　负环路示意图（一）

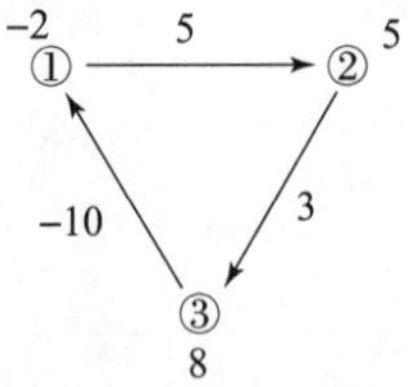

图 6.24　负环路示意图（二）

下面以一个例题来说明 Bellman - Ford 方法的计算过程。

例 6.1　计算图 2.26 中 v_1 到其余各点的最短距离。

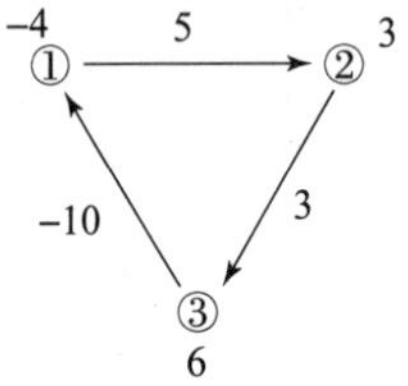

图 6.25　负环路示意图（三）

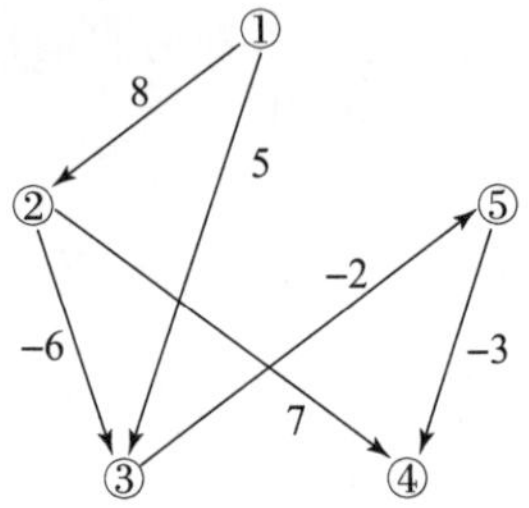

图 6.26　Bellman - Ford 方法计算示例图

首先记录每一条边的起点、终点以及长度（权），如表 6.6 所示。

表 6.6　初始各边信息

i	j	w_{ij}
1	2	8
1	3	5
2	3	-6
2	4	7
3	5	-2
5	4	-3

初始化距离数组 $\text{Distant}^{(0)}$，如表 6.7 所示。

表 6.7　Bellman - Ford 方法计算数组 $\text{Distant}^{(0)}$

1	2	3	4	5
0	∞	∞	∞	∞

接下来开始松弛过程。

首先考虑第一条边，其起点是 1，终点是 2，长度是 8。

在当前距离数组 Distant 中，Distant[1] = 0，Distant[2] = ∞。

Distant[1] +8 < Distant[2]，所以 Distant[2] = Distant[1] +8 =8。

更新距离数组 $Distant^{(1)}$，如表 6.8 所示。

表 6.8 Bellman – Ford 方法计算数组 $Distant^{(1)}$

1	2	3	4	5
0	8	∞	∞	∞

接下来考虑第二条边，其起点是 1，终点是 3，长度是 5。

Distant[1] +5 < Distant[3]，所以 Distant[3] = Distant[1] +5 =5。

更新距离数组 $Distant^{(2)}$，如表 6.9 所示。

表 6.9 Bellman – Ford 方法计算数组 $Distant^{(2)}$

1	2	3	4	5
0	8	5	∞	∞

接下来考虑第三条边，其起点是 2，终点是 3，长度是 –6。

Distant[2] –6 < Distant[3]，所以 Distant[3] = Distant[2] –6 =2。

更新距离数组 $Distant^{(3)}$，如表 6.10 所示。

表 6.10 Bellman – Ford 方法计算数组 $Distant^{(3)}$

1	2	3	4	5
0	8	2	∞	∞

接下来考虑第四条边，其起点是 2，终点是 4，长度是 7。

Distant[2] +7 < Distant[4]，所以 Distant[4] = Distant[2] +7 =15

更新距离数组 $Distant^{(4)}$，如表 6.11 所示。

表 6.11 Bellman – Ford 方法计算数组 $Distant^{(4)}$

1	2	3	4	5
0	8	2	15	∞

接下来考虑第五条边，其起点是 3，终点是 5，长度是 –2。

Distant[3] –2 < Distant[5]，所以 Distant[5] = Distant[3] –2 =0

更新距离数组 $Distant^{(5)}$，如表 6.12 所示。

表 6.12 Bellman – Ford 方法计算数组 $Distant^{(5)}$

1	2	3	4	5
0	8	2	15	0

接下来考虑第六条边，其起点是 5，终点是 4，长度是 –3。

Distant[5] -3 < Distant[4]，所以 Distant[4] = Distant[5] -3 = -3

更新距离数组 $Distant^{(6)}$，如表 6.13 所示。

表 6.13　Bellman – Ford 方法计算数组$Distant^{(6)}$

1	2	3	4	5
0	8	2	-3	0

至此，第一轮更新结束。开始第二轮更新，步骤如上。第二轮更新后，发现距离数组 Distant 没有被改变，则松弛过程结束。

接下来开始检验过程。

不难发现，网络中不存在负环路，故 v_1 到其余各点的最短距离已找到，如表 6.14 所示。

表 6.14　Bellman – Ford 方法计算最短距离

1	2	3	4	5
0	8	2	-3	0

五、最短路问题的应用

下面以例 6.2 为例着重讲解对于实际问题应如何构建最短路问题的网络模型。

例 6.2　某厂利用某种设备进行生产，按规定该设备只能使用 5 年。该设备在今后 5 年年初的价格以及设备在使用一段时间后的维修费用分别列于表 6.15、表 6.16。该厂现有设备已使用 2 年，试给出这台设备的更新计划，使 5 年设备的购置、维修费用最少。

表 6.15　设备购置价格

年份	1	2	3	4	5
购置价格	18	19	21	22	25

表 6.16　设备维修费用

使用年限	0 ~ 1	1 ~ 2	2 ~ 3	3 ~ 4	4 ~ 5
维修费用	6	11	18	22	30

这个问题要解决的是一个设备的更新计划。由于设备在每年的状态都会发生变化，因此每年之间都产生了一定的联系，这种联系的数量关系是设备的成本（购置价格与维修费用）。用节点 1 至 5 分别表示第 1 年年初至第 5 年年初购置新设备，0 表示第 0 年年末（也即第 1 年年初），6 表示第 5 年年末，则问题可以表示成如图 6.27 所示网络图。

边（0，i）（i=1，2，3，4）表示初始设备使用到第 i 年年初，边（i，j）（$i<j$，i=1，2，3，4）表示第 i 年年初购置新设备一直使用到第 j 年年初，边（i，6）（i=1，2，3，4，5）表示第 i 年年初购置新设备一直使用到第 5 年年末。每条边上的权代表设备状态使

用改变所增加的成本。

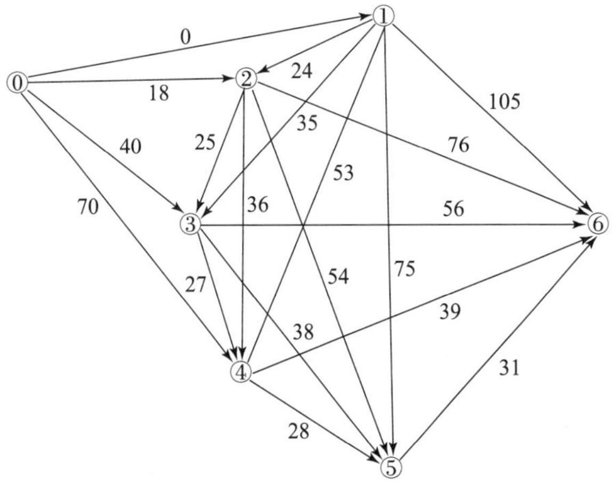

图 6. 27　设备更新问题示意图

例如，边（3，6）上的权的含义：设备的成本变化为第 3 年年初的设备购置价格（21）以及从第 3 年年初到第 5 年年末设备的维修费用（6 + 11 + 18）共 56。

应用 Dijkstra 方法，易得设备的更新计划：在第 1 年年初更新设备，使用到第 3 年年初，然后再次更新设备，使用到第 5 年年末。总费用为 91。

计算结果如图 6. 28 所示。

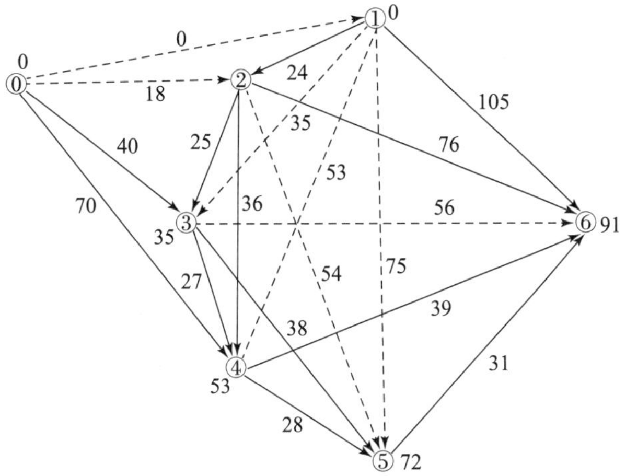

图 6. 28　设备更新问题计算结果图

第三节　最大流

一、问题描述

我们将图 6. 29 看作一个供水管道网，v_1 为起点，v_7 为终点，其余点为中转站，边上的数表示该管道的最大供水能力。

应如何安排各管道的供水量，才能使从 v_1 到 v_7 的总供水量最大？

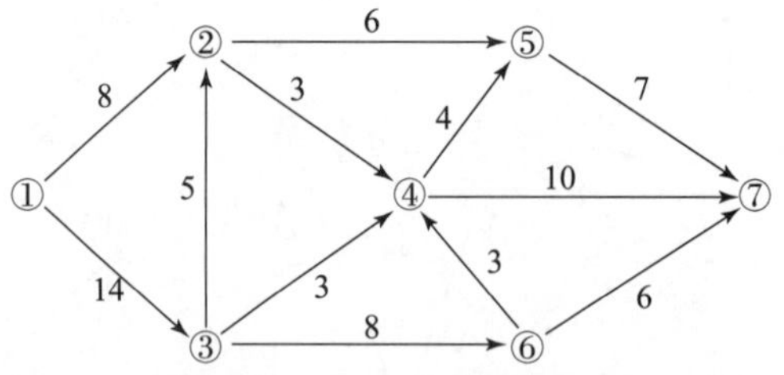

图 6.29　供水管道示意图

管道网络中每边的最大通过能力即容量是有限的，实际流量应不超过容量。上述问题就是要讨论如何充分利用装置的能力，以取得最好效果，这类问题通常称为最大流问题。

二、基本概念

设有向连通图 $G=\{V, E\}$，G 的每条边（v_i，v_j）上有非负数 c_{ij} 称为边的容量。仅有一个输入为 0（即没有箭头指向它）的点 v_s 称为发点（源）；一个输出为 0（即没有箭头从它指出）的点 v_t 称为收点（汇）；其余点为中间点（转运点）。这样的网络称为容量网络，记作 $G=\{V, E, C\}$。

对任一 G 中的边（v_i，v_j）有流量 f_{ij}，称集合 $f=f_{ij}$ 为网络 G 上的一个流。若流 f 满足下列条件：

（1）容量限制条件：$0\leqslant f_{ij}\leqslant c_{ij}$；

（2）平衡限制条件：对中间点 v_k，$\sum\limits_i f_{ik}=\sum\limits_j f_{kj}$；

（3）流量守恒条件：对收、发点 v_t，v_s，$\sum\limits_i f_{si}=\sum\limits_j f_{jt}=W$，$W$ 为网络流的总流量。

则称流 f 为可行流。

所谓最大流问题，就是在容量网络中寻找总流量最大的可行流。

从发点到收点的一条路线（路线上弧的方向可以不相同）称为链，规定从发点到收点的方向为链的方向。与链的方向相同的弧称为前向弧，记作 μ^+；与链的方向相反的弧称为后向弧，记作 μ^-。

设 f 是一个可行流，如果存在一条从 v_s 到 v_t 的链满足

$$\begin{cases}0\leqslant f_{ij}<c_{ij},(v_i,v_j)\in\mu^+\\ c_{ij}\geqslant f_{ij}>0,(v_i,v_j)\in\mu^-\end{cases}\tag{6.14}$$

则这条链称为增广链。

三、Ford - Fulkerson 标号方法

标号方法可分为两步：第一步是标号过程，找出一个可行流 f，通过标号来寻找一条增广链 μ；第二步是调整过程，沿增广链 μ 调整 f 以增加流量。

1. 标号过程

（1）对发点标号 $\theta_s=\infty$。

（2）选择一个已标号的顶点 v_i，对于 v_i 的所有未标号的相邻连接点 v_j 按下列规则

处理：

①若边（v_i，v_j）$\in E$（即前向弧），且 $f_{ij} < c_{ij}$，则令 $\theta_j = c_{ij} - f_{ij}$，并对 v_j 标号［$+v_i$，θ_j］。

②若边（v_j，v_i）$\in E$（即后向弧），且 $f_{ji} > 0$，则令 $\theta_j = f_{ji}$，并对 v_j 标号［$-v_i$，θ_j］。

（3）重复步骤（2）直到收点 v_t 被标号或不再有顶点可标号为止。

若 v_t 得到标号，说明存在一条增广链，转而进行调整过程；若 v_t 未得到标号，说明 f 已是最大流。

2. 调整过程

（1）求增广链上点 v_i 的标号的最小值，得到调整量 $\theta = \min\{\theta_i\}$。

（2）调整流量

$$f'_{ij} = \begin{cases} f_{ij} + \theta, (v_i, v_j) \in \mu^+ \\ f_{ij} - \theta, (v_i, v_j) \in \mu^- \\ f_{ij}, (v_i, v_j) \notin \mu \end{cases} \tag{6.15}$$

（3）去掉所有标号，回到第 1 步，对可行流 f' 重新标号。

以图 6.30 为例，给定一个网络及初始可行流，每条边上的有序数对表示（c_{ij}，f_{ij}），用 Ford – Fulkerson 标号方法求这个网络的最大流。

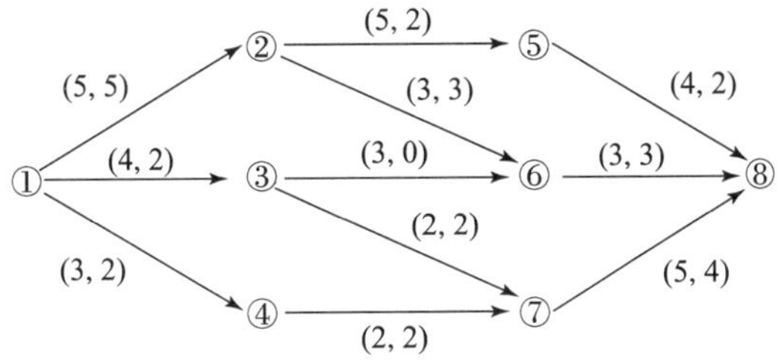

图 6.30　Ford – Fulkerson 标号方法计算图（一）

先给发点 v_1 标号［∞］。

检查 v_1 的邻接点 v_2，v_3，v_4，发现 v_3 点满足 $(v_1, v_3) \in E$，且 $f_{13} = 2 < c_{13} = 4$，令 $\theta_3 = 4 - 2 = 2$，给 v_3 标号［$+v_1$，2］。同理，给 v_4 标号［$+v_1$，1］。

检查 v_3 尚未标号的邻接点 v_6，v_7，发现 v_6 点满足 $(v_3, v_6) \in E$，且 $f_{36} = 0 < c_{36} = 3$，令 $\theta_6 = 3 - 0 = 3$，给 v_6 标号［$+v_3$，3］。

检查 v_6 尚未标号的邻接点 v_2，v_8，发现 v_2 点满足 $(v_2, v_6) \in E$，且 $f_{26} = 3 > 0$，令 $\theta_2 = 3$，给 v_2 标号［$-v_6$，3］。

v_2 尚未标号的邻接点 v_5 满足 $(v_2, v_5) \in E$，且 $f_{25} = 2 < c_{25} = 5$，令 $\theta_5 = 5 - 2 = 3$，给 v_5 标号［$+v_2$，3］。

v_8 可按类似步骤由 v_5 得到标号［$+v_5$，2］。

v_8 得到标号，说明存在增广链，第一轮标号过程结束。根据标号的第一项，可知增广链为 $v_1 \to v_3 \to v_6 \to v_2 \to v_5 \to v_8$，如图 6.31 所示。

进入调整过程。对增广链上的点，得到调整量 $\theta = \min\{\theta_1, \theta_3, \theta_6, \theta_2, \theta_5, \theta_8,\} = 2$。在增广链上，除（$v_2$，$v_6$）是后向弧外，其余均为前向弧。

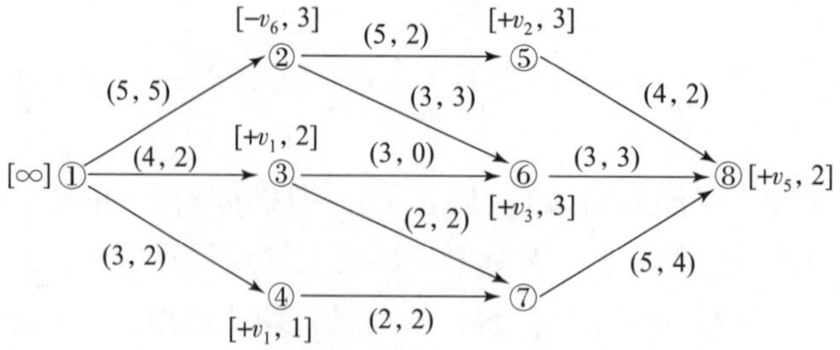

图 6.31 Ford - Fulkerson 标号方法计算图（二）

调整流量，有 $f'_{13}=2+2=4$，$f'_{36}=0+2=2$，$f'_{26}=3-2=1$，$f'_{25}=2+2=4$，$f'_{58}=2+2=4$，如图 6.32 所示。

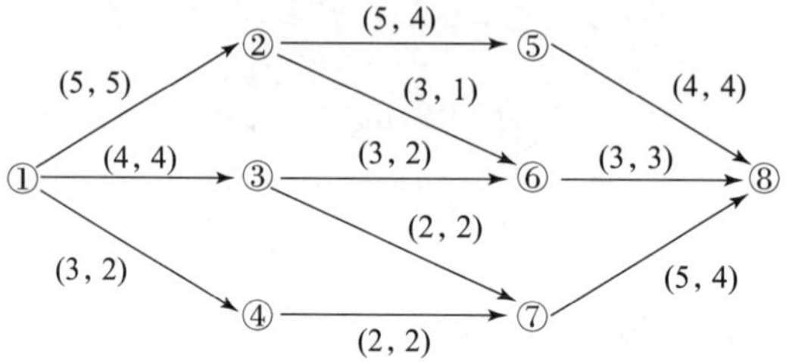

图 6.32 Ford - Fulkerson 标号方法计算图（三）

开始第二轮标号过程，寻找增广链。当给点 v_4 标号为 $[+v_1, 1]$ 后，与 v_1，v_4 点邻接的 v_2，v_3，v_7 均不满足标号条件，所以第二轮标号过程结束。

v_8 点并未得到标号，可知此时总流量 $W=f_{12}+f_{13}+f_{14}=11$ 即为最大流的流量。

第四节 最小费用流

一、问题描述

在上一节中，我们讨论了网络模型的最大流问题，只考虑了流的数量，没有考虑流的费用。事实上，许多问题都要考虑流的费用最小问题。要求网络的总流量达到一个固定数且使总费用最小，就是最小费用流问题。特别地，当要求网络的总流量到达最大且使总费用最小时，即为最小费用最大流问题。

二、最小费用流

我们考虑图 6.33 所示的运输网络图。

流的单位成本显示在每条弧的旁边。可以在节点 1、2 和 3 处获得材料，所获数量按节点左侧所示；而在节点 6、7 和 8 处则需要材料，所需数量按节点右侧所示；节点 4 和 5 是转运点。

如何安排每条流的运输量，使得在满足需求的情况下总运费最小，这便是最小费用流问题。

三、网络单纯形法

仍以上述问题为例，介绍如何在网络模型中应用单纯形法。

从图 6.33 中我们可以看出，总供给的最大值为 100 + 80 + 130 = 310，而总需求为 200 + 60 + 40 = 300。因此，这是一个供大于求的运输网络。为使供求平衡，需增加一个需求量 = 10 的节点，如图 6.34 所示。

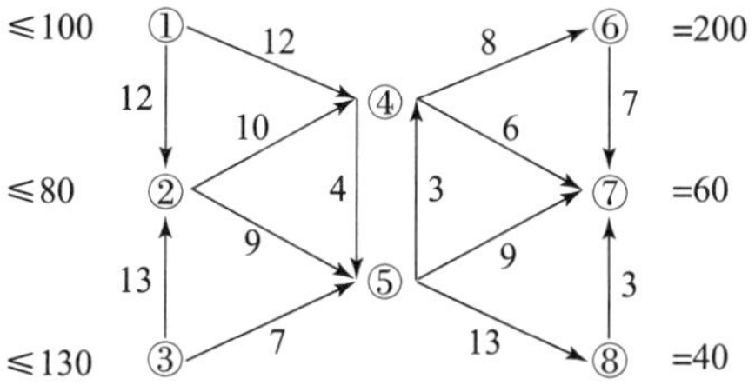

图 6.33 运输网络图

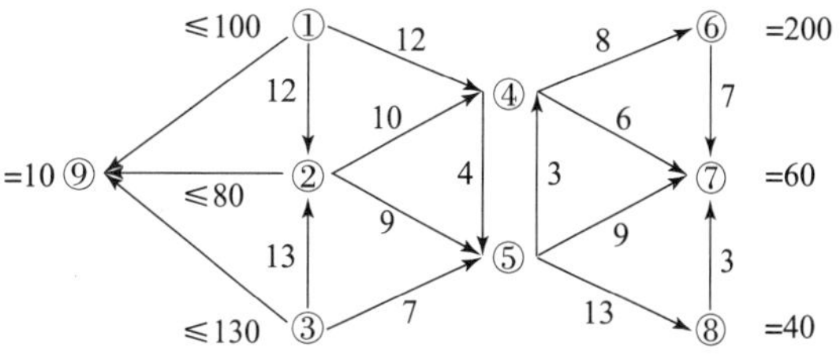

图 6.34 网络单纯形法计算图（一）

此时，问题可以通过下述线性规划的数学语言来表示：

$$\min \sum_{ij} b_{ij} f_{ij} \tag{6.16}$$

$$\text{s. t.} \begin{cases} \sum_{ji} f_{ji} - \sum_{ij} f_{ij} = d_i \\ f_{ij} \geqslant 0 \end{cases}$$

其中，b_{ij}表示弧 ij 的单位成本，例如$b_{12} = 12$；f_{ij}表示弧 ij 的运输量，这也是我们需要求的量；d_i 表示节点 i 的需求量（供给量），例如 $d_1 = -100$，$d_6 = 200$，$d_4 = 0$。

我们构造这样一个矩阵 $\boldsymbol{A}_{i,jk}$，满足：

$$a_{i,jk} = \begin{cases} 1, i = k \\ -1, i = j \\ 0, \text{其他} \end{cases} \tag{6.17}$$

$\boldsymbol{A}$ 称为网络的关联矩阵。

同时，令行向量 $\boldsymbol{b} = [b_{ij}]$，列向量 $\boldsymbol{f} = [f_{ij}]$，$\boldsymbol{d} = [d_i]$。

此时，问题的线性规划可以用矩阵形式来描述：

$$\min \boldsymbol{bf} \tag{6.18}$$

$$\text{s. t.} \begin{cases} \boldsymbol{Af} = \boldsymbol{d} \\ f_{ij} \geqslant 0 \end{cases}$$

例如，图 6.34 中所示网络的关联矩阵 $\boldsymbol{A}$ 为

项目	12	14	19	24	25	29	32	35	39	45	46	47	54	57	58	67	87
1	-1	-1	-1														
2	1			-1	-1	-1	1										
3							-1	-1	-1								
4		1		1						-1	-1	-1	1				
5					1			1		1			-1	-1	-1		
6											1					-1	
7												1		1		1	1

续表

项目	12	14	19	24	25	29	32	35	39	45	46	47	54	57	58	67	87
8															1		-1
9			1			1			1								

行向量 $\boldsymbol{b}=[12, 12, 0, 10, 9, 0, 13, 7, 0, 4, 8, 6, 3, 9, 13, 7, 3]$。

列向量 $\boldsymbol{d}=[-100, -80, -130, 0, 0, 200, 60, 40, 10]^{\mathrm{T}}$。

接下来构造一个初始可行解。由于没有容量限制，故易得一个初始可行解，如图6.35所示。

此可行解对应的列向量 $\boldsymbol{f}=[0, 100, 0, 100, 0, 0, 20, 100, 10, 0, 200, 0, 0, 60, 40, 0, 0]^{\mathrm{T}}$。

同时我们不难发现，此可行解对应着一个最小支撑树T，如图6.36所示。

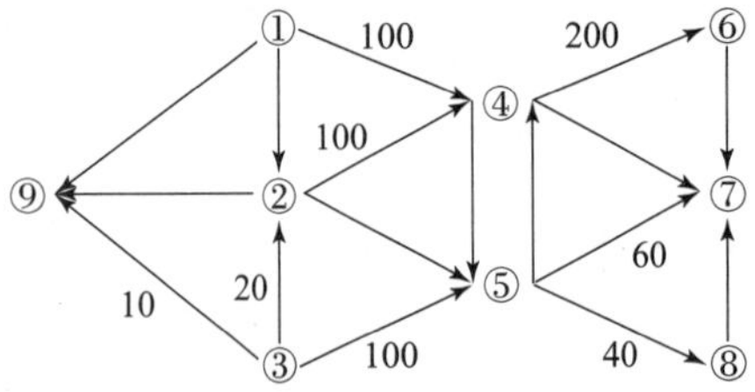

图6.35　网络单纯形法计算图（二）

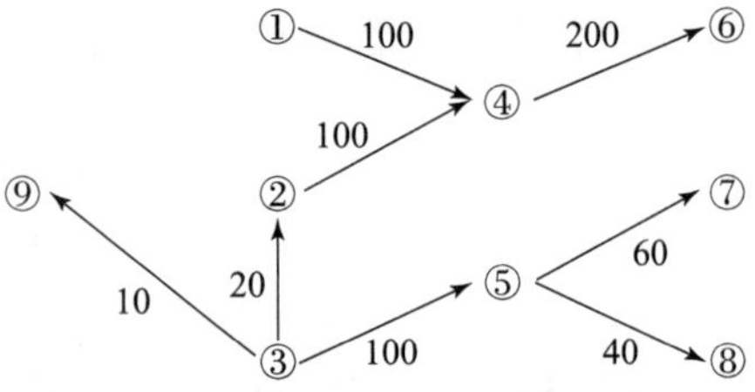

图6.36　网络单纯形法计算图（三）

至此，网络单纯形法的准备工作已全部做完。

网络单纯形法的步骤：

（1）根据最小支撑树T构造行向量 $\boldsymbol{y}=[y_j]$，$j=1, 2, \cdots, n$。其中，$y_j=y_i+c_{ij}$。

例如图6.36中对应的行向量 $\boldsymbol{y}=[0, 2, -11, 12, -4, 20, 5, 9, -11]$。

（2）计算行向量 $\boldsymbol{b}'=\boldsymbol{b}-\boldsymbol{yA}$。

例如图6.36中对应的行向量 $\boldsymbol{b}'=[10, 0, 11, 0, 15, 13, 0, 0, 0, 20, 0, 13, -13, 0, 0, 22, -11]$。

若 $f_{ij}\in \mathrm{T}$，则称 f_{ij} 为基变量；否则，称为非基变量。不难发现，若 f_{ij} 为基变量，则 $b'_{ij}=0$。

找出 $b'_{kl}=\min\{b'_{ij} \mid b'_{ij}<0\}$，其所对应的非基变量 f_{kl} 为入基变量。若不存在 $b'_{ij}<0$，则计算结束。

例如图6.36中对应的入基变量为 f_{54}。

（3）将 f_{kl} 加入最小支撑树T中，将会产生一个环路。我们规定环路中与 f_{kl} 方向相同的弧为前向弧，相反的为后向弧。

令 $f_{kl}=t$，则

$$f'_{ij}=\begin{cases} f_{ij}+t, ij\text{ 为前向弧} \\ f_{ij}-t, ij\text{ 为后向弧} \\ f_{ij}, ij\text{ 不在环路中} \end{cases} \tag{6.19}$$

其中，$t=f_{mn}=\min\{f_{ij} \mid ij\text{ 为后向弧}\}$；$f_{mn}$ 为出基变量。

经过变换后，$f'_{mn}=0$。将f'_{mn}从$T+f_{kl}$中去除，得到一个新的最小支撑树$T+f_{kl}-f'_{mn}$。新得到的最小支撑树对应一个新的可行解f'。

例如图6.36中对应的出基变量为f_{32}，产生的环路如图6.37所示。

对应的新的最小支撑树如同6.38所示。

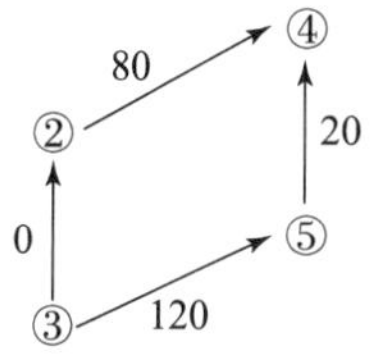

图6.37　网络单纯形法计算图（四）

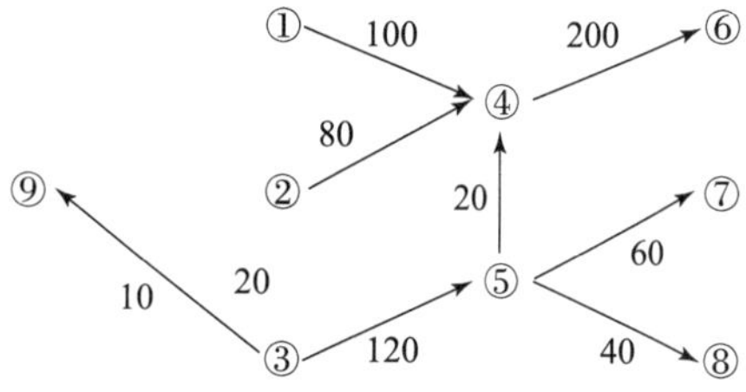

图6.38　网络单纯形法计算图（五）

（4）重复步骤（1）至（3），直到计算结束。

经过多次迭代后，可以得到例题最优解如图6.39所示。

最小运输费用为5 540。

四、最小费用最大流

首先我们介绍两个概念：最小费用增广链和长度网络。

已知有容量网络$G=\{V,E\}$，每条边(v_i,v_j)除了给出容量c_{ij}外，还给出了单位流量的费用$b_{ij}(\geq 0)$。设f是G上的一个可行流，μ为从发点v_s到收点v_t的增广链，则

$$b(\mu)=\sum_{\mu^+}b_{ij}-\sum_{\mu^-}b_{ij} \tag{6.20}$$

称为链μ的费用。

若μ^*是从v_s到v_t所有增广链中费用最小的链，则称μ^*为最小费用增广链。

已知有容量网络$G=\{V,E\}$，每条边(v_i,v_j)给出容量c_{ij}和单位流量的费用$b_{ij}(\geq 0)$，f是G上的一个可行流。保持原网络各点不变，每条边用两条方向相反的有向边代替，如图6.40所示

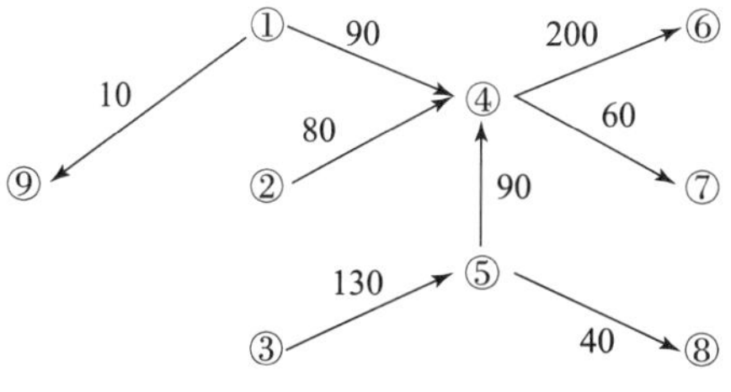

图6.39　网络单纯形法计算图（六）

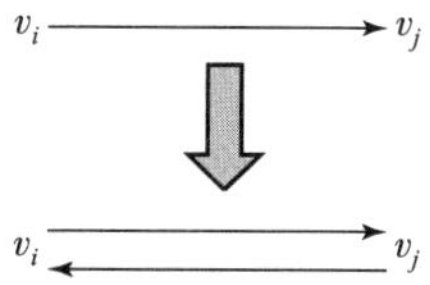

图6.40　增加反向边

新的两条边的权l_{ij}按如下规则取值：

（1）当边(v_i,v_j)为原网络G中的边时，令

$$l_{ij}=\begin{cases}b_{ij},f_{ij}<c_{ij}\\ \infty,f_{ij}=c_{ij}\end{cases} \tag{6.21}$$

（2）当边(v_j,v_i)为原网络G中的边(v_i,v_j)的反向边时，令

$$l_{ji}=\begin{cases}-b_{ij},f_{ij}>0\\ \infty,f_{ij}=0\end{cases} \tag{6.22}$$

例如图 6.41 所示。

权为∞的边也可以从网络中去掉。

这样得到的网络 $L(f)$ 称为费用长度网络。

五、最小费用最大流的求解方法

对于最小费用最大流问题，求解的基本思路：先找一个初始总流量为 $W(f^{(0)})$ 的最小费用流 $f^{(0)}$，然后寻找从 v_s 到 v_t 的最小费用增广链 μ，用最大流方法将 $f^{(0)}$ 沿 μ 调整到 $f^{(1)}$，使 $f^{(1)}$ 的总流量为 $W(f^{(0)})+\theta$，不断进行此操作直到 $W(f^{(k)})$ 最大为止。

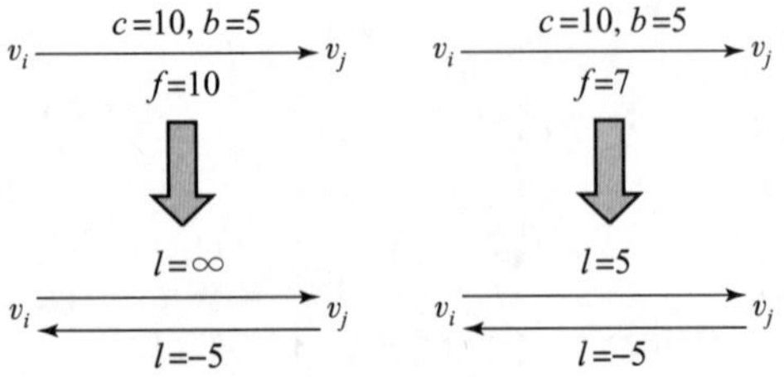

图 6.41　原边与反向边权重

最小费用最大流问题的求解步骤：

（1）取零流为初始可行流，即 $f^{(0)}=\{0\}$。

（2）对可行流 $f^{(k)}$，构造长度网络 $L(f^{(k)})$。

（3）在长度网络 $L(f^{(k)})$ 中求从 v_s 到 v_t 的最短路径（若有负权边，可用 Floyd 方法或 Bellman – Ford 方法）。若不存在最短路，则 $f^{(k)}$ 已为最大流，计算结束。

（4）在原网络 G 中，找到与这条最短路相应的增广链 μ（此即为最小费用增广链），用 Ford – Fulkerson 标号方法中的调整过程对 $f^{(k)}$ 的流量进行调整，得到新的可行流 $f^{(k+1)}$。

（5）重复步骤(2)～(4)，直至计算结束。

下面以一个题来讲解最小费用最大流问题的计算过程。

例 6.3　图 6.42 给定一个网络，每条边上的有序数对表示（c_{ij}，b_{ij}）。试制定一个使运量最大并且总运费最小的运输方案。

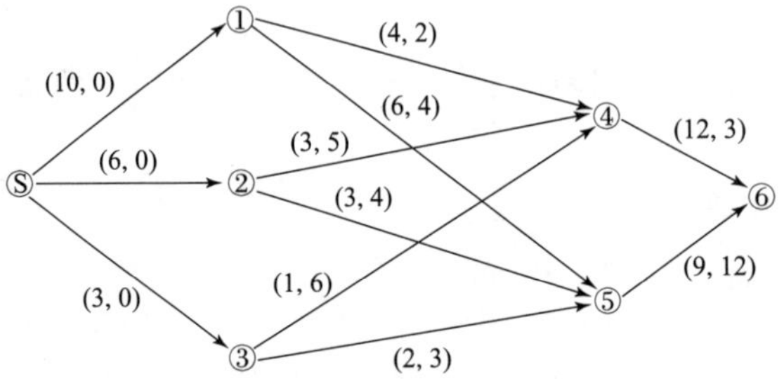

图 6.42　最小费用最大流问题计算图（一）

首先令所有弧的流量等于零，得到初始可行流 $f^{(0)}=\{0\}$。

对可行流 $f^{(0)}$，构造长度网络 $L(f^{(0)})$，如图 6.43 所示。

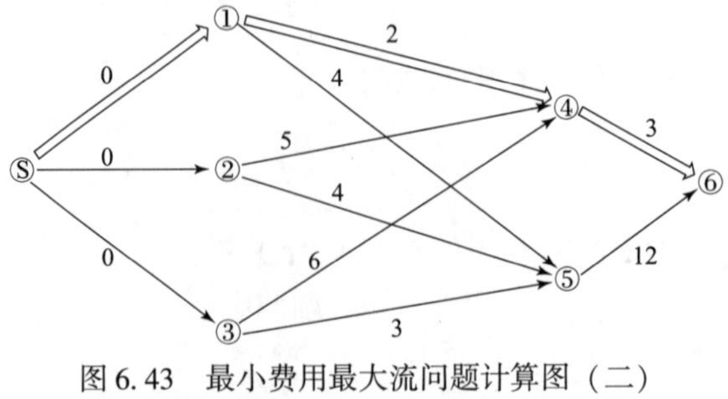

图 6.43　最小费用最大流问题计算图（二）

最小费用增广链 μ 为 $v_s \to v_1 \to v_4 \to v_6$。

对原网络沿最小费用增广链 μ 进行调整，调整量 $\theta = 4$，得到新的可行流 $f^{(1)}$，如图 6.44 所示。

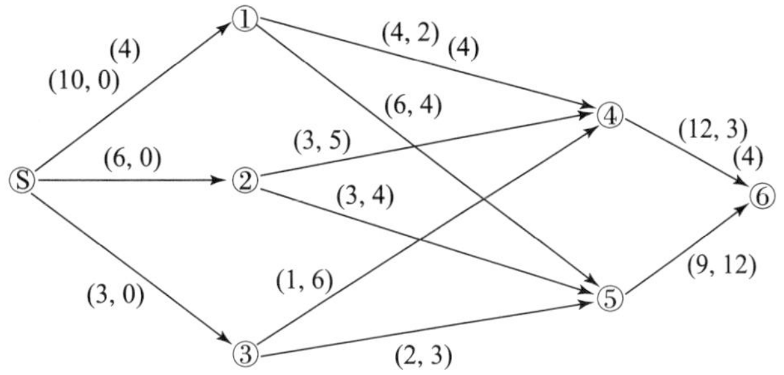

图 6.44　最小费用最大流问题计算图（三）

对可行流 $f^{(1)}$，构造长度网络 $L(f^{(1)})$，如图 6.45 所示。

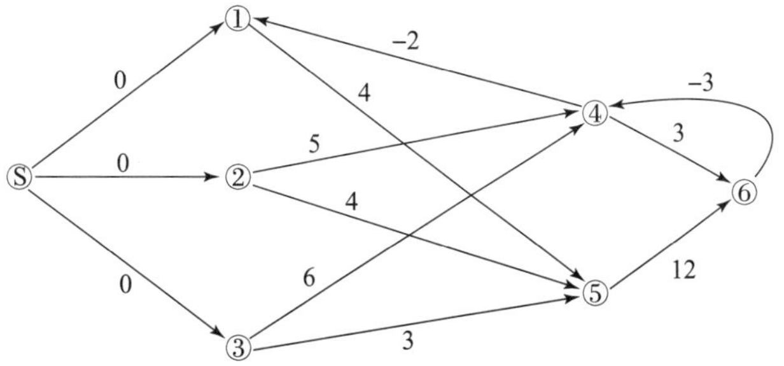

图 6.45　最小费用最大流问题计算图（四）

其中，由于 $f_{14} = c_{14}$，故去掉原有边（v_1，v_4）；由于 $f_{14} > 0$，$f_{46} > 0$，故添加反向边（v_4，v_1），（v_6，v_4）。

由于有负权边，用 Floyd 方法得最小费用增广链 μ 为 $v_s \to v_2 \to v_4 \to v_6$。

对原网络沿最小费用增广链 μ 进行调整，调整量 $\theta = 3$，得到新的可行流 $f^{(2)}$，如图 6.46 所示。

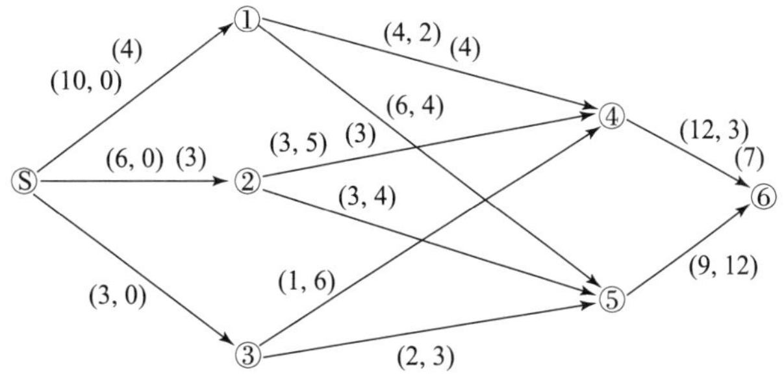

图 6.46　最小费用最大流问题计算图（五）

对可行流 $f^{(2)}$，构造长度网络$L(f^{(2)})$，如图 6.47 所示。

最小费用增广链 μ 为 $v_s \to v_3 \to v_4 \to v_6$。

对原网络沿最小费用增广链 μ 进行调整，调整量 $\theta = 1$，得到新的可行流 $f^{(3)}$，如图 6.48 所示。

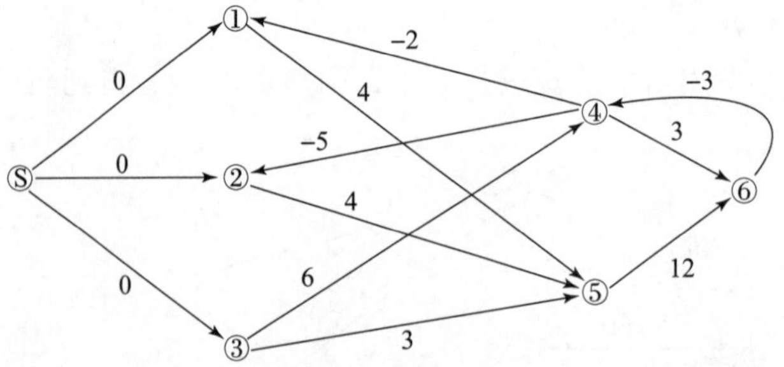

图 6.47　最小费用最大流问题计算图（六）

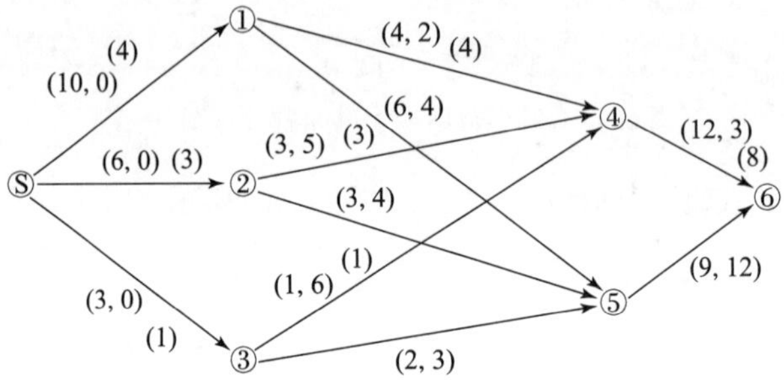

图 6.48　最小费用最大流问题计算图（七）

对可行流 $f^{(3)}$，构造长度网络 $L(f^{(3)})$，如图 6.49 所示。

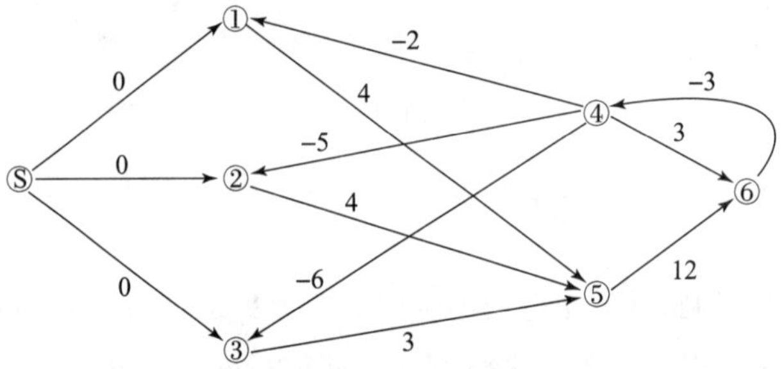

图 6.49　最小费用最大流问题计算图（八）

最小费用增广链 μ 为 $v_s \to v_3 \to v_5 \to v_6$。

对原网络沿最小费用增广链 μ 进行调整，调整量 $\theta = 2$，得到新的可行流 $f^{(4)}$，如图 6.50 所示。

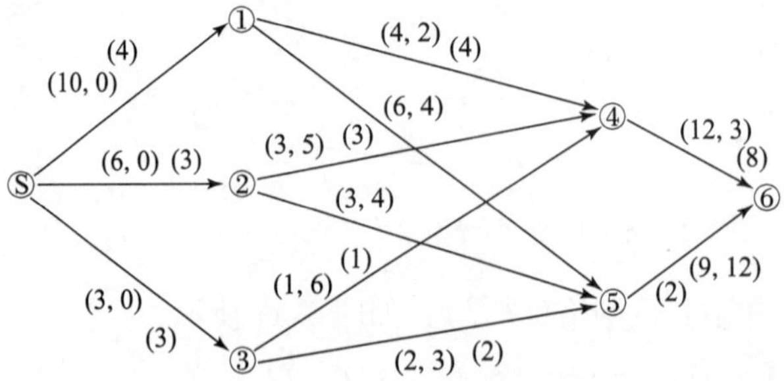

图 6.50　最小费用最大流问题计算图（九）

对可行流 $f^{(4)}$，构造长度网络 $L(f^{(4)})$，如图 6.51 所示。

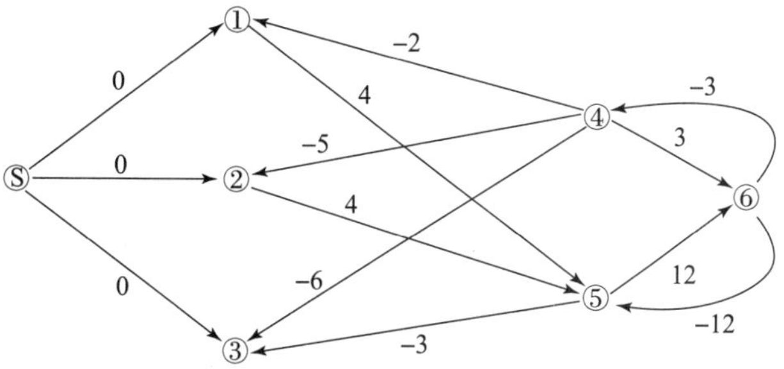

图 6. 51　最小费用最大流问题计算图（十）

最小费用增广链 μ 为 $v_s \to v_1 \to v_5 \to v_6$。

对原网络沿最小费用增广链 μ 进行调整，调整量 $\theta = 6$，得到新的可行流 $f^{(5)}$，如图 6. 52 所示。

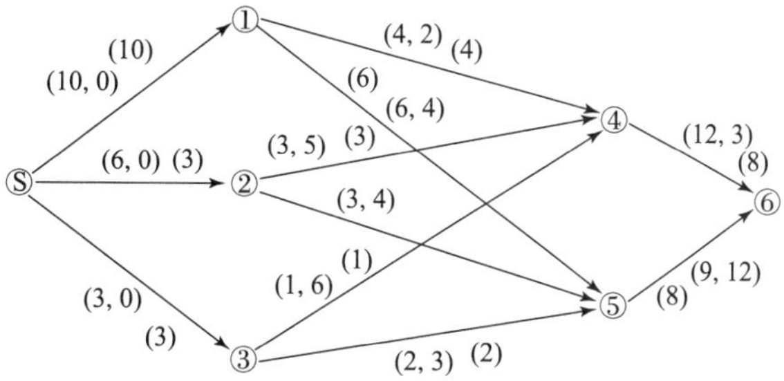

图 6. 52　最小费用最大流问题计算图（十一）

对可行流 $f^{(5)}$，构造长度网络 $L(f^{(5)})$，如图 6. 53 所示。

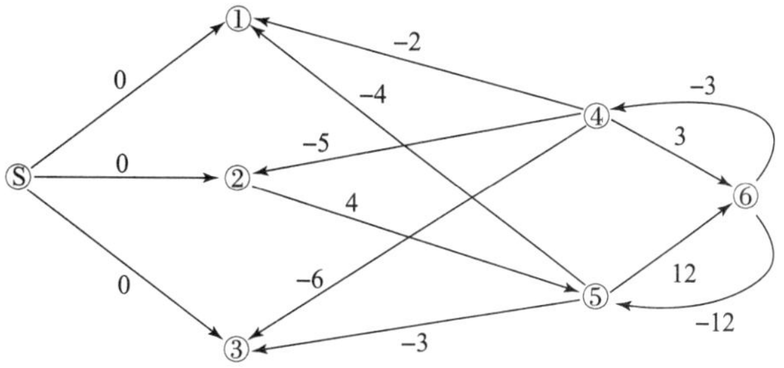

图 6. 53　最小费用最大流问题计算图（十二）

最小费用增广链 μ 为 $v_s \to v_2 \to v_5 \to v_6$。

对原网络沿最小费用增广链 μ 进行调整，调整量 $\theta = 1$，得到新的可行流 $f^{(6)}$，如图 6. 54 所示。

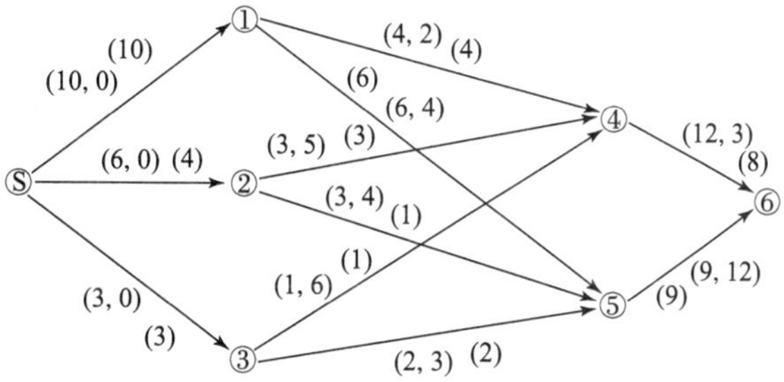

图 6. 54　最小费用最大流问题计算图（十三）

对可行流 $f^{(6)}$，构造长度网络 $L(f^{(6)})$，如图 6.55 所示。

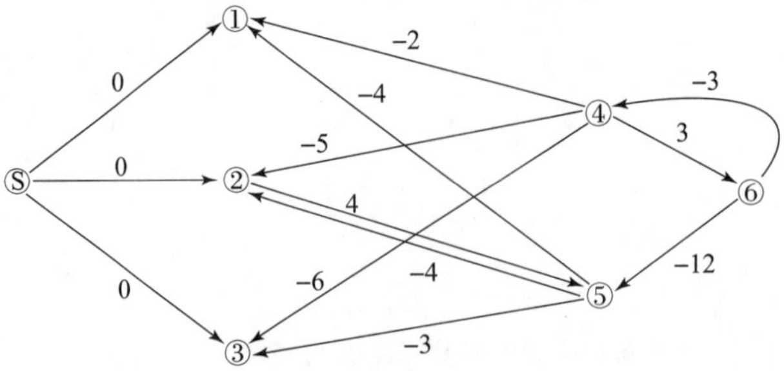

图 6.55　最小费用最大流问题计算图（十四）

此长度网络不存在最短路，即不存在最小费用增广链。计算结束。

最大总流量 $W=17$，最小总运费为 195。

下面以例 6.4 为例着重讲解对于实际问题应如何构建最小费用最大流问题的网络模型。

例 6.4　某公司在每个月的月初订购货物。若所订货物于当月出售，则不必支付库存费。当月未售出的货物经盘点后转入下月，此时需支付每件货物 6 个单位的库存费。仓库的最大库存是 120 件。预测 1—6 月货物的订购价格和需求量如表 6.17 所示。假设 1 月初的库存量为 0，要求 6 月底的库存量也为 0 且每月不许缺货。试做出 6 个月的订货计划使得总成本最低。

表 6.17　1—6 月货物的订购价格和需求量

月份	1	2	3	4	5	6
需求量/件	50	55	50	45	40	30
订货价格/元	70	67	65	80	84	88

这个问题要解决的是一个每月月初的订货计划。市场需求以及库存、月份之间产生了一定的联系，这种联系的数量关系是成本（订货价格和库存费）和货物的流通量（订购量、销售量以及库存量）。用节点 v_i 表示第 i 月月初进货后货物量的状态，v_s 表示进货，v_t 表示销售，则可以表示成如图 6.56 所示网络图。

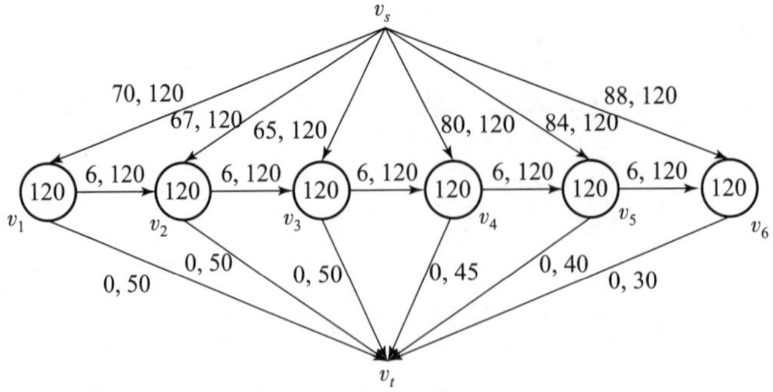

图 6.56　订货问题示意图

图中的节点 v_i 有容量 120，表示仓库的最大库存量。每条边上的权为 (b_{ij}, c_{ij})，b_{ij} 表示订货价格或库存费，c_{ij} 表示货物的最大流通量。于是，制订一个 6 个月的订货计划使得总成本最低就等价于求从 v_s 到 v_t 的最小费用最大流。由于节点有容量限制，为便于计算，可对其做如下操作：

将 v_i 点拆为两个新的点 v_i' 和 v_i''，所有指向 v_i 的弧现均指向 v_i'，所有从 v_i 指出的弧现均从 v_i'' 指出，此外，添加一条新的弧（v_i'，v_i''），该弧上的容量即为仓库的最大库存量。

经过上述操作，可以得到一个新的网络图，如图 6.57 所示。

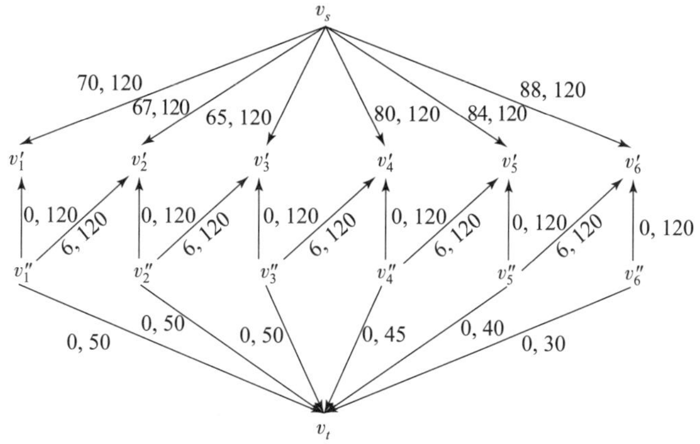

图 6.57　订货问题示意图

之后按照前面所讲的最小费用最大流问题的求解步骤，可以求解得订货计划为表 6.18 所示内容（过程从略）。

表 6.18　每月订货量

月份	1	2	3	4	5	6
订货量/件	50	55	120	0	15	30

总费用为 19 455 元。

第七章

整数规划

课程目标

1. 了解整数规划模型的特点。
2. 掌握分支定界法的求解过程。
3. 掌握割平面法的求解过程。
4. 掌握混合整数规划的求解。

第一节　整数规划的模型

一、案例介绍

（一）数独游戏

数独是一个基于逻辑的益智游戏，1979 年首次出现在美国的《戴尔铅笔谜题和文字游戏》杂志上，标题为“数字空间”。这款游戏由建筑师 Howard Garns 设计，他退休后转向了谜题的创作。20 世纪 80 年代，这款游戏在日本越来越受欢迎，出版商 Nikoli 将它改名为“suji wa dokushin ni kagiru”，意思是“数字必须保持单身”，这个词最终被缩短为“Sudoku”（数独）或“单个数字”。

到 1997 年，一位名叫 Wayne Gould 的企业家看到了这项游戏的经济潜力。Gould 花了 6 年时间改进他的计算机程序，使它能迅速生成不同难度的谜题。2004 年 11 月，Gould 说服伦敦《泰晤士报》刊登了一幅谜题。从那时起，益智游戏开始流行，并且直到现在，益智游戏通常出现在各种报纸、杂志和网络上。

数独最常见的形式是 9×9 矩阵形式。规则很简单：填入矩阵，使每一行、每一列 3×3 子矩阵包含 1 到 9 的数字。每个谜题都有一定数量的给定数字。它们的数量和位置决定了游戏的难度。图 7.1 所示为一个 9×9 数独游戏的例子。

同学们可以通过思考和尝试得出最终的结果，谜题的最终结果如图 7.2 所示。

一般的数独问题可以是 $n\times n$ 的，其中 n 的值可以是任何数 m 的平方，即 $n=m^2$。数独游戏引出了以下两个有趣的数学问题，包括：

（1）如何用数学方法来得到数独问题的解？

（2）什么数学方法可以用来创建新的数独？

本章将通过建立数学模型来解决上面的第一个问题。

							2	
	2					1		
		7			3	4		
2			1			3	4	
6	4			8			5	9
	9	5			2			1
		3	4			8		
		9					1	
	1							

图 7.1　数独游戏

1	3	4	8	7	6	9	2	5
8	2	6	5	9	4	1	7	3
9	5	7	2	1	3	4	6	8
2	7	8	1	5	9	3	4	6
6	4	1	3	8	7	2	5	9
3	9	5	6	4	2	7	8	1
5	6	3	4	2	1	8	9	7
4	8	9	7	3	5	6	1	2
7	1	2	9	6	8	5	3	4

图 7.2　数独谜题结果

（二）教师排课

教师排课问题，是一个经典的指派问题。最简单的指派问题，就是任务数和工作人数相同，而一种任务只能分配给一个人，每个人不同任务的操作时间不同（或每个人做不同任务的收益不同）。指派问题的求解就是要找出总体操作时间最短（或者总体收益最大）的分配方案。

在本例中，我们进行教师排课问题的具体分析，根据指派问题的特征，在教师排课问题中每个教师只能教授一门课程。对于教师而言，他们教任何一堂课都需要做充足的准备，需要在上课前进行备课。但不同的教师对于不同的课程备课时间是不一样的，因此需要合理分配教师上课的课程，使得每位教师都可以充分备课，正常上课，同时备课所花费的时间最短。

在这个问题中，我们有四位教师，同时有四门课程，我们给出几位教师对于不同的课程所需要的时间，如表 7.1 所示。

表 7.1　教师备课所需时间表

教师＼课程	语文	数学	英语	体育
教师甲	2	15	13	4
教师乙	10	4	14	15
教师丙	9	14	16	13
教师丁	7	8	11	9

请同学们思考如下问题：

（1）这个模型可否用线性规划模型求解？该如何建立优化变量、约束条件、目标函数？

（2）这个模型的变量有什么特点？结合数独问题观察两个模型的变量有什么共同点。

二、数学建模

从一般逻辑上来说，我们可以通过两种思路来建立数学模型：

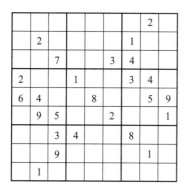

（1）通过描述我们自身求解数独问题的过程来建立模型；

（2）通过优化模型的思维来建立模型，即识别优化变量、约束条件和优化目标。

（一）数独游戏数学建模

通过第一种方法来建立数学模型存在着较大的困难：一方面，我们对数独并不是非常精通，无法很好地求解模型；另一方面，数独问题变化后，求解的过程和思路可能完全不同。因此，我们采用第二种思路来构建数独问题的数学模型。一旦建立起数学模型，就能通过求解模型获得任意数独问题的解。

1. 优化变量

考虑到数独问题是通过在空格子中填入提前规定好的数字，而数独的长度、宽度和规定好的数字一般都是有限的。所以，我们可以通过如下的方式定义优化变量。

$$x_{ijk}=\begin{cases}1,(i,j)\text{位置包含数值 }k\\0,(i,j)\text{位置不包含数值 }k\end{cases}$$

对于上面的 9×9 的数独问题来说，变量的数目将有 9×9×9＝729（个）。如果能够得到这些变量的解，我们就能确定一个数独问题的解。

2. 约束条件

根据数独问题的规则，数独问题的解必须满足如下几个约束：

（1）每一列只能有一个 k。

$$\sum_{i=1}^{n}x_{ijk}=1,\quad j=1,2,\cdots,n,\quad k=1,2,\cdots,n \tag{7.1}$$

（2）每一行只能有一个 k。

$$\sum_{j=1}^{n}x_{ijk}=1,\quad i=1,2,\cdots,n,\quad k=1,2,\cdots,n \tag{7.2}$$

（3）每一个子矩阵内部只有一个 k。

$$\sum_{i=mp+1}^{m(p+1)}\sum_{j=mq+1}^{m(q+1)}x_{ijk}=1,\quad k=1,2,\cdots,n,\ p,q=0,1,\cdots,n,\ m=1,2,\cdots,n \tag{7.3}$$

（4）每个方格必须填写，不能为空。

$$\sum_{k=1}^{n}x_{ijk}=1,\quad j=1,2,\cdots,n,i=1,2,\cdots,n \tag{7.4}$$

（5）初始的条件约束，即矩阵中已经有值的格子。

$$x_{ijk}=1\ \text{for}\ \forall\{i,j,k\}\epsilon G \tag{7.5}$$

（6）变量只能取 0 或者 1。

$$x_{ijk}=\{0,1\} \tag{7.6}$$

3. 优化目标

对于数独问题来说，不存在“越小越好”或者“越大越好”这种类型的目标条件。任何满足约束条件的方案都同样是最优的。因此，可以引入一个虚拟的目标函数，将这一个目标函数设置为 0 或者某一个与优化变量无关的常数。

$$\min 0 \tag{7.7}$$

综上所述，数独问题的优化模型如下：

$$\min 0$$

$$\sum_{i=1}^{n} x_{ijk} = 1,\quad j = 1,2,\cdots,n,\quad k = 1,2,\cdots,n$$

$$\sum_{j=1}^{n} x_{ijk} = 1,\quad i = 1,2,\cdots,n,\quad k = 1,2,\cdots,n$$

$$\sum_{i=mp+1}^{m(p+1)} \sum_{j=mq+1}^{m(q+1)} x_{ijk} = 1,\quad k = 1,2,\cdots,n,\ p,q = 0,1,2$$

$$\sum_{k=1}^{n} x_{ijk} = 1,\quad j = 1,2,\cdots,n,\quad i = 1,2,\cdots,n$$

$$x_{ijk} = 1 \text{ for } \forall \{i,j,k\} \in G$$

$$x_{ijk} = \{0,1\}$$

对于这样一个模型，我们无法用手动的方式去求解。过去的几周我们已经学习了线性规划，那么线性规划是不是可以求解这个问题呢？答案是肯定的，这部分工作交给同学们用程序来实现。

（二）教师排课问题数学模型

同数独问题的建模思路相同，我们也建立相应的模型来解决教师排课的问题。首先要确定优化变量、约束条件以及优化目标。

1. 优化变量

在教师排课问题中，我们只需要确定每个教师讲授的课程。由于在这个问题中，四门课程需要分配四个教师，每个人只需要完成一门课程，对此我们引入一组 0－1 变量，来表示教师和课程的关系。定义优化变量如下：

$$x_{ij} = \begin{cases} 1,\text{第 } i \text{ 教师讲授 } j \text{ 门课} \\ 0,\text{第 } i \text{ 教师不讲授 } j \text{ 门课} \end{cases} \tag{7.9}$$

$$i = 1,2,3,4(\text{教师})$$

$$j = 1,2,3,4(\text{课程})$$

2. 约束条件

根据教师排课问题的描述，可以建立如下的约束条件；

（1）教师甲只能讲授一门课程：

$$x_{11} + x_{12} + x_{13} + x_{14} = 1 \tag{7.10}$$

（2）教师乙只能讲授一门课程：

$$x_{21} + x_{22} + x_{23} + x_{24} = 1 \tag{7.11}$$

（3）教师丙只能讲授一门课程：

$$x_{31} + x_{32} + x_{33} + x_{34} = 1 \tag{7.12}$$

（4）教师丁只能讲授一门课程：

$$x_{41} + x_{42} + x_{43} + x_{44} = 1 \tag{7.13}$$

（5）语文课只有一位教师讲授：

$$x_{11} + x_{21} + x_{31} + x_{41} = 1 \tag{7.14}$$

（6）数学课只有一位教师讲授：

$$x_{12}+x_{22}+x_{32}+x_{42}=1 \tag{7.15}$$

（7）英语课只有一位教师讲授：

$$x_{13}+x_{23}+x_{33}+x_{43}=1 \tag{7.16}$$

（8）体育课只有一位教师讲授：

$$x_{14}+x_{24}+x_{34}+x_{44}=1 \tag{7.17}$$

整理，得

$$\text{一位教师只讲授一门课程}=\begin{cases}x_{11}+x_{12}+x_{13}+x_{14}=1\\x_{21}+x_{22}+x_{23}+x_{24}=1\\x_{31}+x_{32}+x_{33}+x_{34}=1\\x_{41}+x_{42}+x_{43}+x_{44}=1\end{cases} \tag{7.18}$$

$$\text{一门课程只有一位教师讲授}=\begin{cases}x_{11}+x_{21}+x_{31}+x_{41}=1\\x_{12}+x_{22}+x_{32}+x_{42}=1\\x_{13}+x_{23}+x_{33}+x_{43}=1\\x_{14}+x_{24}+x_{34}+x_{44}=1\end{cases}$$

3. 优化目标

本模型的目标为总备课时间最短，因此优化目标为总备课时间，根据表格中的系数，我们可以写出优化目标：

$$\begin{aligned}\min z &= c_{ij}x_{ij} \\ &=2x_{11}+15x_{12}+13x_{13}+4x_{14}+ \\ &\quad 10x_{21}+4x_{22}+14x_{23}+15x_{24}+ \\ &\quad 9x_{31}+14x_{32}+16x_{33}+13x_{34}+ \\ &\quad 7x_{41}+8x_{42}+11x_{43}+9x_{44}\end{aligned} \tag{7.19}$$

综上所述，教师排课问题的优化模型如下：

$$\begin{aligned}\min z &= c_{ij}x_{ij} \\ &=2x_{11}+15x_{12}+13x_{13}+4x_{14}+ \\ &\quad 10x_{21}+4x_{22}+14x_{23}+15x_{24}+ \\ &\quad 9x_{31}+14x_{32}+16x_{33}+13x_{34}+ \\ &\quad 7x_{41}+8x_{42}+11x_{43}+9x_{44}\end{aligned} \tag{7.20}$$

$$\text{一位教师只讲授一门课}=\begin{cases}x_{11}+x_{12}+x_{13}+x_{14}=1\\x_{21}+x_{22}+x_{23}+x_{24}=1\\x_{31}+x_{32}+x_{33}+x_{34}=1\\x_{41}+x_{42}+x_{43}+x_{44}=1\end{cases}$$

$$\text{一门课只有一位教师讲授}=\begin{cases}x_{11}+x_{21}+x_{31}+x_{41}=1\\x_{12}+x_{22}+x_{32}+x_{42}=1\\x_{13}+x_{23}+x_{33}+x_{43}=1\\x_{14}+x_{24}+x_{34}+x_{44}=1\end{cases}$$

$$x_{ij}=\begin{cases}1,\text{第 } i \text{ 教师讲授 } j \text{ 门课}\\0,\text{第 } i \text{ 教师不讲授 } j \text{ 门课}\end{cases}$$

$$i = 1, 2, 3, 4 (\text{教师})$$
$$j = 1, 2, 3, 4 (\text{课程})$$

这两个问题帮助我们了解到了有关整数规划的问题，即要求其优化变量取值为整数，我们可以看出其核心依然是我们几周前学习的线性规划问题，只是问题的优化变量多了取值为整数这个约束。因此我们将优化变量为整数这条限制转换为一条约束条件，整数规划问题在一定程度上也就转化为了我们熟悉的线性规划问题。

（三）整数规划数学模型

由数独游戏，我们可以看出这和我们之前熟悉的线性规划模型有一定的区别，从优化变量取值的角度考虑，在数独游戏中优化变量的取值均为整数，这是由于问题的特殊性决定的。在生活中，一个规划问题中要求部分或全部决策变量是整数，则这个规划为整数规划。要求全部变量取整数值的，成为纯整数规划；只要求一部分变量取整数值的，成为混合整数规划。如果模型是线性的，则称为整数线性规划。本章只讨论整数线性规划。

在现实生活中很多问题都是整数规划问题，请同学们思考日常生活中的整数规划问题。

第二节　分支定界法

一、分支定界法的思路

分支定界法的核心就体现在“分支”和“定界”这两部分，所谓分支体现在要根据可行域按照要求不断进行划分，直到得出最优解。定界是在分支的过程中，如果某个问题刚好满足整数线性规划的要求，那么当前的目标值就是处理其他分支的一个界限。这个界限的意义在于：由于原问题的解是松弛问题可行解的一个子集，因此原问题的最优解不可能优于松弛问题的最优解。所以，对于比当前界限值更差的松弛问题的解的目标值就不必再考虑了，如果在接下来的计算中出现了更好的界限，则可以替代原来的界限，作为新的界限。

分支为最优解的出现创造了条件，而定界则可以提高搜索的效率，在分支定界法的应用过程中选择一个合理的界限可以提高分支定界算法的搜索效率。

三、分支定界法的计算方法

如果没有 x_{ijk} 必须取 0 或者 1 这样的约束，数独问题就是一个线性规划模型，可以利用单纯形法进行求解。从之前学习中我们了解到，单纯形法给出的解不一定为整数。为了能够更清晰地论述整数规划的求解思路，我们引入了第三章讲解线性规划时所用的模型，在此基础上要求所有的优化变量都为整数。

$$\max\ 16x_1 + 10x_2 \tag{7.21}$$
$$2x_1 + 2x_2 \leqslant 8$$
$$2x_1 + x_2 \leqslant 6$$

$$x_1, x_2 \geqslant 0 \text{ 且为整数}$$

特别说明的是：所有优化变量都为整数时，对应的模型称为纯整数规划。在现实中还有很多问题涉及整数变量，例如机器的数量、人员的数量。

如果不考虑整数约束，上述模型的最优解为 $x_1=2$，$x_2=2$，最优值为52。也就是，在不考虑整数约束的情况下，没有任何非整数解比最优解（$x_1=2$，$x_2=2$）更好。所以，线性规划的最优解，也是整数规划的最优解。通过这个例子，我们可以发现：如果一个线性规划的解已经是整数，那么该线性规划所对应的纯整数规划的最优解与线性规划的最优解相同。

如果我们适当调整一下模型，改为如下：

$$\max\ 16x_1+10x_2 \tag{7.22}$$
$$2x_1+3x_2 \leqslant 8$$
$$2x_1+x_2 \leqslant 6$$
$$x_1, x_2 \geqslant 0 \text{ 且为整数}$$

去掉该模型的整数约束所形成的线性规划，称为该模型的松弛问题，在该例子中称为松弛问题（A）。通过求解容易得知，松弛问题的解为（2.5，1），该解不全为整数，所以松弛问题的解并不是原整数规划的解，需要进一步求解。如图7.3所示。

可以观察到松弛问题的解中只有 x_1 为非整数，所以我们可以通过给 x_1 加上新的约束来构建两个松弛问题。

$$\max\ 16x_1+10x_2 \tag{7.23}$$
$$2x_1+3x_2 \leqslant 8$$
$$2x_1+x_2 \leqslant 6$$
$$x_1 \geqslant 3, x_2 \geqslant 0$$

该松弛问题（B）对应图7.4中的右侧部分，其可行域只有（3，0）这个点。另一个松弛问题如下：

$$\max\ 16x_1+10x_2 \tag{7.24}$$
$$2x_1+3x_2 \leqslant 8$$
$$2x_1+x_2 \leqslant 6$$
$$x_1 \leqslant 2, x_2 \geqslant 0$$

该松弛问题（C）对应图7.4中的左侧部分。

通过线性规划求解，得到松弛问题（B）的最优解为（3，0），最优解为48；松弛问题（C）的最优解为（2，1.33），最优值为45.33。通过对比这两个松弛问题的解可以发现，原整数规划的最优解为（3，0），最优值为48。原因如下：

（1）松弛问题（C）中的最优解为（2，1.33），最优值为45.33。如果进一步添加整数约束，不可能获得比45.33更好的目标值。

（2）松弛问题（C）的最优目标45.33小于松弛问题（B）的目标值48，所以整数规划的最优解应该在松弛问题（B）这一个分支上。

（3）松弛问题（B）的最优解（3，0）已经全部为整数，所以同样是原整数规划的最优解。

分支定界图如图7.5所示。

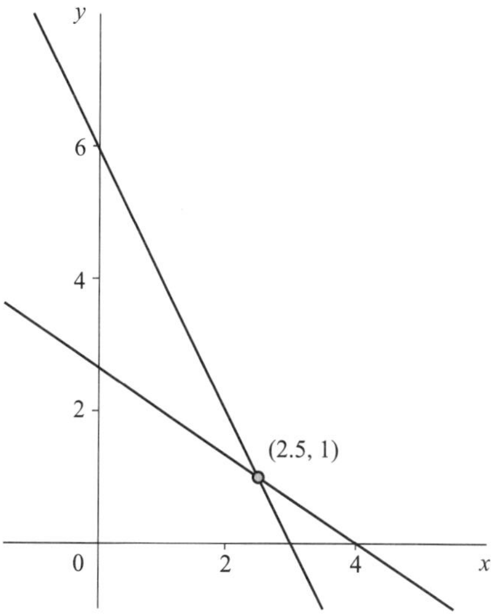

图 7.3　松弛问题（A）的解

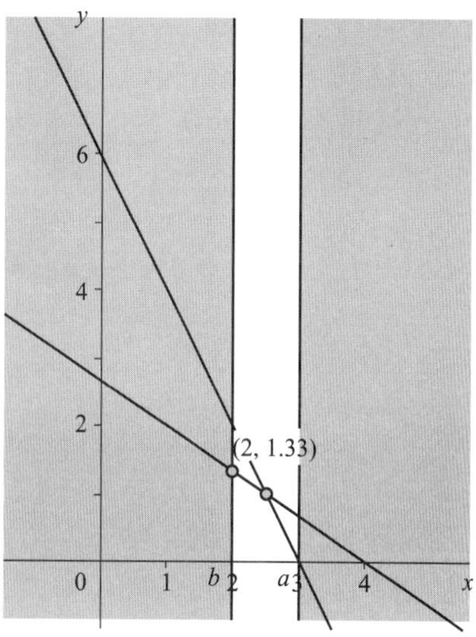

图 7.4　松弛问题（B）（C）的解

上面的过程称为分支定界法，其基本思想是利用线性规划来求解整数规划，具体途径是将整数规划约束去除，构建线性规划并获得线性规划的最优解，通过特定的规则，对最优解中不为整数的变量进行分支，形成两个松弛问题，分别对松弛问题进行求解，直到找到某个松弛问题的解全部为整数。其基本过程如下：

（1）将原整数规划的整数约束去除，形成一个新的线性规划模型。

（2）利用线性规划求解方法（图解法、单纯形法等）求解线性规划最优解。

（3）如果最优解已经全部为整数，则线性规划的最优解就是整数规划的最优解，结束算法；否则，继续执行。

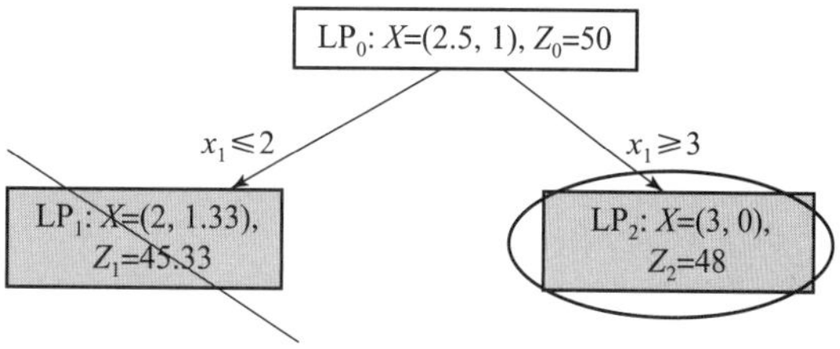

图 7.5　分支定界图

（4）选择线性规划最优解中不为整数的任意一个变量，对该变量分别添加 $x_i \geqslant [x_i]+1$ 和 $x_i \leqslant [x_i]$ 形成两个新的松弛问题。如果原来的整数规划为求最大值，那么这两个松弛问题的解是整数规划的解的下界，求解这两个松弛问题的解。

（5）检查所有分支的解，如果有一个分支的解所有变量均为整数，并且其最优值大于（最大化情况）所有分支的目标值，那么该分支的最优解为原整数规划的最优值。否则，需要继续对目标值较大的分支进行进一步分支。

三、使用分支定界法求解教师排课问题

根据教师排课问题的模型，我们可以采用分支定界法的思路进行求解。首先，我们假设教师甲讲授语文课，因此教师甲不能再讲授其他的课程，其他教师也不能再负责语文课的讲授，我们对备课时长的系数矩阵进行处理，去掉第 1 行和第 1 列，则有

$$\boldsymbol{P}_1 = \begin{bmatrix} 4* & 14 & 15 \\ 14 & 16 & 13 \\ 8 & 11* & 9* \end{bmatrix} \tag{7.25}$$

在教师甲讲授语文课的条件下，选择每门备课时间最短的教师进行讲授，因此数学课由教师乙讲授，英语课由教师丁讲授，体育课由教师丁讲授，这样总共花费的时间为 $2+4+11+9=26$，因此在这个分支下 26 是个界限，也就是在教师甲讲授语文课的条件下，花费的最小时间不低于 26。

接下来我们假设教师乙讲授语文课，因此教师乙不能再讲授其他科，其他教师也不能再负责语文课的讲授，我们对备课时长的系数矩阵进行处理，去掉第 2 行和第 1 列，则有

$$\boldsymbol{P}_2=\begin{bmatrix}15 & 13 & 4* \\ 14 & 16 & 13 \\ 8* & 11* & 9\end{bmatrix} \tag{7.26}$$

在教师乙讲授语文课的条件下，选择每门备课时间最短的教师进行讲授，因此数学课由教师丁讲授，英语课由教师丁讲授，体育课由教师甲讲授，这样总共花费的时间为 $10+8+11+4=33$，因此在这个分支下 33 是个界限，也就是在教师乙讲授语文课的条件下，花费的最小时间不低于 33。

接下来我们假设教师丙讲授语文课，因此教师丙不能再讲授其他课，其他教师也不能再负责语文课的讲授，我们对备课时长的系数矩阵进行处理，去掉第 3 行和第 1 列，则有

$$\boldsymbol{P}_3=\begin{bmatrix}15 & 13 & 4* \\ 4* & 14 & 15 \\ 8 & 11* & 9\end{bmatrix} \tag{7.27}$$

在教师丙讲授语文课的条件下，选择每门备课时间最短的教师进行讲授，因此数学课由教师乙讲授，英语课由教师丁讲授，体育课由教师甲讲授，这样总共花费的时间为 $9+4+11+4=28$，因此在这个分支下 28 是个界限，也就是在教师丙讲授语文课的条件下，花费的最小时间不低于 28。

最后我们假设教师丁讲授语文课，因此教师丁不能再讲授其他课，其他教师也不能再负责语文课的讲授，我们对备课时长的系数矩阵进行处理，去掉第 4 行和第 1 列，则有

$$\boldsymbol{P}_4=\begin{bmatrix}15 & 13* & 4* \\ 4* & 14 & 15 \\ 14 & 16 & 13\end{bmatrix} \tag{7.28}$$

在教师丁讲授语文课的条件下，选择每门备课时间最短的教师进行讲授，因此数学课由教师乙讲授，英语课由教师甲讲授，体育课由教师甲讲授，这样总共花费的时间为 $7+4+13+4=28$，因此在这个分支下 28 是个界限，也就是在教师丁讲授语文课的条件下，花费的最小时间不低于 28。

因此在接下来的搜索过程中，应该在教师甲讲授语文课的基础上继续搜索。同理我们继续假设教师乙讲授数学课，因此教师乙不能再讲授其他课，其他教师也不能再负责数学课的讲授，我们对系数矩阵 $\boldsymbol{P}_1$ 进行处理，去掉第 1 行和第 1 列，则有

$$\boldsymbol{P}_{11}=\begin{bmatrix}16 & 13 \\ 11* & 9*\end{bmatrix} \tag{7.29}$$

在教师甲讲授语文课，教师乙讲授数学课的条件下，选择每门课备课时间最短的教师进行讲授，因此英语课由教师丁讲授，体育课由教师丁讲授，这样总共花费的时间为

2 +4 +11 +9 =26，因此在这个分支下 26 是一个界限，也就是在教师甲讲授语文课、教师乙讲授数学课的条件下，花费的最小时间不低于 26。

我们继续假设教师丙讲授数学课，因此教师丙不能再讲授其他的课程，其他教师也不能再负责数学课的讲授，我们对系数矩阵 $\boldsymbol{P}_1$ 进行处理，去掉第 2 行和第 1 列，则有

$$\boldsymbol{P}_{12}=\begin{bmatrix}14 & 15\\ 11* & 9*\end{bmatrix} \tag{7.30}$$

在教师甲讲授语文课，教师丙讲授数学课的条件下，选择每门课备课时间最短的教师进行讲授，因此英语课由教师丁讲授，体育课由教师丁讲授，这样总共花费的时间为 2 +14 +11 +9 =36，因此在这个分支下 36 是一个界限，也就是在教师甲讲授语文课、教师丙讲授数学课的条件下，花费的最小时间不低于 36。

我们继续假设教师丁讲授数学课，因此教师丁不能再讲授其他的课程，其他教师也不能再负责数学课的讲授，我们对系数矩阵 $\boldsymbol{P}_1$ 进行处理，去掉第 3 行和第 1 列，则有

$$\boldsymbol{P}_{13}=\begin{bmatrix}14* & 15\\ 16 & 13*\end{bmatrix} \tag{7.31}$$

在教师甲讲授语文课，教师丁讲授数学课的条件下，选择每门课备课时间最短的教师进行讲授，因此英语课由教师乙讲授，体育课由教师丙讲授，这样总共花费的时间为 2 +8 +14 +13 =37，因此在这个分支下 37 是一个界限，也就是在教师甲讲授语文课、教师丁讲授数学课的条件下，花费的最小时间不低于 37。

我们首先在教师甲讲授语文课、教师乙讲授数学课这个分支下继续进行分析，继续上述过程。

首先假设在教师甲讲授语文课、教师乙讲授数学课的条件下，教师丙讲授英语课，体育课只能是教师丁讲授。

在这种情况下，总共花费的时间为 2 +4 +16 +9 =31。

其次我们假设在教师甲讲授语文课、教师乙讲授数学课的条件下，教师丁讲授英语课，体育课只能是教师丙讲授。

在这种情况下，总共花费的时间为 2 +4 +11 +13 =30。

经过计算，教师甲讲授语文课、教师乙讲授数学课、教师丁讲授英语课、教师丙讲授体育课是一个可行解，因此应该减掉所有总花费时长大于 30 的分支。

因此我们从第一层分支数开始观察，此时还剩丙讲授语文课，丁讲授语文课这两个分支。

我们首先从丙讲授语文课开始求解，我们假设教师甲讲授数学课，因此教师甲不能再讲授其他课程，其他教师也不能再负责数学课的讲授，我们对系数矩阵 $\boldsymbol{P}_3$ 进行处理，去掉第 1 行和第 1 列，则有

$$\boldsymbol{P}_{31}=\begin{bmatrix}14 & 15\\ 11* & 9*\end{bmatrix} \tag{7.32}$$

在教师丙讲授语文课、教师甲讲授数学课的条件下，选择每门课备课时间最短的教师进行讲授，因此英语课由教师丁讲授，体育课由教师丁讲授，这样总共花费的时间 9 +15 +11 +9 =34，因此在这个分支下 34 是一个界限，也就是教师丙讲授语文课、教师甲讲授数学课的条件下，花费的最小时间不低于 34，这个分支的界限大于之前的最优解 30，

因此分支应该减掉。

我们假设教师乙讲授数学课，因此教师乙不能再讲授其他的课程，其他教师也不能再负责数学课的讲授，我们对系数矩阵 $\boldsymbol{P}_3$ 进行处理，去掉第 2 行和第 1 列，则有

$$\boldsymbol{P}_{32}=\begin{bmatrix} 13 & 4* \\ 11* & 9 \end{bmatrix} \tag{7.33}$$

在教师丙讲授语文课、教师乙讲授数学课的条件下，选择每门课备课时间最短的教师进行讲授，因此英语课由教师丁讲授，体育课由教师甲讲授，这样总共花费的时间 9 + 4 + 11 + 4 = 28，因此在这个分支下 28 是一个界限，也就是教师丙讲授语文课、教师乙讲授数学课的条件下，花费的最小时间不低于 28，同时这个分支已经是一个可行解了，因此这一个可行解的目标值为新的界限分支。

我们假设教师丁讲授数学课，因此教师丁不能再讲授其他的课程，其他教师也不能再负责数学课的讲授，我们对系数矩阵 $\boldsymbol{P}_3$ 进行处理，去掉第 3 行和第 1 列，则有

$$\boldsymbol{P}_{33}=\begin{bmatrix} 13* & 4* \\ 14 & 15 \end{bmatrix} \tag{7.34}$$

在教师丙讲授语文课、教师丁讲授数学课的条件下，选择每门课备课时间最短的教师进行讲授，因此英语课由教师甲讲授，体育课由教师甲讲授，这样总共花费的时间 9 + 8 + 13 + 4 = 34，因此在这个分支下 34 是一个界限，也就是教师丙讲授语文课、教师乙讲授数学课的条件下，花费的最小时间不低于 34，这个分支大于之前的最优解 28，因此该分支应该减掉。

此时还剩第一个任务层中教师丁讲授语文课这个分支，由此，此分支的下界是 28，是在教师丁讲授语文课、教师乙讲授数学课、教师甲讲授英语课、教师甲讲授体育课的条件下得到的，而此时并不是可行解，因此在这个分支下的可行解一定大于 28 这个界限，因此这个分支应该减掉。

综上所述，在教师丙讲授语文课、教师乙讲授数学课、教师丁讲授英语课、教师甲讲授体育课的时候，总花费时间最短为 28 小时，这就是教师排课问题的解。

使用分支图表示，如图 7.6 所示。

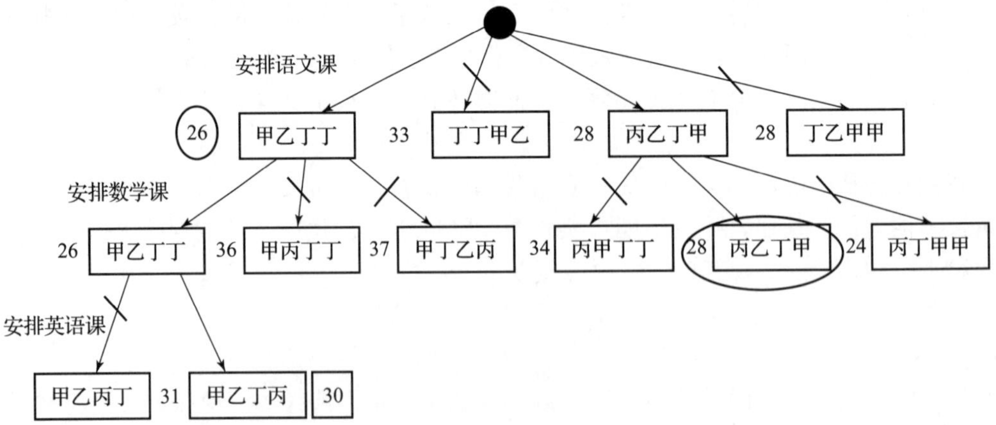

图 7.6 总分支图

第三节　割平面法

一、割平面法的基本思路

割平面法是求解整数规划的另外一种思路，同样的，这种方法的思路也是通过去除整数的约束来构建松弛问题，通过求解松弛问题的解来找到整数规划问题的解。

如图 7.7 所示，通过求解得到松弛问题的最优解 X_0，该解并不是整数解，为了继续寻找整数解，可以将松弛问题的可行域割掉一部分，形成如图 7.8 所示的新的可行域。这也是这种方法被称为割平面的原因，即利用一个超平面去除一部分可行域。去除的部分可行域具有如下两个特点：

（1）去除的部分不包含任何整数解；

（2）松弛问题的解 X_0 包含在被去除的部分中。

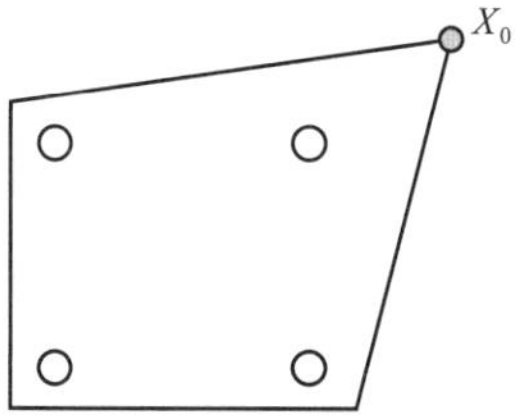

图 7.7　割平面法

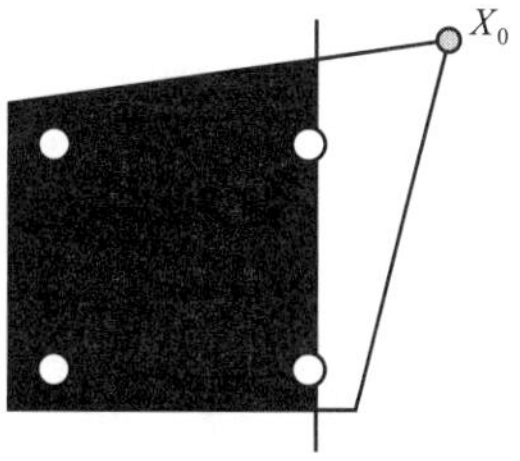

图 7.8　切割平面示意图

如图 7.8 所示，通过不断迭代，割平面法最终能够找到整数规划的最优解。

二、割平面的计算方法

假设现在我们已经找到松弛问题的最优解 X_0，根据单纯形法的矩阵表达可知，其值为 $\boldsymbol{B}^{-1}\boldsymbol{b}$，进一步假设：

$$\bar{\boldsymbol{b}} = \boldsymbol{B}^{-1}\boldsymbol{b} = \{\overline{b_1},\overline{b_2},\cdots,\overline{b_n}\} \tag{7.35}$$

由于 X_0 中存在非整数的变量，我们假设 x_i 为非整数解，可以将其表达为

$$x_i + \sum_k a_{ik}x_k = b_i \tag{7.36}$$

等价于

$$x_i = b_i - \sum_k a_{ik}x_k \tag{7.37}$$

我们将b_i 和a_{ik}分别分解为整数和非整数两个部分，即

$$b_i = \lfloor \overline{b_i} \rfloor + b_i' \tag{7.38}$$

$$a_{ik} = \lfloor a_{ik} \rfloor + a_{ik}'$$

得

$$x_i = \lfloor b_i \rfloor + b_i' - \sum_k (\lfloor a_{ik} \rfloor + a_{ik}')x_k \tag{7.39}$$

$$x_i - \lfloor b_i \rfloor + \sum_k (\lfloor a_{ik} \rfloor)x_k = b_i' - \sum_k a_{ik}'x_k$$

要使得变量为整数，等式两边必须都为整数。此外，由于有

$$0 \leqslant b_i' \leqslant 1, x_k \geqslant 0, a_{ik}' \geqslant 0 \tag{7.40}$$

则

$$b_i' - \sum_k a_{ik}' x_k \leqslant 0 \tag{7.41}$$

加入松弛变量 s_i，得

$$s_i - \sum_k a_{ik}' x_k = -b_i' \tag{7.42}$$

式（7.42）称为以 x_i 行为原行（来源行）的割平面，或分数切割式，或 R. E. Gomory（高莫雷）约束方程。将 Gomory 约束加入松弛问题的最优表中，用对偶单纯形法计算，若最优解中还有非整数解，再继续切割，至全部为整数解。

对应到我们整数规划的求解过程中，基本步骤如下：

（1）用单纯形法先解松弛问题（P_0），若（P_0）的最优解 $\boldsymbol{x}^0$ 是整数向量，则 $\boldsymbol{x}^0$ 是整数规划问题（P）的最优解，计算结束。

（2）若 $\boldsymbol{x}^0$ 的分量不全是整数，则对（P_0）增加一个割平面条件，将（P_0）的可行域 D_0 割掉一块，$\boldsymbol{x}^0$ 恰好在被割掉的区域内，而原整数规划问题的任何一个可行解（格点）都没有被割去。

（3）把增添了割平面条件的问题记为（P_1），用对偶单纯形法求解 LP 问题（P_1），若（P_1）的最优解 $\boldsymbol{x}^1$ 是整数向量，则 $\boldsymbol{x}^1$ 是原问题 ILP 问题（P）的最优解，计算结束。

（4）否则对问题（P_1）再增加一个割平面条件，形成问题（P_2），…，如此继续下去，通过求解不断改进松弛 LP 问题，直到得到最优整数解为止。

接下来，通过一个例题来说明割平面法的具体计算过程。

$$\max z = 4x_1 + 3x_2 \tag{7.43}$$
$$6x_1 + 4x_2 \leqslant 30$$
$$x_1 + 2x_2 \leqslant 10$$
$$x_1, x_2 \geqslant 0, \text{且为整数}$$

按照割平面法的计算步骤，我们首先放宽约束，对应的松弛问题是：

$$\max z = 4x_1 + 3x_2 \tag{7.44}$$
$$6x_1 + 4x_2 \leqslant 30$$
$$x_1 + 2x_2 \leqslant 10$$
$$x_1, x_2 \geqslant 0$$

加入松弛变量 x_3 及 x_4，用单纯形法求解，得到的最优表如表 7.2 所示。

表 7.2　加入松弛变量 x_3 及 x_4 后的最优表

c_i		4	3	0	0	b
C_B	X_B	x_1	x_2	x_3	x_4	
4	x_1	1	0	$\frac{1}{4}$	$-\frac{1}{2}$	$\frac{5}{2}$
3	x_2	0	1	$-\frac{1}{8}$	$\frac{3}{4}$	$\frac{15}{4}$
λ_i		0	0	$-\frac{5}{8}$	$-\frac{1}{4}$	

由表 7.2 可以看出，最优解 $\boldsymbol{x}=\left(\frac{5}{2},\ \frac{15}{4}\right)$不是整数问题的可行解，因此加入一个割平面条件，选择第 1 行为源行：

$$x_1+\frac{1}{4}x_3-\frac{1}{2}x_4=\frac{5}{2} \tag{7.45}$$

按照上面的分析过程分离系数后可以改写为

$$x_1+\frac{1}{4}x_3+\left(-1+\frac{1}{2}\right)x_4=2+\frac{1}{2} \tag{7.46}$$

$$x_1-x_4-2=\frac{1}{2}-\frac{1}{4}x_3-\frac{1}{2}x_4\leqslant 0$$

加入松弛变量 x_5 得到高莫雷约束方程

$$-x_3-2x_4+x_5=-2 \tag{7.47}$$

将式（7.47）作为约束条件添加到上面的单纯形表中，再使用对偶单纯形法计算，如表 7.3 所示。

表 7.3　对偶单纯形法表

c_i		4	3	0	0	0	b
$\boldsymbol{C_B}$	$\boldsymbol{X_B}$	x_1	x_2	x_3	x_4	x_5	
4	x_1	1	0	$\frac{1}{4}$	$-\frac{1}{2}$	0	$\frac{5}{2}$
3	x_2	0	1	$-\frac{1}{8}$	$\frac{3}{4}$	0	$\frac{15}{4}$
0	x_5	0	0	−1	[−2]	1	−2→
λ_i		0	0	$-\frac{5}{8}$	$-\frac{1}{4}$↑	0	
4	x_1	1	0	$\frac{1}{2}$	0	$-\frac{1}{4}$	3
3	x_2	0	1	$-\frac{1}{2}$	0	$\frac{3}{8}$	3
0	x_4	0	0	$\frac{1}{2}$	1	$-\frac{1}{2}$	1
λ_i		0	0	$-\frac{1}{2}$	0	$-\frac{1}{8}$	

此时，最优解 $\boldsymbol{x}=(3,\ 3)$，最优值 $z=21$，且所有变量均为整数，因此此时的最优解就为整数规划问题的最优解，如果不是整数解，则需要继续切割，重复上述计算过程。

第四节　0－1 整数规划

一、0－1 规划与隐枚举法

0－1 规划是一类特殊的纯整数规划，顾名思义，0－1 规划的意思为变量只能取 0 或

1 这两个值，是一种更为特殊的形式，相比一般的纯整数规划来说，还有更为有效的方式对其进行求解。

特别要说明的是：只有当所有优化变量都为 0 或 1 时，对应的模型称为 0－1 整数规划模型。在现实中还有很多问题涉及 0－1 变量，例如，某种货物只有一种运输方式，那么船运和空运就是一组 0－1 变量，取 0 表示不采取这种方式，取 1 表示采取这种方式。

为了更好地理解 0－1 整数规划的求解思路，我们引入一个新的模型来分析求解。

$$
\begin{aligned}
\max z &= 6x_1+2x_2+3x_3+5x_4 \\
4x_1+2x_2+x_3+4x_4 &\leqslant 10 \\
3x_1-5x_2+x_3+6x_4 &\geqslant 4 \\
2x_1+x_2+x_3-x_4 &\leqslant 3 \\
x_1+2x_2+4x_3+5x_4 &\leqslant 10 \\
x_i=0 \text{ 或 } 1, j &= 1,2,3,4
\end{aligned} \tag{7.48}
$$

对于这个模型，由于其 0－1 整数规划的特殊性，我们可以采取枚举法的思路进行求解，四个变量的取值为 0 或 1，一共需要穷举 $2^4=16$ 组解，由于这些解是人为枚举出来的，不一定满足模型的约束条件，因此需要判别这些解是否满足约束条件，满足约束条件后，分别计算目标函数的值，比较得出最后的解。

以上为 0－1 整数规划求解的基本思路，但在求解开始之前，我们考虑几个问题：

（1）模型的约束条件是否有必要每一个都验证？是否存在一些每组解都自动满足的冗余约束？

（2）回忆我们优化搜索的基本思路，可否为 0－1 整数规划找到一个初始解，然后由此出发，进行搜索优化，最终得到最优值？

对于第一个问题，我们当然有必要去验证每组解是否满足模型的每一个约束条件，否则这些解都将失去意义，但我们在求解的过程中确实有可能找到一些约束条件对于每组解都是满足的，如这个模型中的约束 $4x_1+2x_2+x_3+4x_4\leqslant 10$，对于任意的 0－1 思维组合，都可以满足约束条件 1，因此约束条件 1 并没有起到约束的作用，在模型中为冗余约束。因此在判别中不必再考虑这一条约束。以此类推，思考在 0－1 规划中什么形式的约束条件在模型中是冗余的？

对于第二个问题，我们当然可以按照优化搜索的思路找到初始解，然后进行搜索优化。我们取一个满足每组约束条件的初始解 $\boldsymbol{X}_0=(1,\ 0,\ 0,\ 1)$，求出其目标函数值为 11。这个值是模型最优解的下界。因此可以构造一个新的约束 $6x_1+2x_2+3x_3+5x_4\geqslant 11$，并且可以将这个约束条件放在第一条，首先判断，如果其他解没有满足这个条件，则这个解一定不是最优解。

经过上面的分析，我们去掉原来的第一次约束，加上初始解目标值这一新的约束条件，新的模型如下：

$$
\begin{aligned}
\max z &= 6x_1+2x_2+3x_3+5x_4 \\
6x_1+2x_2+3x_3+5x_4 &\geqslant 11 \\
3x_1-5x_2+x_3+6x_4 &\geqslant 4 \\
2x_1+x_2+x_3-x_4 &\leqslant 3 \\
x_1+2x_2+4x_3+5x_4 &\leqslant 10
\end{aligned} \tag{7.49}
$$

$$x_i = 0 \text{ 或 } 1, j = 1, 2, 3, 4$$

列出 16 组解，将它们分别代入各个约束中进行判断，首先判断约束 a 是否可行，如果满足再继续判断其他约束，否则认为不可行。计算过程如表 7.4 所示。

表 7.4　计算过程

j	X_j	a	b	c	d	Z_j
1	(0, 0, 0, 0)	×				
2	(0, 0, 0, 1)	×				
3	(0, 0, 1, 0)	×				
4	(0, 0, 1, 1)	×				
5	(0, 1, 0, 0)	×				
6	(0, 1, 0, 1)	×				
7	(0, 1, 1, 0)	×				
8	(0, 1, 1, 1)	×				
9	(1, 0, 0, 0)	×				
10	(1, 0, 0, 1)	√	√	√	√	11
11	(1, 0, 1, 0)	×				
12	(1, 0, 1, 1)	√	√	√	√	14
13	(1, 1, 0, 0)	×				
14	(1, 1, 0, 1)	√	√	√	√	13
15	(1, 1, 1, 0)	√	×			
16	(1, 1, 1, 1)	√	√	√	×	

上面的过程即为 0－1 整数规划的隐枚举法，其基本思想为首先找到一组满足各个约束条件的可行解，然后将其目标值加入约束条件中，在枚举出的结果中进行判别，最终比较各个可行解的目标函数值，得出最优解。其具体过程如下：

（1）找出模型的任意一组可行解，求出其目标函数值为 Z_0。

（2）当原问题求最大值时，增加一个约束 $c_1x_1 + c_2x_2 + \cdots + c_nx_n \geqslant Z_0$(a)；

当原问题求最小值时，增加一个约束 $c_1x_1 + c_2x_2 + \cdots + c_nx_n \leqslant Z_0$(a)。

（3）列出所有可能的解，对每个可能的解首先检验约束（a），若满足这个条件再检验其他约束；若不满足约束（a），则认为不可行；若所有约束都满足，则认为此解是可行解，求出目标值。

（4）目标函数最大（最小）的解就是最优解。

请同学们思考，上述步骤依然是一个比较烦琐、费力的方法，能否对这个方法进行改进？

二、改进的隐枚举法

在此提供一种新的隐枚举法的思路，我们仍以上面的模型为例进行说明。

$$\max z = 6x_1 + 2x_2 + 3x_3 + 5x_4 \tag{7.50}$$

$$4x_1 + 2x_2 + x_3 + 4x_4 \leqslant 10(\mathrm{a})$$

$$3x_1 - 5x_2 + x_3 + 6x_4 \geqslant 4(\mathrm{b})$$

$$2x_1 + x_2 + x_3 - x_4 \leqslant 3(\mathrm{c})$$

$$x_1 + 2x_2 + 4x_3 + 5x_4 \leqslant 10(\mathrm{d})$$

$$x_i = 0 \text{ 或 } 1, j = 1,2,3,4$$

我们从最初的线性规划的角度考虑这个模型，由之前几周的学习我们了解到目标函数中的价值系数。从现实意义角度来说，所谓价值系数，就是该变量对于目标函数的贡献程度，价值系数越大，贡献程度越大。对于线性规划的标准型，即目标函数求最大值，约束条件均为 l_e，我们从目标函数最大化的角度出发 ，首先选择一个初始解（1，1，1，1），代入我们的四个约束条件中，发现这个初始解并不满足约束 d，为了满足这个约束我们需要将一个变量从 1 改为 0，那么如何选择将哪个变量改为 0？

结合目标函数最大化的条件，我们可以先将价值系数小的变量取 0 进行试探，这样可以使目标函数减小的程度最小，重复这个过程让目标函数逐次减小，直至满足约束条件，此时的目标值为最优解。在这个例子中，x_2 的价值系数最小，因此将 x_2 取为 0，新的一组解为（1，0，1，1），代入模型中，满足约束条件，因此这组解对应的目标函数值为 14，即为最优解。

在这种计算方法中，请同学们思考以下几个问题：

（1）如果目标函数求最小值该如何处理？

（2）在目标函数求最大值时，价值系数为负值该如何处理？

（3）模型非标准怎么处理？

请同学们结合线性规划中各参数的现实意义进行分析，不难得到这些问题的答案。

本章小结

本章从数独游戏和分配问题入手，描述了整数规划的基本特点，介绍了求解纯整数规划问题的分支定界法和割平面法。在此基础上，介绍了一种特殊的整数规划问题，0－1 规划的求解方法。

第八章

目标规划

课程目标

1. 了解目标规划模型的特点。
2. 掌握目标规划的图解法。
3. 掌握目标规划的单纯形法。

第一节　目标规划的数学模型

同之前的学习一样，这里通过两个数学游戏来引入目标规划的模型及相关概念。

一、游戏介绍

（一）农场游戏

农场游戏的灵感来源于开心农场，游戏情节与数据源于网络上的开心农场游戏，同学们应该对这个问题比较熟悉，下面我们考虑在农场游戏中的一个数学问题。

同学们需要经营一个农场，农场里种植着两种作物——白萝卜、大白菜。这两种植物的种子购买成本、成长过程中化肥的消耗量、收获后果实所占的仓库空间、收获后获得的金币也各不相同。在这些条件下，玩家需要在有限的种子购买资金、化肥总量、仓库空间容量中合理规划，确定各种植物的种植数量，最终达成利润目标和其他目标。农场游戏中的相关数据如表 8. 1 所示。

表 8. 1　农场游戏相关数据

作物	种子价格	化肥消耗	仓库空间	收入
白萝卜	2	5	3	20
大白菜	2	3	4	40
约束	12	15		

白萝卜、大白菜单株种子成本分别为 2、2（单位为元），而用于购买种子的资金上限为 12 元；白萝卜、大白菜单株化肥消耗分别为 5、3（单位为袋），而化肥使用上限为 15 袋,；白萝卜、大白菜单株产品占用仓库空间分别为 3、4，而对于白萝卜占用仓库空间不能超过 12，对于大白菜占用空间不能超过 16。

我们的目标有四个：

（1）优先实现让金币收入不低于 80 元。

（2）两种蔬菜种子数量尽量保持 1∶1 的比例。

（3）用于购买种子的资金充分利用，又尽可能不超出。

（4）用于购买化肥的资金可以超出，但是超出部分尽可能少。

请考虑如何建立这个问题的数学模型，并思考以下两个问题：

（1）如何描述资源约束？

（2）如何描述农场游戏的两个目标？如何描述“优先实现”这个概念？

（二）投资计划

在思考了农场游戏之后，再来看另一个问题——投资计划问题。

某企业集团计划用 1 000 万元对下属 5 个企业进行技术改造，各企业单位的投资额已知，考虑 2 种市场需求变化、现有竞争对手、替代品的威胁等影响收益的因素，技术改造完成后预测单位投资收益如表 8.2 所示。

表 8.2　投资计划相关数据

项目		企业 1	企业 2	企业 3	企业 4	企业 5
单位投资额/万元		12	10	15	13	20
单位投资收益预测 r_{ij}/万元	市场需求 1	4.32	5	5.84	5.2	6.56
	市场需求 2	3.52	3.04	5.08	4.2	6.24
	现有竞争对手	3.16	2.2	3.56	3.28	4.08
	替代品的威胁	2.24	3.12	2.6	2.2	3.24
期望收益 $E(r_i)$/万元		3.31	3.34	4.27	3.72	5.03

集团制定的目标如下：

（1）希望完成总投资额又不超过预算；

（2）总期望收益率达到总投资的 30%；

（3）投资风险尽可能最小；

（4）保证企业 5 的投资额占 20% 左右。

集团需要根据这些数据和目标做出投资决策。投资风险的相关数据并没有在表格中直接量化，在此采用期望收益率的方法表示，用离差 $(r_{ij}-E(r_j))$ 近似表示风险值，例如，集团投资 5 个企业后对于市场需求变化 1 的风险是：$(4.32-3.31)x_1+(5-3.34)x_2+\cdots+(6.56-5.03)x_5$。

请思考这个问题如何建模。

二、数学建模

（一）农场游戏数学建模

经过分析，可以看出上述农场游戏是以线性规划问题为原型的，可以从线性规划问题的角度来进行数学建模。

（1）**优化变量**。首先确定优化变量，最终要求的是白萝卜、大白菜的种植数量，因此确定优化变量为白萝卜、大白菜的种植数量。

x_1 白萝卜种植数量

x_2 大白菜种植数量

$$x_1, x_2 \geqslant 0$$

$$x_1, x_2 \in \mathbf{Z}$$

（2）**约束条件**。其次确定约束条件，在农场游戏中，存在着三个约束，第一个约束是资金约束，资金约束为12，白萝卜、大白菜单株种子成本分别为2、2；

$$2x_1 + 2x_2 \leqslant 12 \tag{8.1}$$

第二个约束是化肥总量的约束，化肥上限是15，白萝卜、大白菜单株化肥消耗分别为5、3；

$$5x_1 + 3x_2 \leqslant 15 \tag{8.2}$$

白萝卜、大白菜单株产品占用仓库空间量分别为3、4，第三、四个约束为仓库空间的约束，白萝卜占用空间不超过12，大白菜占用空间不超过16。

$$3x_1 \leqslant 12 \tag{8.3}$$

$$4x_2 \leqslant 16 \tag{8.4}$$

（3）**目标函数**：现在考虑如何建立目标函数，先按照金币和种植数量比例分别写出目标函数：

$$\text{金币}: 20x_1 + 40x_2 \geqslant 80 \tag{8.5}$$

$$\text{数量比例}: x_1 - x_2 = 0 \tag{8.6}$$

可以看到这和线性规划的目标函数有一些不同，对上面两个目标函数进行一定的处理，使之成为等式，以便于将其和线性规划问题进行统一。

$$\text{金币}: 20x_1 + 40x_2 + d_1^- - d_1^+ = 80 \tag{8.7}$$

$$\text{数量比例}: x_1 - x_2 + d_2^- - d_2^+ = 0 \tag{8.8}$$

在这里引入一对偏差变量使目标函数能到达目标值，规定 d_1^- 为未达到目标值的差值，称之为负偏差变量；规定 d_1^+ 为超过目标值的差值，称为正偏差变量。其中 $d_1^- \geqslant 0$、$d_1^+ \geqslant 0$。

对于上式中金币的等式，可以这样理解偏差变量：

（1）当金币收入小于80时，即未达到目标值，意味着正偏差变量为0，负偏差变量大于0，这样才能是等式平衡。即 $d_1^- > 0$、$d_1^+ = 0$。

$$\text{金币}: 20x_1 + 40x_2 + d_1^- = 80 \tag{8.9}$$

（2）当金币收入大于80时，即超过了目标值，意味着负偏差变量为0，正偏差变量大于0，这样才能是等式平衡。即 $d_1^- = 0$、$d_1^+ > 0$。

$$\text{金币}: 20x_1 + 40x_2 - d_1^+ = 80 \tag{8.10}$$

（3）当金币收入等于80时，即刚好等于目标值，意味着正偏差变量等于0，负偏差变量等于0，等式平衡。即 $d_1^- = 0$、$d_1^+ = 0$。

$$\text{金币}: 20x_1 + 40x_2 = 80 \tag{8.11}$$

在实际问题中，上述三种情况只能发生一种情形，因而可以将三个等式写成一个

等式

$$\text{金币}: 20x_1 + 40x_2 + d_1^- - d_1^+ = 80 \tag{8.12}$$

下面继续考虑如何表达不低于 80 这个目标，根据偏差变量的定义，不低于 80 可以理解为正好达到或者超过 80，即使不能达到也要尽可能接近 80，用偏差变量的形式可以表示为 d_1^- 取最小值，则有

$$\min d_1^- \tag{8.13}$$

$$20x_1 + 40x_2 + d_1^- - d_1^+ = 80$$

这样就可以表达目标：实现让金币收入不低于 80。请同学们思考如何体现优先的问题，在对其他几个目标函数分析后我们再来讨论这个问题。

参考金币的目标函数建模，引入另外一组偏差变量，记为 d_2^-、d_2^+，表示数量比例的正负偏差变量。同理，根据该目标，可以给出经验值的目标函数，实现两种蔬菜数量比例达到 1∶1，则有

$$\min(d_2^- + d_2^+) \tag{8.14}$$

$$x_1 - x_2 + d_2^- - d_2^+ = 0$$

同理可以给出其余几个目标函数：

$$\min(d_3^- + d_3^+) \tag{8.15}$$

$$2x_1 + 2x_2 + d_3^- - d_3^+ = 12$$

$$\min d_4^+ \tag{8.16}$$

$$5x_1 + 3x_2 + d_4^- - d_4^+ = 15$$

请注意在农场游戏中，两个目标是有优先级排序的，要优先满足金币不低于 80 的条件，然后再去满足数量比例的条件，再考虑购买种子的成本条件，最后考虑化肥使用的条件。结合这些条件，考虑农场游戏问题的优化目标。

为了体现优先满足的条件，为四个目标赋予优先因子，P_1、P_2、P_3、P_4表示第一目标优于第二目标，第二目标优于第三目标，第三目标优于第四目标，因此农场游戏的优化目标可以写为

$$\min P_1 d_1^- + P_2(d_2^- + d_2^+) + P_3(d_3^- + d_3^+) + P_4 d_4^+ \tag{8.17}$$

至此，农场游戏的优化变量、约束条件、优化目标已经全部构建完成了，因此农场游戏的数学模型为

$$\min P_1 d_1^- + P_2(d_2^- + d_2^+) + P_3(d_3^- + d_3^+) + P_4 d_4^+ \tag{8.18}$$

$$3x_1 \leqslant 12$$

$$4x_2 \leqslant 16$$

$$20x_1 + 40x_2 + d_1^- - d_1^+ = 80$$

$$x_1 - x_2 + d_2^- - d_2^+ = 0$$

$$2x_1 + 2x_2 + d_3^- - d_3^+ = 12$$

$$5x_1 + 3x_2 + d_4^- - d_4^+ = 15$$

$$x_1, x_2, d_i^-, d_i^+ \geqslant 0 \ (i = 1, \cdots, 4)$$

$$x_1, x_2, d_i^-, d_i^+ \in \mathbf{Z} \ (i = 1, \cdots, 4)$$

（二）目标规划的一般模型

根据对上面农场游戏的分析，可以将这个思路推广到一般的问题，构建目标函数的一般数学模型。

$$\min z = \sum_{k=1}^{K} P_k(\sum_{l=1}^{L} w_{kl}^{-}d_l^{-} + w_{kl}^{+}d_l^{+})\text{(a)} \quad (8.19)$$

$$\sum_{j=1}^{n} a_{ij}x_j \leqslant (=.\geqslant) b_i(i=1,\cdots,m)\text{(b)}$$

$$\sum_{j=1}^{n} c_{ij}x_j + d_l^{-} - d_l^{+} = g_i(l=1,\cdots,L)\text{(c)}$$

$$x_j \geqslant 0(j=1,\cdots,n)\text{(d)}$$

$$d_l^{-}, d_l^{+} \geqslant 0(l=1,\cdots,L)\text{(e)}$$

式中，P_k 为第 k 级优先因子，$k=1$、2、…，K；w_{kl}^{-}、w_{kl}^{+} 为分别赋予第 l 个目标约束的正负偏差变量的权系数；g_i 为目标的预期目标值，$l=1$，…，L；（b）为系统约束；（c）为目标约束；$x_j(j=1,\cdots,n)$ 为决策变量。

目标规划模型有如下特点：

（1）一般目标规划是将多个目标函数写成一个由偏差变量构成的函数求最小值，按多个目标的重要性，确定优先等级，顺序求最小值；

（2）按决策者的意愿，事先给定所要达到的目标值。

①当期望结果不超过目标值时，目标函数求正偏差变量最小。

②当期望结果不低于目标值时，目标函数求负偏差变量最小。

③当期望结果恰好等于目标值时，目标函数求正负偏差变量之和最小。

（3）一个目标中的两个偏差变量 d_l^{-}，d_l^{+} 至少一个等于零，偏差变量向量的叉积等于零：$d_l^{-} \times d_l^{+} = 0$。

（4）由目标构成的约束称为目标约束，目标约束具有更大的弹性，允许结果与所制定的目标值存在正或负的偏差，如农场游戏中的两个等式约束。如果决策者要求结果一定不能有正或负的偏差，那么这种约束称为系统约束，如农场游戏中的资金、库存量、化肥数量约束。

（5）目标的排序问题。多个目标之间有相互冲突时，决策者首先必须对目标排序。排序的方法有两两比较法、专家评分等方法，构造各目标的权系数，依据权系数的大小确定目标顺序。

（6）合理确定目标数。目标规划的目标函数中包含了多个目标，决策者对于具有相同重要性的目标可以合并为一个目标，如果同一目标中还想分出先后次序，可以赋予不同的权系数，按系数大小再排序。

（三）投资计划数学建模

经过分析，可以看出上述投资计划问题也是典型的以线性规划为背景的目标规划问题，现在根据上文的目标函数数学模型进行建模。

（1）**优化变量**。首先确定优化变量，最终要求的是集团对企业 1、企业 2、企业 3、企业 4、企业 5 个企业投资的单位数。因此确定优化变量为对企业 1、企业 2、企业 3、企业4、企业5个企业投资的单位数。

x_1 集团对第一个企业投资的单位数

x_2 集团对第二个企业投资的单位数

x_3 集团对第三个企业投资的单位数

x_4 集团对第四个企业投资的单位数

x_5 集团对第五个企业投资的单位数

$$x_1, x_2, x_3, x_4, x_5 \geqslant 0$$

$$x_1, x_2, x_3, x_4, x_5 \in \mathbf{Z}$$

（2）**约束条件**。其次确定约束条件，从等式约束和系统约束这两个角度来分别构建约束条件。

在投资计划中，唯一的约束为总资金为1 000万元，而这个约束又与目标息息相关，因此在本案例中进行等式约束的构建。在构建之前，引入几组偏差变量，来分别表示总投资、期望利润率、投资风险、企业5这几个目标形成的等式约束的偏差变量。

（1）总投资的约束。

总投资的要求为希望完成总投资额又不超过预算，我们引入 $d_1^- - d_1^+$，根据相关数据和目标构建约束为

$$12x_1 + 10x_2 + 15x_3 + 13x_4 + 20x_5 + d_1^- - d_1^+ = 1\ 000 \tag{8.20}$$

（2）期望利润率约束。

期望利润率的要求为总期望收益率达到总投资的30%，引入 $d_2^- - d_2^+$，根据相关数据和目标构建约束为

$$3.31x_1 + 3.34x_2 + 4.27x_3 + 3.72x_4 + 5.03x_5 + d_2^- - d_2^+ = 0.3(12x_1 + 10x_2 + 15x_3 + 13x_4 + 20x_5) \tag{8.21}$$

整理，得

$$-0.29x_1 + 0.34x_2 - 0.23x_3 - 0.18x_4 - 0.97x_5 + d_2^- - d_2^+ = 0 \tag{8.22}$$

（3）投资风险约束。

如上文分析，投资风险的相关数据并没有在表格中直接量化，在此采用期望收益率的方法表示，用离差 $(r_{ij} - E(r_j))$ 近似表示风险值。例如，集团投资5个企业后对于市场需求变化第一情形的风险是 $(4.32 - 3.31)x_1 + (5 - 3.34)x_2 + \cdots + (6.56 - 5.03)x_5$。引入 $d_3^- - d_3^+$；$d_4^- - d_4^+$；$d_5^- - d_5^+$；$d_6^- - d_6^+$，要求投资风险尽可能最小，根据相关数据和目标构建约束为

$$1.01x_1 + 1.66x_2 + 1.57x_3 + 1.48x_4 + 1.53x_5 + d_3^- - d_3^+ = 0 \tag{8.23}$$

$$0.21x_1 - 0.3x_2 + 0.81x_3 + 0.48x_4 + 1.21x_5 + d_4^- - d_4^+ = 0 \tag{8.24}$$

$$-0.15x_1 - 1.14x_2 - 0.71x_3 - 0.44x_4 - 0.95x_5 + d_5^- - d_5^+ = 0 \tag{8.25}$$

$$-1.07x_1 - 0.22x_2 - 1.67x_3 - 1.52x_4 - 1.79x_5 + d_6^- - d_6^+ = 0 \tag{8.26}$$

（4）企业5。

企业5的要求为保证企业5的投资额占总投资额的20%左右，引入 $d_7^- - d_7^+$，根据相关数据和目标构建约束为

$$20x_5 + d_7^- - d_7^+ = 0.2(12x_1 + 10x_2 + 15x_3 + 13x_4 + 20x_5) \tag{8.27}$$

整理，得

$$-2.4x_1-2x_2-3x_3-2.6x_4+16x_5+d_7^- -d_7^+=0 \tag{8.28}$$

（3）**目标函数**。根据目标的重要性依次写出目标函数，整理，得

$$\min z=P_1(d_1^-+d_1^+)+P_2d_2^-+P_3\left[\sum_{i=3}^{6}(d_i^-+d_i^+)\right]+P_4(d_7^-+d_7^+) \tag{8.29}$$

将优化变量、约束条件、目标函数整理，得到投资计划问题的数学模型：

$$\min z=P_1(d_1^-+d_1^+)+P_2d_2^-+P_3\left[\sum_{i=3}^{6}(d_i^-+d_i^+)\right]+P_4(d_7^-+d_7^+) \tag{8.30}$$

$$12x_1+10x_2+15x_3+13x_4+20x_5+d_1^- -d_1^+=1\,000$$

$$-0.29x_1+0.34x_2-0.23x_3-0.18x_4-0.97x_5+d_2^- -d_2^+=0$$

$$1.01x_1+1.66x_2+1.57x_3+1.48x_4+1.53x_5+d_3^- -d_3^+=0$$

$$0.21x_1-0.3x_2+0.81x_3+0.48x_4+1.21x_5+d_4^- -d_4^+=0$$

$$-0.15x_1-1.14x_2-0.71x_3-0.44x_4-0.95x_5+d_5^- -d_5^+=0$$

$$-1.07x_1-0.22x_2-1.67x_3-1.52x_4-1.79x_5+d_6^- -d_6^+=0$$

$$-2.4x_1-2x_2-3x_3-2.6x_4+16x_5+d_7^- -d_7^+=0$$

$$x_j\geqslant 0,d_i^-,d_i^+\geqslant 0,i=1,\cdots,7;j=1,\cdots,5$$

第二节　目标规划的图解法

目标规划是以线性规划为背景的，当目标规划模型中只含有两个决策变量时，我们是否可以通过图解法的方式进行求解？请同学们回忆线性规划中图解法的步骤。

图解法的步骤分为两个：可行域绘制和获得最优解。

用目标规划图解法对前面提到的农场游戏进行求解，这里暂时不考虑整数约束，即不考虑 x_1，x_2，d_i^-，$d_i^+\in \mathbf{Z}$（$i=1$，…，4）。

例 8.1

$$\min P_1d_1^- +P_2(d_2^-+d_2^+)+P_3(d_3^-+d_3^+)+P_4d_4^+ \tag{8.31}$$

$$3x_1\leqslant 12 \tag{1}$$

$$4x_2\leqslant 16 \tag{2}$$

$$20x_1+40x_2+d_1^- -d_1^+=80 \tag{3}$$

$$x_1-x_2+d_2^- -d_2^+=0 \tag{4}$$

$$2x_1+2x_2+d_3^- -d_3^+=12 \tag{5}$$

$$5x_1+3x_2+d_4^- -d_4^+=15 \tag{6}$$

$$x_1,x_2,d_i^-,d_i^+\geqslant 0(i=1,\cdots,4)$$

图解法求解过程如下：

（1）确定可行域。

如图 8.1 所示，由约束（1）、（2）组成的黄色区域为该模型的可行域；

（2）对于约束（3），首先画出 $20x_1+40x_2=80$ 这条线，根据我们的目标函数，$\min P_1d_1^-$，需要找到对应约束（3）所围成的区域，首先在图上考虑偏差变量的问题。对

于 $20x_1+40x_2=80$，如图 8.1 所示，当点落在这条线的右上方（包括线上）时，$20x_1+40x_2 \geqslant 80$，根据偏差变量的定义，此时 $d_1^-=0$，$d_1^+ \geqslant 0$，结合 $\min P_1 d_1^-$ 的目标，因此这条线的右上方与约束（1）、（2）围成的区域为约束（1）、（2）、（3）确定的约束，如图 8.2 所示。

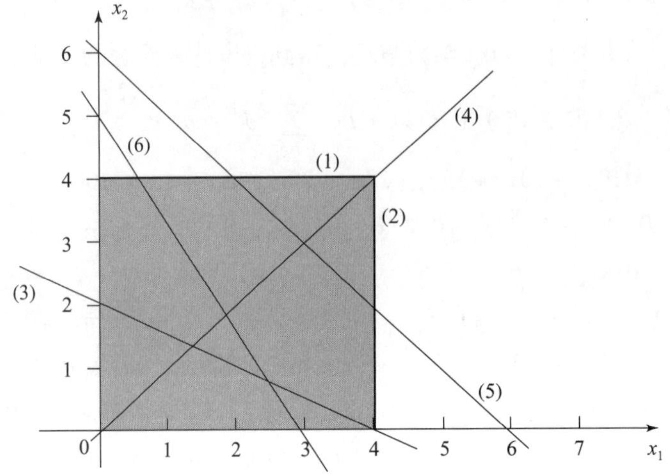

图 8.1　例 8.1 问题由约束（1）、（2）确定的可行域

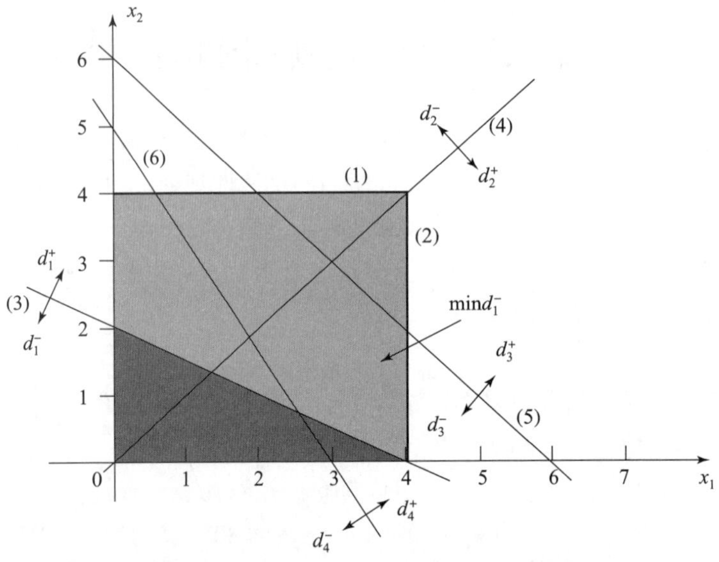

图 8.2　例 8.1 问题由约束（1）、（2）、（3）确定的可行域

（3）同理，分析剩余的偏差变量。按照第一组偏差变量的分析过程，首先画出约束（4）、（5）、（6）对应的直线，然后根据目标函数进行区域的划分，其中对于 $d_2^-+d_2^-$；$d_3^-+d_3^+$，当目标函数为正负偏差变量和最小时该如何处理呢？

请思考正负偏差变量的取值范围，正负偏差变量均为 $\geqslant 0$，要想正负偏差变量和最小，正负偏差变量均为零，该条直线即为满足这条约束的解的区域。

由图 8.3 可以看出，由约束（3），可行域为（3）直线的右上方区域；由约束（4），可行域为 AB 线段上的所有点；由约束（5），可行域为（5）直线与 AB 的交点，即为点 C；对于约束（6），可行域应为（6）直线左下方，但前面优先级高的目标的可行域并不在这个区域内，为了整体的最优性，不考虑这条目标的约束，即没能达到花费必要时可以超出，但超出部分尽可能少这条目标，在此之前已满足了优先级更高的前四条约束，该解已经是目标规划的一个满意解，因此取 $C(3,3)$ 为这个目标规划问题的满意解。

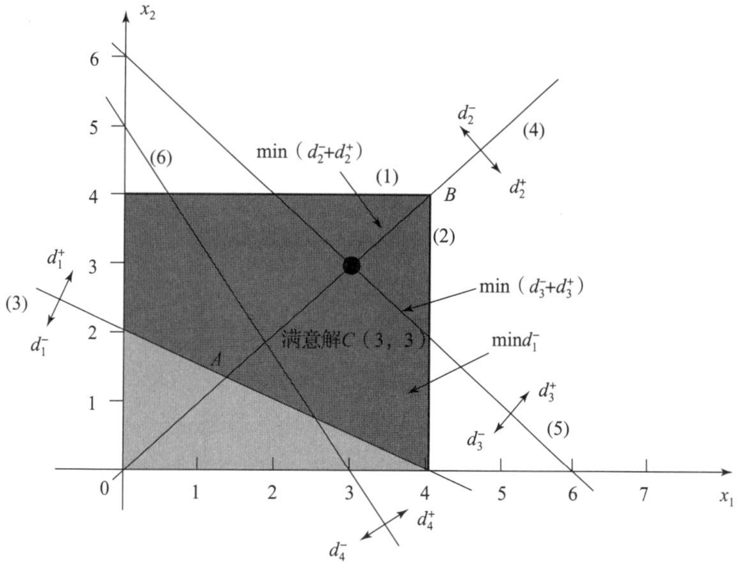

图 8.3　例 8.1 问题满意解的确定

下面来看这道例题，观察这道题和上面的例题有什么不同：

例 8.2

$$\min P_1(d_1^- + d_2^+) + P_2(d_3^- + d_3^+) + P_3 d_4^+ \tag{8.32}$$

$$10x_1 + 5x_2 + d_1^- - d_1^+ = 400$$

$$7x_1 + 8x_2 + d_2^- - d_2^+ = 560$$

$$2x_1 + 2x_2 + d_3^- - d_3^+ = 120$$

$$x_1 + 2.5x_2 + d_4^- - d_4^+ = 100$$

$$x_1, x_2, d_i^-, d_i^+ \geqslant 0 (i = 1, \cdots, 4)$$

我们按照图解法的步骤，将区域在图 8.4 中画出。

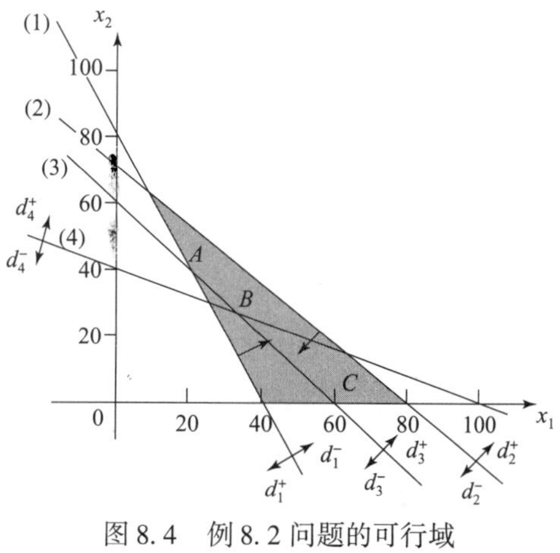

图 8.4　例 8.2 问题的可行域

满意解是线段 BC 上的任意点，端点的解是 $B(100/3, 80/3)$，$C(60, 0)$。

决策者根据实际情形进行二次选择。

如果此时在这个基础上再加上一个次级目标（第四级目标 P_4），会对计算有何影响呢?

$$\min P_1(d_1^- + d_2^+) + P_2(d_3^- + d_3^+) + P_3 d_4^+ + P_4 d_1^+ \tag{8.33}$$

$$10x_1 + 5x_2 + d_1^- - d_1^+ = 400$$

$$7x_1 + 8x_2 + d_2^- - d_2^+ = 560$$

$$2x_1 + 2x_2 + d_3^- - d_3^+ = 120$$

$$x_1 + 2.5x_2 + d_4^- - d_4^+ = 100$$

$$x_1, x_2, d_i^-, d_i^+ \geqslant 0 (i = 1, \cdots, 4)$$

按照图解法的步骤，将区域在图 8.5 中画出。

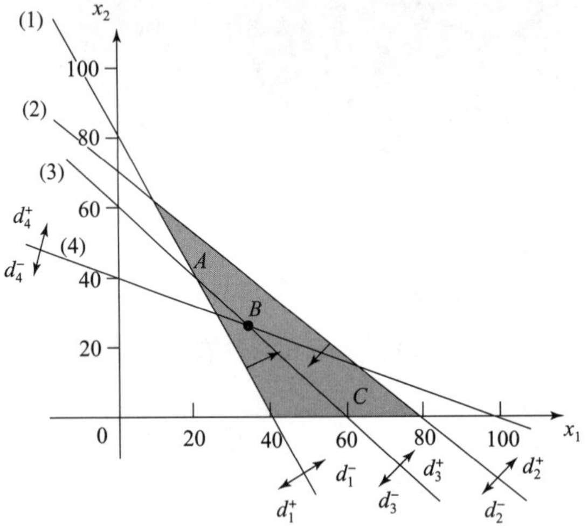

图 8.5　例 8.2 问题满意解的确定

通过前三个优先级的目标满足，可以看到满意解应该在 BC 这条直线上，根据第四级的目标，要让 d_1^+ 最小，从图 8.5 中可以看出 B 点离（1）直线更近，因此 d_1^+ 更小，因此满意解是点 B，$\boldsymbol{X} = (100/3, 80/3)$。

第三节　目标规划的单纯形法

在求解线性规划问题时，除使用图解法，还可以用到另一个重要的方法——单纯形法，请思考如何根据目标规划的数学模型进行单纯形法的求解。

单纯形法的基本思路为

$$\min \boldsymbol{C}^{\mathrm{T}} \boldsymbol{X} \tag{a}$$

$$\boldsymbol{AX} = \boldsymbol{b} \tag{b}$$

$$\boldsymbol{X} \geqslant \boldsymbol{0} \tag{c}$$

（1）找到一个初始值，即找到任意一个满足约束（b）和约束（c）的解，单纯形法提供了非常简单的机制来获得初始值。

（2）确定一个搜索方向，由于单纯形法只在角点上搜索，与 X_k 相邻角点的数目是有限的，只要按照一定的原则从这些点中找一个点作为搜索方向即可。

（3）确定一个步长因子，沿着搜索方向搜索，直到下一个相邻点。

（4）利用搜索的基本公式 $X_{k+1}=X_k+t_kP_k$，找到一个新的点。

（5）判断是否达到结束条件，如果没有达到则回到步骤（2），否则结束。

使用单纯形法求解目标规划可参照上述步骤，只是目标规划的检验要按优先级顺序逐级进行，不同的是：

（1）首先使得检验数中 P_1 的系数非负，再使得 P_2 的系数非负，依次进行。

（2）当 P_1，P_2，…，P_k 对应的系数全部非负时得到满意解。

（3）如果 P_1，…，P_i 行系数非负，而 P_{i+1} 行存在负数，并且负数所在列上面 P_1，…，P_i 行中存在正数时，得到满意解，计算结束。

现通过农场游戏的例子来进行单纯形法求解目标规划问题的过程。

例 8.3

$$\min P_1d_1^- +P_2(d_2^- +d_2^+)+P_3(d_3^- +d_3^+)+P_4d_4^+ \tag{8.34}$$

$$3x_1\leqslant 12 \tag{1}$$

$$4x_2\leqslant 16 \tag{2}$$

$$20x_1+40x_2+d_1^- -d_1^+ =80 \tag{3}$$

$$x_1-x_2+d_2^- -d_2^+ =0 \tag{4}$$

$$2x_1+2x_2+d_3^- -d_3^+ =12 \tag{5}$$

$$5x_1+3x_2+d_4^- -d_4^+ =15 \tag{6}$$

$$x_1,x_2,d_i^-,d_i^+\geqslant 0(i=1,\cdots,4)$$

将上述模型化为标准型：

$$\min P_1d_1^- +P_2(d_2^- +d_2^+)+P_3(d_3^- +d_3^+)+P_4d_4^+ \tag{8.35}$$

$$3x_1+x_3=12 \tag{1}$$

$$4x_2+x_4=16 \tag{2}$$

$$20x_1+40x_2+d_1^- -d_1^+ =80 \tag{3}$$

$$x_1-x_2+d_2^- -d_2^+ =0 \tag{4}$$

$$2x_1+2x_2+d_3^- -d_3^+ =12 \tag{5}$$

$$5x_1+3x_2+d_4^- -d_4^+ =15 \tag{6}$$

$$x_i,d_i^-,d_i^+\geqslant 0(i=1,\cdots,4)$$

以 d_1^-、d_2^-、d_3^-、d_4^- 为基变量，求出检验数，将检验数中优先因子分离出来，每一优先级做一行，列出初始单纯形表。

基变量所在的行与普通的单纯形法的列法相同，将相关变量的系数填入表中即可。

关于检验行，思路是用非基变量表示基变量，等式中的基变量的系数即为不同优先因子所在行对应的变量的系数。

根据上述方程，首先表示 d_1^-。

$$d_1^- =80+d_1^+ -20x_1-40x_2 \tag{8.36}$$

同理，表示 d_2^-、d_3^-、d_4^-。

$$d_2^- =d_2^+ -x_1+x_2 \tag{8.37}$$

$$d_3^- =12+d_3^+ -2x_1-2x_2 \tag{8.38}$$

$$d_4^- = 15 + d_4^+ - 5x_1 - 3x_2 \tag{8.39}$$

优先因子 P_1 包括 d_1^-，因此将 d_1^- 中基变量的相关系数填入表格中；优先因子 P_2 包括 d_2^-、d_2^+，因此将 d_2^- 和 d_2^+ 中基变量的相关系数填入表格中；优先因子 P_3 包括 d_3^-、d_3^+，因此将 d_3^- 和 d_3^+ 中基变量的相关系数填入表格中；优先因子 P_4包括 d_4^+，因此将 d_4^+ 中基变量的相关系数填入表格中；在计算检验数时，可以使用我们在对偶单纯形法中的公式

$$\boldsymbol{\delta} = \boldsymbol{C}_j - \boldsymbol{C}_{\boldsymbol{B}} * \boldsymbol{X}_j \tag{8.40}$$

将相关系数代入式（8.40），得到 x_1 的系数为

$$\delta_1 = 0 - [P_1, P_2, P_3, 0] * [20, 1, 2, 5]^{\mathrm{T}} = -20P_1 - P_2 - 2P_3 \tag{8.41}$$

因此将［-1，-2］填入表格中，依此类推可以求出其余变量的检验数值

$$\delta_2 = 0 - [P_1, P_2, P_3, 0] * [40, -1, 2, 3]^{\mathrm{T}} = -40P_1 + P_2 - 2P_3 \tag{8.42}$$

$$\delta_3 = 0 - [P_1, P_2, P_3, 0] * [0, 0, 0, 0]^{\mathrm{T}} = 0 \tag{8.43}$$

$$\delta_4 = 0 - [P_1, P_2, P_3, 0] * [0, 0, 0, 0]^{\mathrm{T}} = 0 \tag{8.44}$$

$$\delta_5 = P_1 - [P_1, P_2, P_3, 0] * [1, 0, 0, 0]^{\mathrm{T}} = 0 \tag{8.45}$$

$$\delta_6 = 0 - [P_1, P_2, P_3, 0] * [-1, 0, 0, 0]^{\mathrm{T}} = P_1 \tag{8.46}$$

$$\delta_7 = P_2 - [P_1, P_2, P_3, 0] * [0, 1, 0, 0]^{\mathrm{T}} = 0 \tag{8.47}$$

$$\delta_8 = P_2 - [P_1, P_2, P_3, 0] * [0, -1, 0, 0]^{\mathrm{T}} = 2P_2 \tag{8.48}$$

$$\delta_9 = P_3 - [P_1, P_2, P_3, 0] * [0, 0, 1, 0]^{\mathrm{T}} = 0 \tag{8.49}$$

$$\delta_{10} = P_3 - [P_1, P_2, P_3, 0] * [0, 0, -1, 0]^{\mathrm{T}} = 2P_3 \tag{8.50}$$

$$\delta_{11} = 0 - [P_1, P_2, P_3, 0] * [0, 0, 0, 1]^{\mathrm{T}} = 0 \tag{8.51}$$

$$\delta_{12} = P_4 - [P_1, P_2, P_3, 0] * [0, 0, 0, -1]^{\mathrm{T}} = P_4 \tag{8.52}$$

将其分别填入到单纯形表中（见表 8.3）。

表 8.3　例 8.3 问题用目标单纯形法第一次迭代

C_j		0	0	0	0	P_1	0	P_2	P_2	P_3	P_3	0	P_4	b
$\boldsymbol{C_B}$	基	x_1	x_2	x_3	x_4	d_1^-	d_1^+	d_2^-	d_2^+	d_3^-	d_3^+	d_4^-	d_4^+	
0	x_3	3		1										12
0	x_4		4		1									16
P_1	d_1^-	20	40			1	-1							80
P_2	d_2^-	1	-1					1	-1					0
P_3	d_3^-	2	2							1	-1			12
0	d_4^-	5	3									1	-1	15
$C_j - Z_j$	P_1	-20	-40				1							
	P_2	-1	1						2					
	P_3	-2	-2								2			
	P_4												1	

在得到初始单纯形表后，首先观察检验数矩阵。此时检验数存在负数，说明当前不是最优解，需要进一步迭代计算。

接下来观察优先因子 P_1，它的优先级最高，为了计算快捷，选取检验数最小的变量即 x_2 作为入基变量。

在选择出基变量的时候，过程和普通的单纯形法相同，运用最小比值法，选取 $\frac{b}{a}$ 最小的变量作为出基变量，经过计算，d_1^- 为出基变量，经过行变换后，可以得到迭代后的单纯形表（见表 8.4）。

表 8.4　例 8.3 问题用目标单纯形法第二次迭代

C_j		0	0	0	0	P_1	0	P_2	P_2	P_3	P_3	0	P_4	b
C_B	基	x_1	x_2	x_3	x_4	d_1^-	d_1^+	d_2^-	d_2^+	d_3^-	d_3^+	d_4^-	d_4^+	
0	x_3	3		1										12
0	x_4	-2			1	$-1/10$	1/10							8
0	x_4	1/2	1			1/40	$-1/40$							2
P_2	d_2^-	3/2				1/40	$-1/40$	1	-1					2
P_3	d_3^-	1				$-1/20$	1/20			1	-1			8
0	d_4^-	7/2				$-3/40$	3/40					1	-1	9
C_j-Z_j	P_1	0				1								
	P_2	$-3/2$				$-1/40$	1/40		2					
	P_3	-1				1/20	$-1/20$				2			
	P_4												1	

通过计算检验数矩阵，发现优先因子 P_1 所在的行所有的系数均非负，说明此时 P_1 这个目标已经得到满足，但通过观察可以看到，在 P_2 所在的行中依然存在负数，说明此时 P_2 这个目标并未得到满足，因此需要进行下一步迭代。

按照单纯形法的计算过程，选择 x_1 作为入基变量，经过计算选择 d_2^- 为出基变量，经过行变换后，可以得到迭代后的单纯形表（见表 8.5）。

表 8.5　例 8.3 问题用目标单纯形法第三次迭代

C_j		0	0	0	0	P_1	0	P_2	P_2	P_3	P_3	0	P_4	b
C_B	基	x_1	x_2	x_3	x_4	d_1^-	d_1^+	d_2^-	d_2^+	d_3^-	d_3^+	d_4^-	d_4^+	
0	x_3			1		$-1/20$	1/20	-2	2					8
0	x_4				1	$-1/15$	1/15	4/3	$-4/3$					32/3
0	x_2		1			1/60	$-1/60$	$-1/3$	1/3					4/3
0	x_1	1				1/60	$-1/60$	2/3	$-2/3$					4/3

续表

C_j		0	0	0	0	P_1	0	P_2	P_2	P_3	P_3	0	P_4	b
C_B	基	x_1	x_2	x_3	x_4	d_1^-	d_1^+	d_2^-	d_2^+	d_3^-	d_3^+	d_4^-	d_4^+	
P_3	d_3^-					-1/15	1/15	-2/3	2/3	1	-1			20/3
0	d_4^-					-2/15	2/15	-7/3	7/3			1	-1	13/3
C_j-Z_j	P_1					1								
	P_2							1	1					
	P_3					1/15	-1/15	2/3	-2/3		2			
	P_4												1	

通过计算检验数矩阵，发现优先因子 P_1、P_2 所在的行所有的系数均非负，说明此时 P_1、P_2 这个目标已经得到满足，但通过观察可以看到，在 P_3 所在的行中依然存在负数，说明此时 P_3 这个目标并未得到满足，因此需要进行下一步迭代。

按照单纯形法的计算过程，选择 d_1^+ 作为入基变量，经过计算选择 d_4^- 为出基变量，经过行变换后，可以得到迭代后的单纯形表（见表 8.6）。

表 8.6　例 8.3 问题用目标单纯形法第四次迭代

C_j		0	0	0	0	P_1	0	P_2	P_2	P_3	P_3	0	P_4	b
C_B	基	x_1	x_2	x_3	x_4	d_1^-	d_1^+	d_2^-	d_2^+	d_3^-	d_3^+	d_4^-	d_4^+	
0	x_3			1				-9/8	9/8			-3/8	3/8	51/8
0	x_4				1			5/2	-5/2			-1/2	1/2	17/2
0	x_2		1					-5/8	5/8			1/8	-1/8	15/8
0	x_1	1						3/8	-3/8			1/8	-1/8	15/8
P_3	d_3^-							1/2	-1/2	1	-1	-1/2	1/2	9/2
0	d_1^+					-1	1	-35/2	35/2			15/2	-15/2	65/2
C_j-Z_j	P_1					1								
	P_2							1	1					
	P_3							-1/2	1/2		2	1/2	-1/2	
	P_4												1	

按照单纯形法的计算过程，选择 d_4^+ 作为入基变量，经过计算选择 d_3^- 为出基变量，经过行变换后，可以得到迭代后的单纯形表（见表 8.7）。

表 8.7　例 8.3 问题用目标单纯形法求得满意解

C_j		0	0	0	0	P_1	0	P_2	P_2	P_3	P_3	0	P_4	b
$\boldsymbol{C_B}$	基	x_1	x_2	x_3	x_4	d_1^-	d_1^+	d_2^-	d_2^+	d_3^-	d_3^+	d_4^-	d_4^+	
0	x_3			1				−3/2	3/2	−3/4	3/4			3
0	x_4				1			2	−2	−1	1			4
0	x_2		1					−1/2	1/2	1/4	−1/4			3
0	x_1	1						1/2	−1/2	1/4	−1/4			3
P_4	d_4^+							1	−1	2	−2	−1	1	9
0	d_1^+					−1	1	−10	10	15	−15			100
C_j-Z_j	P_1					1								
	P_2							1	1					
	P_3									1	1			
	P_4							−1	1	−2	2	1		

此时，发现检验数矩阵中，在 P_4 所在的行中变量 d_2^-、d_3^- 依然存在负数，但其上面 P_2、P_3 所在的行存在正数 1，d_2^- 的检验数 $P_2-P_4>0$，d_3^- 的检验数 $P_3-2P_4>0$，检验数非负，此时所有变量的检验数均非负，因此此时得到的解为目标规划单纯形表满意解。由表 8.7 可以看出，满意解为 $\boldsymbol{X}=(3,\ 3)$。

另一个单纯形法求解目标规划问题的例子：

例 8.4

$$\min z=P_1(d_1^-+d_2^+)+P_2(d_3^-) \tag{8.53}$$

$$x_1+2x_2+d_1^--d_1^+=50$$

$$2x_1+x_2+d_2^--d_2^+=40$$

$$2x_1+2x_2+d_3^--d_3^+=80$$

$$x_1,x_2,d_i^-,d_i^+\geqslant 0\ (i=1,2,3)$$

以 d_1^-、d_2^-、d_3^- 为基变量，求出检验数，将检验数中优先因子分离出来，每一优先级作一行，列出初始单纯形表。

基变量所在的行与普通的单纯形法的列法相同，将相关变量的系数填入表中即可。

关于检验行，思路是用非基变量表示基变量，等式中的基变量的系数即为不同优先因子所在行对应的变量的系数。

根据上述方程，首先表示 d_1^-，

$$d_1^-=50+d_1^+-x_1-2x_2 \tag{8.54}$$

同理，表示 d_2^-、d_3^-，

$$d_2^-=40+d_2^+-2x_1-x_2 \tag{8.55}$$

$$d_3^-=80+d_3^+-2x_1-2x_2 \tag{8.56}$$

优先因子 P_1 包括 d_1^-、d_2^-，因此将 d_1^- 和 d_2^- 中基变量的相关系数填入表格中；优先

因子 P_2 包括 d_3^-，因此将 d_3^- 中基变量的相关系数填入表格中；我们在计算检验数时，可以使用对偶单纯形法中的公式

$$\delta = C_j - \boldsymbol{C_B} * \boldsymbol{X}_j \tag{8.57}$$

将相关系数代入式（8.57），得到 x_1 的系数为

$$\delta_1 = 0 - [P_1, 0, P_2] * [1, 2, 2]^{\mathrm{T}} = -P_1 - 2P_2 \tag{8.58}$$

因此将［-1，-2］填入表格中，依此类推可以求出其余变量的检验数值

$$\delta_2 = 0 - [P_1, 0, P_2] * [2, 1, 2]^{\mathrm{T}} = -2P_1 - 2P_2 \tag{8.59}$$

$$\delta_3 = P_1 - [P_1, 0, P_2] * [1, 1/2, 0]^{\mathrm{T}} = 0 \tag{8.60}$$

$$\delta_4 = 0 - [P_1, 0, P_2] * [-1, 0, 0]^{\mathrm{T}} = P_1 \tag{8.61}$$

$$\delta_5 = 0 - [P_1, 0, P_2] * [0, 1, 0]^{\mathrm{T}} = 0 \tag{8.62}$$

$$\delta_6 = P_1 - [P_1, 0, P_2] * [0, -1, 0]^{\mathrm{T}} = P_1 \tag{8.63}$$

$$\delta_7 = P_2 - [P_1, 0, P_2] * [0, 0, 1]^{\mathrm{T}} = 0 \tag{8.64}$$

$$\delta_8 = 0 - [P_1, 0, P_2] * [0, 0, -1]^{\mathrm{T}} = P_2 \tag{8.65}$$

将其分别填入到单纯形表中（见表 8.8）

表 8.8　例 8.4 问题用目标单纯形法第一次迭代

C_j		0	0	P_1	0	0	P_1	P_2	0	b
$\boldsymbol{C_B}$	基	x_1	x_2	d_1^-	d_1^+	d_2^-	d_2^+	d_3^-	d_3^+	
P_1	d_1^-	1	2	1	-1					50
0	d_2^-	2	1			1	-1			40
P_2	d_3^-	2	2					1	-1	80
$C_j - Z_j$	P_1	-1	-2		1		1			
	P_2	-2	-2						1	

在得到初始单纯形表后，首先观察检验数矩阵。此时检验数存在负数，说明当前不是最优解，需要进一步迭代计算。

接下来观察优先因子 P_1，它的优先级最高，为了计算快捷，选取检验数最小的变量即 x_2 作为入基变量。

在选择出基变量的时候，过程和普通的单纯形法相同，运用最小比值法，选取 $\frac{b}{a}$ 最小的变量作为出基变量，经过计算，d_1^- 为出基变量，经过行变换后，可以得到迭代后的单纯形表（见表 8.9）。

表 8.9　例 8.4 问题用目标单纯形法第二次迭代

C_j		0	0	P_1	0	0	P_1	P_2	0	b
$\boldsymbol{C_B}$	基	x_1	x_2	d_1^-	d_1^+	d_2^-	d_2^+	d_3^-	d_3^+	
0	x_2	1/2	1	1/2	-1/2					25

续表

C_j		0	0	P_1	0	0	P_1	P_2	0	b
C_B	基	x_1	x_2	d_1^-	d_1^+	d_2^-	d_2^+	d_3^-	d_3^+	
0	d_2^-	3/2		-1/2	1/2	1	-1			15
P_2	d_3^-	1		-1	1			1	-1	30
C_j-Z_j	P_1			1			1			
	P_2	-1		1	-1				1	

通过计算检验数矩阵，发现优先因子 P_1 所在的行所有的系数均非负，说明此时 P_1 这个目标已经得到满足，但通过观察我们可以看到，在 P_2 所在的行中依然存在负数，说明此时 P_2 这个目标并未得到满足，因此需要进行下一步迭代。

按照单纯形法的计算过程，选择 x_1 作为入基变量，经过计算选择 d_2^- 为出基变量，经过行变换后，可以得到迭代后的单纯形表（见表 8.10）。

表 8.10　例 8.4 问题用目标单纯形法第三次迭代

C_j		0	0	P_1	0	0	P_1	P_2	0	b
C_B	基	x_1	x_2	d_1^-	d_1^+	d_2^-	d_2^+	d_3^-	d_3^+	
0	x_2		1	2/3	-2/3	-1/3	1/3			20
0	x_1	1		-1/3	1/3	2/3	-2/3			10
P_2	d_3^-			-2/3	2/3	-2/3	2/3	1	-1	20
C_j-Z_j	P_1			1			1			
	P_2			2/3	-2/3	2/3	-2/3		1	

在这个表格中可以发现，在 P_2 所在的行中依然存在负数，分别是 d_1^+ 和 d_2^+，那么该如何选择将哪一个变量作为入基变量呢？

观察这两个变量的区别，对于 d_1^+，其检验数为 $-2/3P_2$，而 d_2^+ 的检验数为 $P_1-2/3P_2$。在目标规划中检验数 $P_1-2/3P_2$ 应理解为“大于零”。

注意：P_1、P_2 是优先级别的比较，而不是“数”的比较。例如，$-3P_2+5P_3$ 理解为小于零，$2P_2-4P_4$ 理解为大于零，这样即可理解为该变量检验数大于零，当所有的变量都满足这个条件时，目标规划得到满意解。这也是目标规划中单纯形法最重要的一点。

因此应选择在这种情况下小于零的变量作为入基变量，此时选择 d_1^+ 作为入基变量。

按照单纯形法的计算过程，选择 d_1^+ 作为入基变量，经过计算选择 x_1 为出基变量，经过行变换后，可以得到迭代后的单纯形表（见表 8.11）。

表 8.11　例 8.4 问题用目标单纯形法求得满意解

C_j		0	0	P_1	0	0	P_1	P_2	0	b
C_B	基	x_1	x_2	d_1^-	d_1^+	d_2^-	d_2^+	d_3^-	d_3^+	
0	x_2	2	1			1	-1			40

续表

C_j		0	0	P_1	0	0	P_1	P_2	0	b
$\boldsymbol{C_B}$	基	x_1	x_2	d_1^-	d_1^+	d_2^-	d_2^+	d_3^-	d_3^+	
0	d_1^+	3		-1	1	2	-2			30
P_2	d_3^-	-2				-2	2	1	-1	0
C_j-Z_j	P_1			1			1			
	P_2	2				2	-2		1	

此时，发现检验数矩阵中，在 P_2 所在的行中变量 d_2^+ 依然存在负数，但其上面 P_1 所在的行存在正数 1，d_2^+ 的检验数 $P_1-2P_2>0$，检验数非负，此时所有变量的检验数均非负，因此此时为目标规划单纯形表满意解。由表 8.11 可以看出，满意解为 $\boldsymbol{X}=(0,\ 40)$。

上面这个例子的约束条件中都是目标约束，如果存在系统约束即结果一定不能有正或负的偏差，必须按要求满足的约束（如材料、仓储空间等），这个时候的单纯形法该如何使用呢？

通过一道例题进行说明：

例 8.5

$$\min z=P_1d_1^-+P_2(d_2^-+d_2^+)+P_3d_3^- \tag{8.66}$$
$$2x_1+3x_2\leqslant 24$$
$$-x_1+x_2+d_1^--d_1^+=0$$
$$3x_1+2x_2+d_2^--d_2^+=26$$
$$4x_1+3x_2+d_3^--d_3^+=30$$
$$x_1,x_2,d_i^-,d_i^+\geqslant 0(i=1,2,3)$$

对于这个问题，和上面例题不同之处在于第一个约束为系统约束，不存在偏差变量，请思考是否会对计算产生影响，如果有影响会是什么样的影响？

首先对第一个系统约束加入松弛变量化为标准型。

$$\min z=P_1d_1^-+P_2(d_2^-+d_2^+)+P_3d_3^- \tag{8.67}$$
$$2x_1+3x_2+x_3=24$$
$$-x_1+x_2+d_1^--d_1^+=0$$
$$3x_1+2x_2+d_2^--d_2^+=26$$
$$4x_1+3x_2+d_3^--d_3^+=30$$
$$x_1,x_2,x_3,d_i^-,d_i^+\geqslant 0(i=1,2,3)$$

下面建立初始单纯形表，取 x_3，d_1^-，d_2^-，d_3^- 为基变量。

根据单纯形法的步骤，将相关变量的系数填入表中，用相同的方法计算出检验数矩阵。

可以看到，即使加入了系统约束不存在偏差变量的时候，目标规划单纯形法的使用并没有改变，依然按照一般步骤，进行初始化、迭代、停止。

具体的计算过程如表 8.12 ~ 表 8.15 所示。

表 8.12　例 8.5 问题用目标单纯形法第一次迭代

C_j		0	0	0	P_1	0	P_2	P_2	P_3	0	b
$\boldsymbol{C_B}$	基	x_1	x_2	x_3	d_1^-	d_1^+	d_2^-	d_2^+	d_3^-	d_3^+	
0	x_3	2	3	1							24
P_1	d_1^-	-1	1		1	-1					0
P_2	d_2^-	3	2				1	-1			26
P_3	d_3^-	4	3						1	-1	30
C_j-Z_j	P_1	-1	-2			1					
	P_2	-3	-2					2			
	P_3	-4	-3							1	

表 8.13　例 8.5 问题用目标单纯形法第二次迭代

C_j		0	0	0	P_1	0	P_2	P_2	P_3	0	b
$\boldsymbol{C_B}$	基	x_1	x_2	x_3	d_1^-	d_1^+	d_2^-	d_2^+	d_3^-	d_3^+	
0	x_3	5		1	-3	3					24
0	x_2	-1	1		1	-1					0
P_2	d_2^-	5			-2	2	1	-1			26
P_3	d_3^-	7			-3	3			1	-1	30
C_j-Z_j	P_1				1			2		1	
	P_2	-5			2	-2					
	P_3	-7			3	-3					

表 8.14　例 8.5 问题用目标单纯形法第三次迭代

C_j		0	0	0	P_1	0	P_2	P_2	P_3	0	b
$\boldsymbol{C_B}$	基	x_1	x_2	x_3	d_1^-	d_1^+	d_2^-	d_2^+	d_3^-	d_3^+	
0	x_3			1	-6/7	6/7			-5/7	5/7	18/7
0	x_2		1		4/7	-4/7			1/7	-1/7	30/7
P_2	d_2^-				1/7	-1/7	1	-1	-5/7	5/7	32/7
0	x_1	1			-3/7	3/7			1/7	-1/7	30/7
C_j-Z_j	P_1				1						
	P_2				-1/7	-1/7		2	5/7	-5/7	
	P_3								1		

表 8.15　例 8.5 问题用目标单纯形法求得满意解

C_j		0	0	0	P_1	0	P_2	P_2	P_3	0	b
C_B	基	x_1	x_2	x_3	d_1^-	d_1^+	d_2^-	d_2^+	d_3^-	d_3^+	
0	d_3^+			7/5	−6/5	6/5			−1	1	18/5
0	x_2		1	1/5	2/5	−2/5					24/5
P_2	d_2^-			−1	1	−1	1	−1			2
0	x_1	1		1/5	−3/5	3/5					24/5
C_j-Z_j	P_1				1						
	P_2			1	−1	1		2			
	P_3								1		

所有变量的检验数均非负，因此此时为目标规划单纯形表满意解。

由表 8.15 可以看出，满意解为 $\boldsymbol{X}=(24/5,\ 24/5)$，偏差变量 $d_2^-=2$，$d_3^+=\dfrac{18}{5}$，此时第一目标、第三目标已达最优，第二个目标未达到最优。

在本章开始提出的投资计划问题，也可以使用目标规划单纯形法进行求解（见表 8.16）。

投资计划：

表 8.16　投资计划问题用目标单纯形法第一次迭代

C_j		0	0	0	0	0	P_1	P_1	P_2	0	P_3	P_3	…	P_7	P_7	b
C_B	基	x_1	x_2	x_3	x_4	x_5	d_1^-	d_1^+	d_2^-	d_2^+	d_3^-	d_3^+		d_7^-	d_7^+	
P_1	d_1^-	12	10	15	13	20	1	−1								1 000
P_2	d_2^-	−0.29	0.34	−0.23	−0.18	−0.97			1	−1						0
P_3	d_3^-	1.01	1.66	1.57	1.48	1.53					1	−1				0
P_4	d_4^-	0.21	−0.3	0.81	0.48	1.21										0
P_5	d_5^-	−0.15	−1.14	−0.71	−0.44	−0.95										0
P_6	d_6^-	−1.07	−0.22	−1.67	−1.52	−1.79										0
P_7	d_7^-	−2.4	−2	−3	−2.6	16								1	−1	0
C_j-Z_j	P_1	−12	−10	−15	−13	−20		2								
	P_2	0.29	−0.34	0.23	0.18	0.97				2						
	P_3	−1.01	−1.66	−1.57	−1.48	−1.53						2				
	P_4	−0.21	0.3	−0.81	−0.48	−1.21										
	P_5	0.15	1.14	0.71	0.44	0.95										

续表

C_j		0	0	0	0	0	P_1	P_1	P_2	0	P_3	P_3	…	P_7	P_7	b
$\boldsymbol{C_B}$	基	x_1	x_2	x_3	x_4	x_5	d_1^-	d_1^+	d_2^-	d_2^+	d_3^-	d_3^+		d_7^-	d_7^+	
C_j-Z_j	P_6	1.07	0.22	1.67	1.52	1.79										
	P_7	2.4	2	3	2.6	-16									2	

最终满意解为 $\boldsymbol{X}=(30,\ 50,\ 0,\ 0,\ 7)$，投资额 1 000 万元，收益 301.51 万元。

本章小结

本章从农场游戏和投资计划两个问题入手，描述了目标规划的基本特点和建模方法，介绍了求解目标规划的图解法，以及目标规划单纯形法。

第九章

动态规划

课程目标

1. 了解动态规划求解问题的基本思想。
2. 了解动态规划模型的六个基本概念。
3. 掌握利用动态规划进行建模的方法。
4. 掌握动态规划求解模型的具体过程。

第一节　动态规划的模型

一、最短路途问题

（一）问题描述

假期到了，就读于北京理工大学且住在海南的同学要从北京回到家，对于这位同学来说，如何选择最优的路线呢？为了说明动态规划的基本原理，我们将构建一个简单的问题。如图9.1所示，我们假设从北京到海南需要经过三种不同的地区，即东北地区、西北地区和江南地区，并且这些地区各自对应不同可选择的城市，东北地区有沈阳、哈尔滨和长春；西北地区有西安、兰州和乌鲁木齐；江南地区有杭州和上海。选择不同的城市所需要的综合成本不同，如何规划路线才能使得总的综合成本最低？

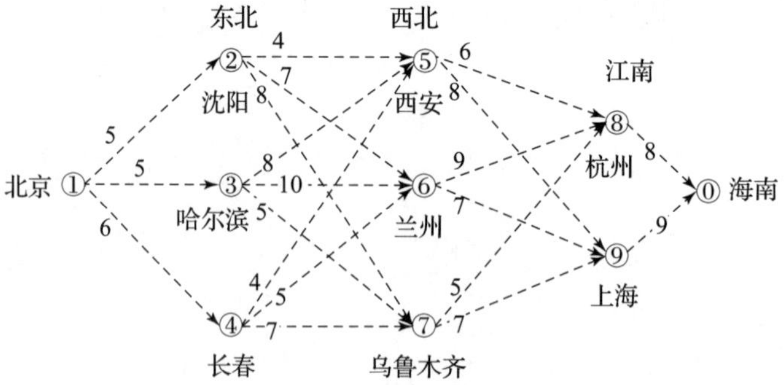

图9.1　回家路线图

很多同学的第一直觉是，只要在每个阶段都选择成本最低的路线就能够保证总的路线成本最低。事实上，这种方式并不能保证每个阶段的最短路线都是可行的。如图9.2所示，从北京到东北地区，可以选择路径“1－2”，该路径综合成本为5，是这一阶段成本最低路径；此时，到达东北地区的沈阳城市，可以选择路径“2－5”，该路径综合成本为

4，是这一阶段的成本最低路径；此时，到达西北地区的西安城市，只能选择路径“5－8”或者“5－9”，这两条路径的综合成本分别为6和8，而该阶段的综合成本最低路径为“7－8”，综合成本为5。因此，这种凭借直觉的路径选择方法是不正确的。在某些特殊情况下，这种选择方法也能够找到最优路径，例如：当路径“5－6”的综合成本为4时，就恰好能找到最优路径。但是，这仍然不能说明这种选择方法是正确的，只是一种巧合。

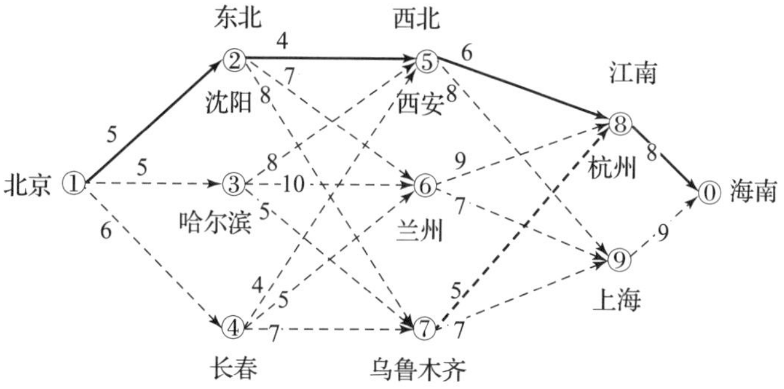

图9.2　直觉路径选择

事实上，在前几章学习单纯形法、运输单纯形法、指派问题的求解策略时，我们都是通过分析问题本身的特殊性来建立针对特定问题的针对性求解方法的。动态规划问题也不例外，我们仍然需要考虑问题的特殊性，并利用这种特殊性来构建动态规划算法。

上述问题的特殊性有两点：

（1）最优路径中的部分路径也是最优的。

如果能够得到一条最优的路径，那么这条路径中的部分路径也是最优的。如图9.3所示，假设该路径是从北京到海南的最优路径，那么这条路径中从东北地区到海南、从西北地区到海南以及从江南地区到海南的路径都一定是最优的。如果这些路径不是最优的，那么就能够通过改善这些路径，进而优化整体路径，这与整体路径最优的假设相矛盾。

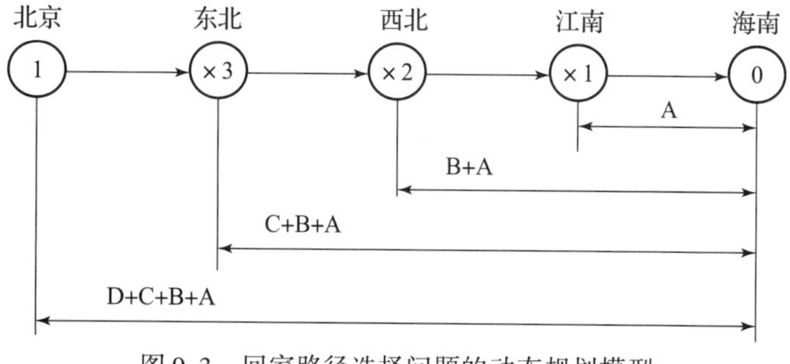

图9.3　回家路径选择问题的动态规划模型

（2）大问题的解可以依赖小问题的解获得。

如果现在已经知道了从西北地区到海南的最优路径，那么当需要知道从东北地区到海南的最优路径时，可以不用再次考虑从西北地区到海南的最优路径，而只需要决策从东北地区到达西北地区的路径即可，由此可以得到从东北地区到海南的最优路径。

上述特殊性中，第一个特殊性使得我们可以将一个大问题划分为一系列的小问题进行求解，即“大事化小”；第二个特殊性使得我们可以将小问题的最优解组合起来形成大问题的最优解，即“递归求解”。因此，动态规划的求解策略，总体上可以概括为“大事化小、递归求解”。

第二节　动态规划的求解

为了将整个问题划分为几个小问题，将从北京到达海南分为四个主要阶段，即从江南地区到达海南，从西北地区到达江南地区，从东北地区到达西北地区，从北京到达东北地区，如图 9.4 所示。

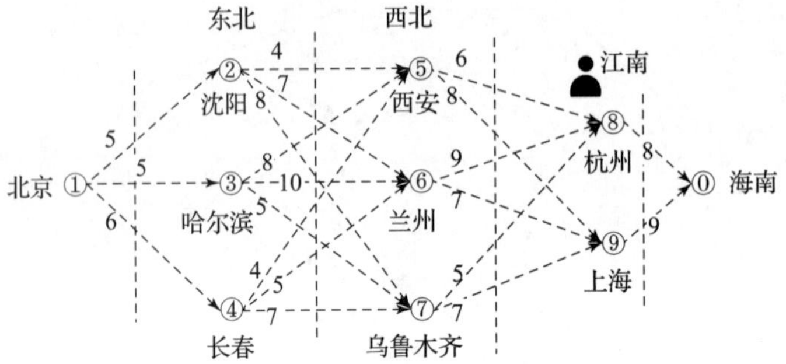

图 9.4　回家路径第四阶段

我们现在假设你已经到达了江南地区，但是由于不知道从西北地区到达江南地区的是杭州还是上海，因此分别找到在江南地区阶段，从杭州和从上海到达海南的最优路径。

当你在江南地区的杭州时，到达海南的最优路径是“8 - 0”，综合成本为 8；当你在江南地区的上海时，到达海南的最优路径是“9 - 0”，综合成本为 9，如图 9.5 所示。

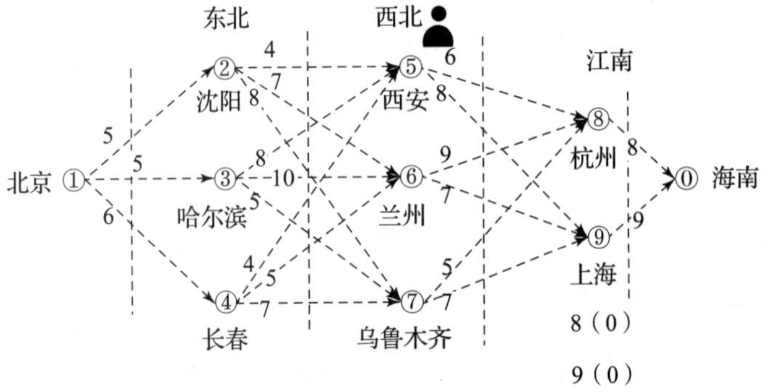

图 9.5　回家路径第三阶段

现在假设你到达了西北地区，但是由于不知道从东北地区到达西北地区的是西安、兰州还是乌鲁木齐，因此分别找到在西北地区阶段，从西安、兰州和乌鲁木齐到达海南的最优路径。

当你在西北地区的西安时，到达海南最优路径是“5 - 8 - 0”，综合成本为 6 + 8 = 14；当你在西北地区的兰州时，到达海南的最优路径是“6 - 9 - 0”，综合成本为 7 + 9 = 16；当你在西北地区的乌鲁木齐时，到达海南的最优路径是“7 - 8 - 0”，综合成本为 5 + 8 = 13，如图 9.6 所示。

现在假设你到达了东北地区，但是由于不知道从北京到达东北地区的是沈阳、哈尔滨还是长春，因此分别找到在东北地区阶段，从沈阳、哈尔滨和长春到达海南的最优路径。

当你在东北地区的沈阳时，到达海南最优路径是“4 - 5 - 8 - 0”，综合成本为 4 + 14 =

18；当你在东北地区的哈尔滨时，到达海南的最优路径是“3 –7 –8 –0”，综合成本为 5 +13 =18；当你在东北地区的长春时，到达海南的最优路径是“4 –5 –8 –0”，综合成本为 4 +14 =18，如图 9.7 所示。

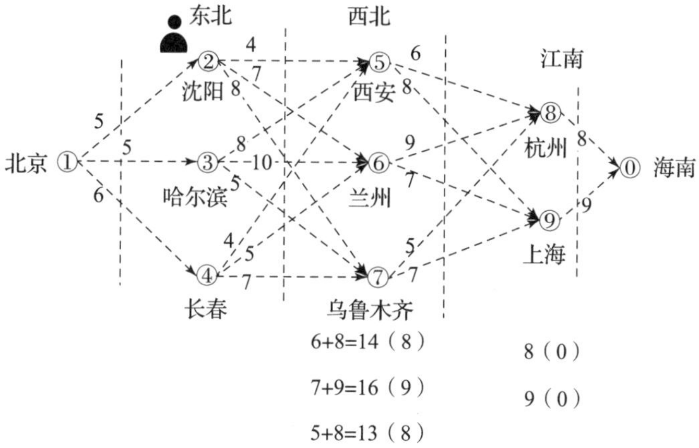

图 9.6　回家路径第二阶段

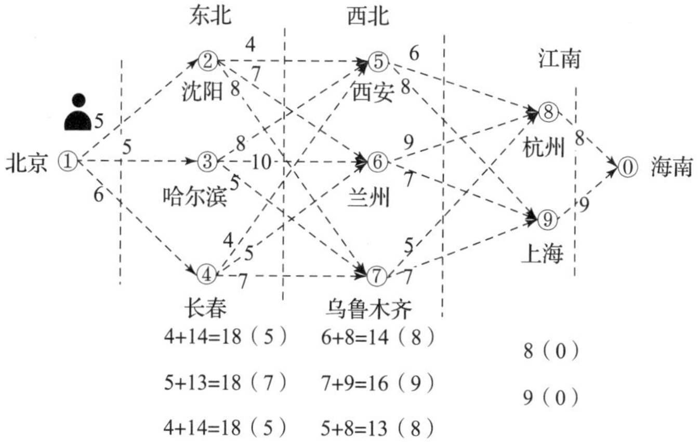

图 9.7　回家路径第一阶段

现在假设你正在北京等待出发，基于上面的运算，可以知道到达海南的最优路径是“1 –2 –5 –8 –0”和“1 –3 –7 –8 –0”，综合成本都是 5 +18 =23。因此，最终得到两条最优路径，如图 9.8 所示。

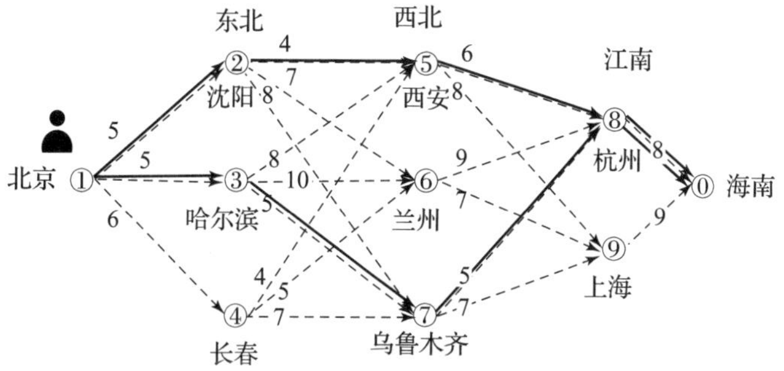

图 9.8　两条最优路径

上面的求解过程不是一个特例，其本身就是动态规划求解问题的基本过程。为了能够更准确地描述动态规划的模型和求解过程，需要定义几个重要的概念。

（1）**阶段**。对于动态规划问题，按问题的特点可将其划分为若干个相互联系的阶段，阶段就是问题所处的地段或时段。描述阶段的变量称为阶段变量，通常用 k 表示。

（2）**状态与状态集合**。状态就是在各阶段开始时的自然状况，例如在东北地区时，你在沈阳，沈阳就是你当前的状态，用“s_k = 沈阳”来表示。状态集合指的是每个阶段所有可能状态的集合，例如在东北地区时，可能处于的状态包括沈阳、哈尔滨和长春，这些就是状态集合，用“s_k = ｛沈阳，哈尔滨，长春｝”来表示。

（3）**决策、决策集合**。决策表示处于某一阶段的某一状态时，为确定下一阶段的状态所做出的决定或者选择。通常用 $u_k(s_k)$ 表示第 k 阶段在状态为 s_k 时所做出的决策，例如你在东北地区的沈阳，选择下一个阶段去西北地区的西安，这就是决策。每个决策所带来的成本或者收益用 $v_k(s_k, u_k)$ 表示。通常用 $D_k(s_k)$ 表示第 k 阶段在状态为 s_k 处所有可行决策构成的决策集合，显然有 $u_k(s_k) \in D_k(s_k)$；例如在东北地区的沈阳时，你可能的选择包括去西北地区的西安、兰州或者乌鲁木齐，这些就是决策集合。

（4）**策略**。对于一个 n 阶段决策问题，从初始状态出发到终段状态的全过程中，每阶段的决策 $u_k(s_k), k=1,2,\cdots,n$ 所构成的决策序列就称为一个整体策略，简称策略。记为 $p_{1,n}(s_1)$。在上述问题中，当处于北京时，从北京到海南的路径就是一个策略，如“1－2－5－8－0”。

（5）**指标函数或目标函数**。过程中一系列决策（策略）所带来的成本或者收益，用 $f_k(s_k)$ 来表示，一般包括两种形式，即指标和形式和指标积形式。上述问题中指的是一条路径的综合成本。

（6）**转移函数**。描述相邻两阶段状态与决策相互关系的方程称为状态转移方程。状态转移方程的一般形式可描述为 $s_{k+1} = T_k(s_k, u_k)$，T_k 称为状态转移函数。例如，当处于东北地区的哈尔滨时，做出 3－5 的决策，状态会转移到西北地区的西安。

深入理解上述六个概念是进行动态规划建模的基础。对于一个实际问题来说，如果能够清晰地定义上述六个概念，就能够利用动态规划进行求解，得出最终的方案。

接下来，我们仍然以上述问题为例，采用表格法来求解。

①当 $k=n=5$ 时，$f_5(s_5)=0$；

②当 $k=4$ 时，递推方程为 $f_4(s_4) = \min\limits_{x_4 \in D_4(s_4)} \{v_4(s_4,x_4)+f_5(s_5)\}$，表格法计算过程如表 9.1 所示。

表 9.1　表格法：步骤一

s_4	$D_4(s_4)$	s_5	$v_4(s_4, x_4)$	$v_4(s_4, x_4)+f_5(s_5)$	$f_4(s_4)$	最优决策 x_4^*
v_8	$v_8 \to v_0$	v_0	8	8+0=8*	8	$v_8 \to v_0$
v_9	$v_9 \to v_0$	v_0	9	9+0=9*	9	$v_9 \to v_0$

（3）当 $k=3$ 时，递推方程为 $f_3(s_3) = \min\limits_{x_3 \in D_3(s_3)} \{v_3(s_3,x_3)+f_4(s_4)\}$，表格法计算过程如表 9.2 所示。

表 9.2 表格法：步骤二

s_3	$D_3(s_3)$	s_4	$v_3(s_3, x_3)$	$v_3(s_3, x_3)+f_4(s_4)$	$f_3(s_3)$	最优决策 x_3^*
v_5	$v_5 \to v_8$ $v_5 \to v_9$	v_8 v_9	6 8	$6+8=14^*$ $8+9=17$	14	$v_5 \to v_8$
v_6	$v_6 \to v_8$ $v_6 \to v_9$	v_8 v_9	9 7	$9+8=17$ $7+9=16^*$	16	$v_6 \to v_9$
v_7	$v_7 \to v_8$ $v_7 \to v_9$	v_8 v_9	5 7	$5+8=13^*$ $7+9=16$	13	$v_7 \to v_9$

（4）当 $k=2$ 时，递推方程为：$f_2(s_2)=\min\limits_{x_2 \in D_2(s_2)}\{v_2(s_2,x_2)+f_3(s_3)\}$，表格法计算过程如表 9.3 所示。

表 9.3 表格法：步骤三

s_2	$D_2(s_2)$	s_3	$v_2(s_2, x_2)$	$v_2(s_2, x_2)+f_3(s_3)$	$f_2(s_2)$	最优决策 x_2^*
v_2	$v_2 \to v_5$ $v_2 \to v_6$ $v_2 \to v_7$	v_5 v_6 v_7	4 7 8	$4+14=18^*$ $7+16=23$ $8+13=21$	18	$v_2 \to v_5$
v_3	$v_3 \to v_5$ $v_3 \to v_6$ $v_3 \to v_7$	v_5 v_6 v_7	8 10 5	$8+14=22$ $10+16=26$ $5+13=18^*$	18	$v_3 \to v_7$
v_4	$v_4 \to v_5$ $v_4 \to v_6$ $v_4 \to {}_7$	v_5 v_6 v_7	4 5 7	$4+14=18^*$ $5+16=21$ $7+13=20$	18	$v_4 \to v_5$

（5）当 $k=1$ 时，递推方程为：$f_1(s_1)=\min\limits_{x_1 \in D_1(s_1)}\{v_1(s_1,x_1)+f_2(s_2)\}$，表格法计算过程如表 9.4 所示。

表 9.4 表格法：步骤四

s_1	$D_1(s_1)$	s_2	$v_1(s_1, x_1)$	$v_1(s_1, x_1)+f_2(s_2)$	$f_1(s_1)$	最优决策 x_1^*
v_1	$v_1 \to v_2$ $v_1 \to v_3$ $v_1 \to v_4$	v_2 v_3 v_4	5 5 6	$5+18=23^*$ $5+18=23^*$ $6+18=24$	23	$v_1 \to v_2$ $v_1 \to v_3$

第三节　动态规划求解其他问题

一、线性规划问题

动态规划也能够求解线性规划问题。此处，以大家熟悉的积木问题为例：

美国的 Pendegraft 教授在 1997 年发明了一个乐高游戏并应用其教授线性规划。某组的同学拿到了一袋乐高积木，其中包括 8 个小的积木，大小为 2×2，6 个大的积木，大小为 2×4。利用这些木块可以组合成桌子和椅子，组合桌子需要 2 个小积木和 2 个大积木，组合椅子需要 2 个小积木和 1 个大积木，桌子和椅子的售价分别为 16 元和 10 元。请各个小组的同学思考：如何组合桌子和椅子能够使得获得的收益最大化？

经思考得到的优化模型为

$$\max\ 16x_1+10x_2 \tag{9.1}$$
$$2x_1+2x_2\leqslant 8$$
$$2x_1+x_2\leqslant 6$$
$$x_1,x_2\geqslant 0$$

解　首先将问题转化为动态规划模型。

阶段数为 $k=2$，决策变量为 x_k，状态变量为第 k 阶段初各约束条件右端常数的剩余值，用 s_{ik} 表示（$i=1$，2）。

状态转移方程为：$s_{1,k+1}=s_{1k}-a_{1k}x_k$，$s_{2,k+1}=s_{2k}-a_{2k}x_k$。

递推方程：$f_k(s_{ik})=\max\{v_k(s_{ik},x_k)+f_{k+1}(s_{i,k+1})\}$。

终端条件：$f_3(s_{13},s_{23})=0$。

$k=2$ 时，决策变量 x_2 的允许集合为

$$D_2(s_{i2})=\left\{x_2\ \middle|\ 0\leqslant x_2\leqslant\min\left(\frac{s_{12}}{a_{12}},\frac{s_{22}}{a_{22}}\right)\right\},a_{12}=2,a_{22}=1 \tag{9.2}$$

$$D_2(s_{i2})=\left\{x_2\ \middle|\ 0\leqslant x_2\leqslant\min\left(\frac{s_{12}}{2},s_{22}\right)\right\}$$

$$f_2(s_{12},s_{22})=\max_{0\leqslant x_2\leqslant\min\left(\frac{s_{12}}{2},s_{22}\right)}\{c_2x_2\}=\max_{0\leqslant x_2\leqslant\min\left(\frac{s_{12}}{2},s_{22}\right)}\{10x_2\}=10\min\left(\frac{s_{12}}{2},s_{22}\right)$$

$k=1$ 时，决策变量 x_1 的允许集合为

$$D_1(s_{i1})=\left\{x_1\ \middle|\ 0\leqslant x_1\leqslant\min\left(\frac{s_{11}}{a_{11}},\frac{s_{21}}{a_{21}}\right)\right\},a_{11}=2,a_{21}=2 \tag{9.3}$$

$$D_1(s_{i1})=\left\{x_1\ \middle|\ 0\leqslant x_1\leqslant\min\left(\frac{s_{11}}{2},\frac{s_{21}}{2}\right)\right\}=\{x_1|0\leqslant x_1\leqslant\min(4,3)\}$$

状态转移方程为

$$s_{12}=s_{11}-2x_1,s_{22}=s_{21}-2x_1 \tag{9.4}$$

$$f_2(s_{11},s_{21})=\max_{0\leqslant x_1\leqslant\min(4,3)}\{c_1x_1+f_2(s_{12},s_{22})\} \tag{9.5}$$

$$=\max_{0\leqslant x_1\leqslant\min(4,3)}\left\{16x_1+10\ \min\left(\frac{s_{12}}{2},\ s_{22}\right)\right\}$$

$$= \max_{0 \leq x_1 \leq 3} \left\{ 16x_1 + 10 \min\left(\frac{8 - 2x_1}{2}, \ 6 - 2x_1 \right) \right\}$$

此时取 $x_1 = 2$ 时，$f_2(s_{11}, \ s_{21})$ 为最大值。

代入原式可得 $x_2 = 2$，利益最大为 52 元。

二、非线性规划问题

我们也可利用动态规划求解非线性规划问题，例题如下：

用动态规划方法求解下列非线性规划

$$\max z = x_1 x_2 x_3 \tag{9.6}$$

$$x_1 + 5x_2 + 2x_3 \leq 20$$

$$x_1, x_2, x_3 \geq 0$$

阶段数为 3，决策变量为 x_k，状态变量 s_k 为第 k 阶段初约束条件右端常数的剩余值，状态转移方程为 $s_{k+1} = s_k - a_k x_k$，阶段指标是 x_k，递推方程为

$$f_k(s_k) = \max_{x_k \in D(s_k)} \{ x_k \cdot f_{k+1}(s_{k+1}) \} \tag{9.7}$$

终端条件：$f_4(s_4) = 1$。

$k = 3$ 时，决策变量允许集合：

$$D_3(s_3) = \left\{ x_3 \ \middle| \ 0 \leq x_3 \leq \frac{s_3}{a_3} = \frac{s_3}{2} \right\} \tag{9.8}$$

递推方程

$$f_3(s_3) = \max_{0 \leq x_3 \leq \frac{s_3}{2}} \{ x_3 f_4(s_4) \} = \max_{0 \leq x_3 \leq \frac{s_3}{2}} \{ x_3 \} = \frac{s_3}{2}, x_3^* = \frac{s_3}{2} \tag{9.9}$$

$k = 2$ 时，决策变量允许集合

$$D_2(s_2) = \left\{ x_2 \ \middle| \ 0 \leq x_2 \leq \frac{s_2}{a_2} = \frac{s_2}{5} \right\} \tag{9.10}$$

状态转移方程：$s_3 = s_2 - 5x_2$。

递推方程

$$f_2(s_2) = \max_{0 \leq x_2 \leq \frac{s_2}{5}} \{ x_2 f_3(s_3) \} = \max_{0 \leq x_2 \leq \frac{s_2}{5}} \left\{ \frac{1}{2} x_2 s_3 \right\} \tag{9.11}$$

$$= \max_{0 \leq x_2 \leq \frac{s_2}{5}} \left\{ \frac{1}{2} x_2 (s_2 - 5x_2) \right\} = \frac{1}{40} s_2^2$$

$$x_2^* = \frac{s_2}{10}$$

$k = 1$ 时，决策变量允许集合

$$D_1(s_1) = \left\{ x_1 \ \middle| \ 0 \leq x_1 \leq \frac{s_1}{a_1} = 20 \right\} \tag{9.12}$$

状态转移方程：$s_2 = 20 - x_1$。

递推方程

$$f_1(s_1) = \max_{0 \leqslant x_2 \leqslant 20} \{x_1 f_2(s_2)\} = \max_{0 \leqslant x_1 \leqslant 20} \left\{\frac{1}{40} x_1 s_2^2\right\} \tag{9.13}$$

$$= \max_{0 \leqslant x_1 \leqslant 20} \left\{\frac{1}{40} x_1 (20 - x_1)^2\right\}$$

$$= \max_{0 \leqslant x_1 \leqslant 20} \left\{\frac{1}{40} x_1^3 - x_1^2 + 10x_1\right\} = \frac{800}{27}$$

$$x_1^* = \frac{20}{3}$$

得到最优解

$$\boldsymbol{X} = \left(\frac{20}{3}, \frac{4}{3}, \frac{10}{3}\right)^{\mathrm{T}}, z = \frac{800}{27} \tag{9.14}$$

本章小结

本章从最短路径问题入手，通过论述动态规划问题的特殊性，引出其求解方法，给出了动态规划建模的六个核心概念。在此基础上，给出了求解线性规划、非线性规划等问题的动态规划方法。

第十章

排队系统

课程目标

1. 了解排队系统的基本组成及相关记号。
2. 掌握排队系统的模型及其建模方法。
3. 掌握排队系统的关键指标的计算方法。

第一节　排队系统举例

一、植物大战僵尸游戏

植物大战僵尸游戏是一款常见的策略性的游戏，曾经风靡一时。在游戏中，可怕的僵尸即将入侵，玩家需要栽种植物，阻挡僵尸，并杀死僵尸。玩家需利用香蒲草攻击入侵的僵尸，香蒲草杀死僵尸需要的时间是一个随机变量，假设服从负指数分布；僵尸到达的时间间隔同样是一个随机变量，假设服从泊松分布。假设有 2 个香蒲草，僵尸平均每分钟出现 3 只，植物平均每分钟能消灭 4 只僵尸。试想，你如果是一名游戏设计师，为了优化用户的游戏体验，需要计算并回答如下几个问题：

（1）僵尸一进入草坪就受到攻击的概率是多少？

（2）草坪任意时刻分别有 1、2、3 只僵尸的概率是多少？

（3）僵尸的平均生存时间是多少？

（4）僵尸未受攻击的平均时间是多少？

为了回答上述问题，我们必须建立起该游戏过程的数学模型，通过数学计算才能得出结论。我们来看另外一个案例。

二、北京理工大学校医院接诊模型

北京理工大学中关村校区的新医院大楼刚刚修好，新医院中设有急诊室。急诊室不断有生病的同学和教师到来，由富有经验的医生进行医疗诊治与处理。病人来到急诊室的时间是一个随机变量，医生服务每位病人的时间也是一个随机变量。我们假设病人平均每小时到达 3 位，急诊室平均每小时能服务 4 位病人。试想，你如果来运营和管理急诊室，为了合理安排医生来满足医疗需求，需要回答如下几个问题：

（1）病人不需要等待的概率是多少？

（2）病人需要等待超过 10 分钟的概率是多少？

（3）病人的平均等待时间是多少？

为了回答上述问题，我们必须建立起病人到达及医生诊治过程的数学模型，通过数学计算才能得出结论。

上述两个案例虽然明显属于不同的领域，但是二者具有明显的共性，即都具有“到达——服务”的逻辑。在植物大战僵尸游戏中，可以理解为僵尸不断到达，香蒲草对僵尸进行服务（服务的目的是杀死僵尸）。在急诊室运营案例中，自然地理解为病人不断到达，医生对病人进行服务（服务的目的是救治病人）。上述两个案例的共性就是它们本质上都是一个排队系统，通过对排队系统进行数学描述，就可以计算得到排队系统的不同性质，进而对排队系统进行优化设计。

第二节　排队系统基本模型

一、常用分布

（一）负指数分布

若随机变量 T 服从负指数分布，其分布函数为

$$F_T(t)=1-e^{-\lambda t},t\geqslant 0,\lambda\geqslant 0 \tag{10.1}$$

概率密度函数为

$$f_T(t)=\lambda e^{-\lambda t} \tag{10.2}$$

随机变量 T 的期望值为

$$E(T)=\int_0^{\infty} tf_T(t)\,dt=\int_0^{\infty} t\lambda e^{-\lambda t}\,dt=\frac{1}{\lambda} \tag{10.3}$$

其方差为

$$D(T)=\frac{1}{\lambda^2} \tag{10.4}$$

负指数分布具有如下两个特点：

（1）概率密度函数随变量 t 严格递减；

（2）概率密度函数具有马尔科夫性质，即 $P(T>t+s\mid T>s)=P(T>t)$。

（二）泊松分布

若随机变量 X 服从参数为 λ 的泊松分布，其分布律为

$$P\{X=n\}=\frac{\lambda^n e^{-\lambda}}{n!}\quad \lambda>0,n=0,1,2\cdots \tag{10.5}$$

随机变量 X 的期望和方差分别为

$$E(X)=\lambda,D(X)=\lambda \tag{10.6}$$

（三）k 阶爱尔朗分布

设 X_1，X_2，…，X_k 是 k 个互相独立的、具有相同参数 μ 的负指数分布随机变量，则随机变量

$$X=X_1+X_2+\cdots+X_k \tag{10.7}$$

服从 k 阶爱尔朗分布，X 的概率密度函数为

$$f(x)=\frac{k\mu(k\mu x)^{k-1}}{(k-1)!}e^{-k\mu x},x>0 \tag{10.8}$$

随机变量 X 的期望和方差分别为

$$E(X)=\frac{1}{\mu},D(X)=\frac{1}{k\mu^2} \tag{10.9}$$

二、排队系统的模型

基础的排队模型包含三个主要系统：正在到来的对象、已经到达正等待被处理单元服务的对象队列和处理单元本身，如图 10.1 所示。在该模型中我们不关心对象被处理后的动作。

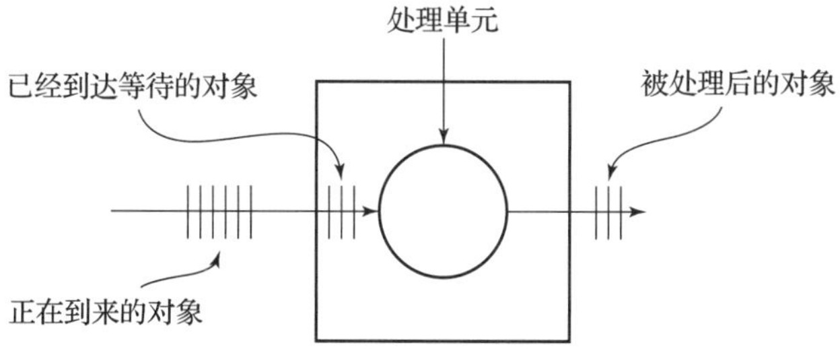

图 10.1　排队系统基本模型

在很多系统中，我们对于对象到达的过程没有明确的了解，也不清楚处理单元处理一个对象所需要的时间。例如，我们并不清楚到达急诊室的病人的真实时间间隔，在玩家玩游戏的过程中也不清楚僵尸到达植物园的时间间隔，并且时间间隔也不是不变的，而是一个随机变量。因此，图 10.1 给出的基本模型可以看作两个随机系统之间的交互，即到达过程和处理过程。

三、排队系统模型的划分

在现实生活中我们所见到的排队系统是多种多样的，从图 10.1 中可见，任何排队系统都包含输入过程、排队及排队规则和服务机制，但是三个部分的不同特性就能组成各种各样的排队系统。例如，到达过程中，对象是有限的还是无限的，到达的时间间隔服从的分布不同，队列长度是有限长度还是无线长度，队列是单个队列还是多个队列；处理单元也可能有多个同时处理，或者仅有单个单元，处理单元的服务时间也不相同（见表 10.1）。

表 10.1　排队系统模型的划分

组成	类别	方式	举例
输入过程	顾客总体数量	有限数量	工厂等待维修的机器
		无限数量	商场的顾客是无限的
	到达方式	单个到达	商场中顾客可能单个到达
		成批到达	商场中顾客可能成批到达；物流系统中，货物成批到达
	到达时间间隔	时间间隔服从特定的分布	可能为负指数分布、泊松分布、爱尔朗分布等

续表

<table>
<tr><th>组成</th><th>类别</th><th>方式</th><th>举例</th></tr>
<tr><td rowspan="8">排队及
排队规则</td><td rowspan="5">排队</td><td>零队长</td><td>不允许排队，不能立刻服务就离开</td></tr>
<tr><td>队长有限</td><td>队列达到一定长度时就不再进入</td></tr>
<tr><td>等待时间有限</td><td>顾客等待时间超过一定长度就离开</td></tr>
<tr><td>逗留时间有限</td><td>顾客在系统中的逗留时间超过一定长度就离开</td></tr>
<tr><td>无限队长</td><td>允许的队列长度无限</td></tr>
<tr><td rowspan="3">排队规则</td><td>先到先服务</td><td>日常生活中多数排队系统属于先到先服务，例如购物、理发等</td></tr>
<tr><td>后来先服务</td><td>生产上的零部件，后到的可能使用</td></tr>
<tr><td>具有优先权服务</td><td>医院 CT、B 超检查按照病情严重来服务</td></tr>
<tr><td rowspan="5">服务机制</td><td rowspan="2">服务员数量</td><td>单个</td><td>教学楼电子设备维护员</td></tr>
<tr><td>多个</td><td>银行柜台属于多个服务员</td></tr>
<tr><td rowspan="2">服务方式</td><td>单个</td><td>1 个服务员服务 1 个顾客，例如设备维修</td></tr>
<tr><td>成批</td><td>1 个服务员服务 1 批顾客，例如游泳池，蹦蹦床等</td></tr>
<tr><td>服务时间</td><td>服务时间服
从特定的分布</td><td>可能为负指数分布、泊松分布、爱尔朗分布等</td></tr>
</table>

四、排队系统的标准符号

由于排队系统的种类繁多，为了方便讨论，以下介绍肯德尔符号。完整的排队模型肯德尔命名规范如下：

$$A/S/c/b/k/p$$

需要注意的是

$$A/S/c$$

是最常用的命名规范。在完整的肯德尔规范中，各个符号的具体含义如下：

A：到达时间的概率分布；

S：服务事件的概率分布；

c：平行服务通道的数量；

b：系统容量限制（最大队长）；

k：最大潜在顾客规模；

p：规则（排队规则）。

其中，A 和 S 分布的字母符号是：

M：负指数分布（无记忆性）；

D：确定性分布；

E_k：K 阶爱尔朗分布；

H_k：K 阶混合指数分布；

G：一般分布。

其中，c，b 和 k 是无限的正整数（无限大），排队规则 p 的标准符号如下：

FCFS：先到先服务；

LCFS：后到先服务；

RSS：随机服务；

PR：带优先服务权；

PS：服务台共享；

GD：一般规则。

对于植物大战僵尸的游戏，其排队系统模型的符号可以记为

$$M/M/2$$

即到达队列和处理过程都服从负指数分布，且有两个通道可以服务（两个香蒲草各从 1 个队列中选择处理）。

五、排队系统模型的指标

对于一个排队系统，我们总是关心两件事情：一是对排队系统的评价，即关键系统指标的量化度量；二是对排队系统的设计，通过改变排队系统的参数来优化其指标。其中，最重要的是如何计算排队系统的关键指标，排队系统一般采用如下三个方面的指标进行评价。

1. 队长和排队长

队长指的是系统中的顾客总数，其中包括队列中的顾客和正在接受服务的顾客；排队长指的是正在排队等待的顾客数量。队长和排队长一般都是一个随机变量，随时间不断变化，但是总体上服从一定的分布。这两个指标对于顾客、服务员都十分重要，是排队系统设计过程中关注的重要指标。

2. 等待时间和逗留时间

等待时间指的是顾客在队列中等待的时间，逗留时间指的是顾客在队列中的等待时间与接受服务的时间之和，即等待时间 + 服务时间。等待时间和逗留时间同样都是一个随机变量，随时间不断变化，但是总体上服从一定的分布。这两个指标对于顾客十分重要，一定程度上决定着顾客的满意度。

3. 忙期和闲期

忙期指的是从顾客到达处于空闲状态的服务员开始，直到服务员再次空闲为止的这段时间，也就是服务员连续工作的时间。与忙期相对的是闲期，也就是服务员保持空闲的时间。忙期和闲期总是交替出现的，两者都为随机变量，随时间不断变化，但是总体上服从一定的分布。这两个指标对于服务员十分重要，一定程度上决定着服务员的工作强度。

一般用如下指标来量化评价排队系统。

λ——到达速率，系统处于稳态时顾客的平均到达速率，平均到达时间间隔为 $1/\lambda$；

μ——服务速率，系统处于稳态时服务员的平均服务速率，平均服务时间间隔为 $1/\mu$；

$\rho = \lambda\mu < 1$——系统处于稳态时，服务中的顾客平均数量（$M/M/1$）；

$\rho = \lambda n\mu < 1$——系统处于稳态时，服务中的顾客平均数量（$M/M/n$）；

N——系统处于稳态时的顾客数量，即队长，其均值 L 称为平均队长；

N^q——系统处于稳态时排队的顾客数量，即排队长，其均值 L^q 称为平均排队长；

T——系统处于稳态时顾客的逗留时间，其均值 W 称为平均逗留时间（等待 + 服务时间）；

T^q——系统处于稳态时顾客的等待时间，其均值 W^q 称为平均等待时间。

六、律特法则

律特法则是运筹学中著名的法则，在排队论中，其描述了一个队列的平均顾客数量和平均逗留时间之间的关系。特别强调的是，该法则要求排队系统处于稳态。可以用如下公式来表示律特法则：

$$L = \lambda W \tag{10.10}$$

即系统中的平均顾客数量 L 和平均逗留时间 W 是成比例的，比例因子是顾客的到达速率 λ。

将律特法则应用于平均队列长度 L^q 和平均等待时间 W^q，得到如下关系：

$$L^q = \lambda W^q \tag{10.11}$$

将律特法则应用于处理单元，得到如下关系：

$$\rho = \lambda B \tag{10.12}$$

其中，ρ 是处理单元中的平均顾客数量；B 是平均服务时间。需要注意的是，处理单元中的平均顾客数量与处理单元工作时间的比例，和利用率 ρ_μ 是一样的。

七、到达定理和 PASTA 性质

到达定理，也叫 ROP（Random Observer Property），表明到达之前的系统状态与到达的过程是独立的。PASTA 性质（Poisson Arrivals See Time Averages）表明对于一个长期的泊松到达过程，顾客到达时看到系统中的人数的概率分布，与任意时刻外部观察者看到的系统中的人数分布相同。更准确的说法为：发现系统状态为 i 的顾客比例，与系统处于 i 状态的时间所占的比例是相同的。注意 PASTA 性质只对泊松分布成立。

第三节　M/M/1 排队系统

一、M/M/1 排队系统的模型

这一部分介绍 $M/M/1$ 模型，顾客按照参数为 λ 的指数分布进入排队系统，处理单元按照参数为 μ 的指数分布进行服务。处理单元比较简单，每次只能服务一个对象。根据指数分布的性质，可以知道平均间隔时间为 $1/\lambda$，也就是两次不连续的到达之间的间隔时间，执行一次简单服务的平均时间为 $1/\mu$。我们假设平均间隔时间 $1/\lambda$ 大于平均处理时间 $1/\mu$，也就是

$$\rho = \frac{\lambda}{\mu} < 1 \tag{10.13}$$

如果不是这种情况，那么进入系统的顾客会超过系统的处理能力，这会使得等待的队列变得无限长。

现在我们推导 $M/M/1$ 的公式。假设到达速率 λ 和服务速率 μ 是常数，不随时间 t 改变。用 $p_n(t)$ 表示 n 个顾客进入系统的概率，对于系统中的顾客数量 $n=1, 2, 3, \cdots$，会有 $(n-1)\leftrightarrow(n)\leftrightarrow(n+1)$ 的过渡状态。我们已经知道在 $(t, t+\Delta t)$ 时间间隔内顾客到达的概率为

$$P(X < t + \Delta t \mid X > t) = 1 - e^{-\lambda\Delta t} = \lambda\Delta t + o(t) \tag{10.14}$$

其中，概率只依赖于时间间隔的长度，和过去未来都无关。对于很小的 $\Delta t > 0$，有

$$p_0(t+\Delta t) = (1-\lambda\Delta t)p_0(t) + \mu\Delta t p_1(t) + o(\Delta t)$$

$$p_n(t+\Delta t) = \lambda\Delta t p_{n-1}(t) + [1-(\lambda+\mu)\Delta t]p_n(t) + \mu\Delta t p_{n+1}(t) + o(\Delta t) \tag{10.15}$$

其中，$n \geqslant 1$。需要注意

$$\lim_{\Delta t \to 0^+} \frac{P_n(t+\Delta t) - p_n(t)}{\Delta t} = \frac{dp_n(y)}{dt} \tag{10.16}$$

得到

$$p_0'(t) = -\lambda p_0(t) + \mu p_1(t) \tag{10.17}$$

$$p_n'(t) = \lambda p_{n-1}(t) - (\lambda+\mu)p_n(t) + \mu p_{n+1}(t) \tag{10.18}$$

其中 $n \geqslant 1$。服从以下条件：

$$\sum_{i=0}^{\infty} p_n(t) = 1 \tag{10.19}$$

$M/M/1$ 模型图示如图 10.2 所示。当 $n=0, 1, 2, 3, \cdots$ 且 $p_n'(t)=0$ 时，是我们想要的稳态解，此时 $p_n = p_n(t)$，得到

$$0 = -\lambda p_0 + \mu p_1 \tag{10.20}$$

$$0 = \lambda p_{n-1} - (\lambda+\mu)p_n + \mu p_{n+1} \tag{10.21}$$

其中，$n \geqslant 1$，并且

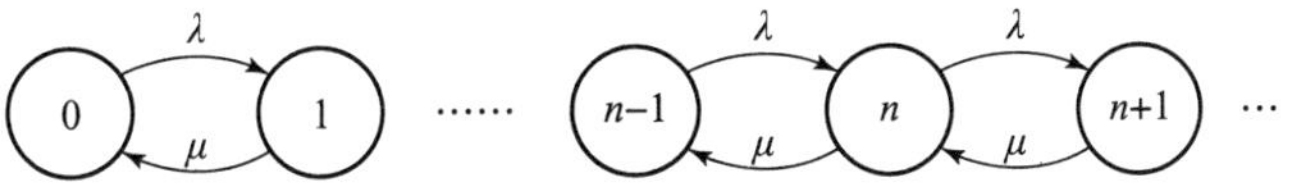

图 10.2 $M/M/1$ 模型图示

令 $\rho = \lambda\mu$。上面关于 p_n 的差分方程变为

$$p_1 = \rho p_0 \tag{10.22}$$

$$p_{n+1} = -\rho p_{n-1} + (\rho+1)p_n \tag{10.23}$$

其中，$n \geqslant 1$。我们发现

$$p_1 = \rho p_0 \tag{10.24}$$

$$p_2 = -\rho p_0 + (\rho+1)p_1 = -\rho p_0 + \rho^2 p_0 + \rho p_0 = \rho^2 p_0 \tag{10.25}$$

$$p_3 = -\rho p_1 + (\rho+1)p_2 = -\rho^2 p_0 + \rho^3 p_0 + \rho^2 p_0 = \rho^3 p_0 \tag{10.26}$$

$$\cdots$$

根据归纳法可以得到结论 $p_n=\rho^n p_0$，$n=0$，1，2，3，…，从几何级数的和可以得到

$$1 = \sum_{i=0}^{\infty} p_n = \sum_{n=0}^{\infty} \rho^n p_0 = p_0 \sum_{n=0}^{\infty} \rho^n = \frac{p_0}{1-\rho} \tag{10.27}$$

并且假设 $0<\rho<1$。于是有

$$p_0 = 1-\rho \tag{10.28}$$

因此

$$p_n = (1-\rho)\rho^n, n=1,2,\cdots \tag{10.29}$$

二、*M/M/1* 排队系统的指标

不难证明，平均队长为

$$L = \frac{\rho}{1-\rho} \tag{10.30}$$

进而根据律特法则，可以得到

$$L = \lambda W \tag{10.31}$$

$$W = \frac{1}{\lambda}L = \frac{\rho}{\lambda(1-\rho)} = \frac{1}{\mu(1-\rho)} \tag{10.32}$$

$$L^q = L-\rho = \frac{\rho-\rho(1-\rho)}{1-\rho} = \frac{\rho^2}{1-\rho} \tag{10.33}$$

$$W^q = W-\frac{1}{\mu} = \frac{1}{\mu(1-\rho)}-\frac{1}{\mu} = \frac{\rho}{\mu(1-\rho)} \tag{10.34}$$

例 10.1 假设到达时间为 T_0，T_1，T_2，…，以及到达时间间隔 $A_n=T_n-T_{n-1}$ 是独立的，并且共同服从于均值为 $1/\lambda$ 的指数分布，其中我们定义 $T_0=0$，令 $N(t)$ 表示在时间间隔 $I_t=[0,\ t]$ 内到达的顾客数量，定义：

$$p_n(t) = P(N(t)=n), t>0, n=0,1,2,3,\cdots \tag{10.35}$$

（1）求 $p_0(t)$；

（2）证明对于 $n=1$，2，3，…，有

$$p_n(t) = \int_0^t p_{n-1}(t-\xi)\lambda \mathrm{e}^{-\lambda\xi}\mathrm{d}\xi, t>0 \tag{10.36}$$

（3）对于 $n=1$，2，3，…，求上述积分方程。

解

（1）根据 $p_0(t)$ 的定义，有

$$p_0(t) = P(N(t)=0) \tag{10.37}$$

其中，$N(t)$ 是在时间间隔 $I_t=[0,\ t]$ 内到达的顾客数量，因此 $p_0(t)$ 是在 $[0,\ t]$ 没有顾客到达的概率，换言之，是第一个顾客在时间 t 之后才到达，所以 $p_0(t)=P(A_1>t)$。根据指数分布的定义，$P(A_1\leqslant t)=F(t)=1-\mathrm{e}^{-\lambda t}$，因此有

$$p_0(t) = P(A_1>t) = 1-P(A_1\leqslant t) = 1-(1-\mathrm{e}^{-\lambda t}) = \mathrm{e}^{-\lambda t} \tag{10.38}$$

（2）到达时间间隔 $A_n=T_n-T_{n-1}$ 且 $T_0=0$，其中 T_n 是第 n 个顾客到达的时间，所以

$$T_n = \sum_{i=1}^{n} A_i \tag{10.39}$$

根据事件（到达）独立的假设，独立意味着所有事件的密度函数是每个事件密度函

数的乘积。用f_i表示事件i的密度函数。因此有

$$P(T_n \leqslant t) = \int \cdots \int_{A_1+\cdots+A_n \leqslant t} f_1(A_1) \cdots f_n(A_n) \mathrm{d}A_1 \cdots \mathrm{d}A_n \tag{10.40}$$

让我们首先考虑一种特殊情况。假设有两个独立事件t_1，t_2，其概率密度函数分别为f_1，f_2，且$X = t_1 + t_2$。那么

$$P(X \leqslant t) = P(t_1 + t_2 \leqslant t) = \iint_{t_1+t_2 \leqslant t} f_1(t_1) f_2(t_2) \mathrm{d}t_1 \mathrm{d}t_2 \tag{10.41}$$

进一步地，如果认为t_1，t_2服从指数分布，即当$t<0$时，$f(t)=0$。则上述积分可变为

$$P(X \leqslant t) = \int_{-\infty}^{+\infty} f_2(t_2) F_1(t-t_2) \mathrm{d}t_2 = \int_0^t f_2(t_2) F_1(t-t_2) \mathrm{d}t_2 \tag{10.42}$$

现在把上述结论应用到顾客到达的情况。将$n-1$个到达看成一个事件，将另一个到达看成另外一个事件。令$f_2(t)=f(t)=\lambda \mathrm{e}^{-\lambda t}$（指数分布的密度函数）以及$F_1(t)=p_{n-1}(t)$，于是得到

$$p_n(t) = \int_0^t p_{n-1}(t-\xi) f(\xi) \mathrm{d}\xi = \int_0^t p_{n-1}(t-\xi) \lambda \mathrm{e}^{-\lambda \xi} \mathrm{d}\xi \tag{10.43}$$

第（2）问得证。

（3）观察$n=1$时，有

$$p_1(t) = \int_0^t p_0(t-\xi) \lambda \mathrm{e}^{-\lambda \xi} \mathrm{d}\xi = \int_0^t \mathrm{e}^{-\lambda(t-xi)} \lambda \mathrm{e}^{-\lambda \xi} \mathrm{d}\xi = \int_0^t \lambda \mathrm{e}^{-\lambda t} \mathrm{d}\xi = \lambda t \mathrm{e}^{-\lambda t} \tag{10.44}$$

不妨设

$$p_{n-1}(t) = \frac{(\lambda t)^{n-1}}{(n-1)!} \mathrm{e}^{-\lambda t} \tag{10.45}$$

特别地，对于$p_0(t)$和$p_1(t)$，这个假设都是正确的。结合此假设和在第（2）问中得到的结论，有

$$\begin{aligned} p_n(t) &= \int_0^t p_{n-1}(t-\xi) \lambda \mathrm{e}^{-\lambda \xi} \mathrm{d}\xi = \int_0^t \frac{[\lambda(t-\xi)]^n}{(n-1)!} \mathrm{e}^{-\lambda(t-\xi)} \lambda \mathrm{e}^{-\lambda \xi} \mathrm{d}\xi \\ &= \int_0^t \frac{[\lambda(t-\xi)]^n}{(n-1)!} \lambda \mathrm{e}^{-\lambda t} \mathrm{d}\xi = -\int_{\lambda t}^0 \frac{u^{n-1}}{(n-1)!} \mathrm{e}^{-\lambda t} \mathrm{d}u \\ &= \int_0^{\lambda t} \frac{u^{n-1}}{(n-1)!} \mathrm{e}^{-\lambda t} \mathrm{d}u = \frac{u^{n-1}}{(n-1)!} \mathrm{e}^{-\lambda t} \Big|_0^{\lambda t} \\ &= \frac{(\lambda t)^n}{n!} \mathrm{e}^{-\lambda t} \end{aligned} \tag{10.46}$$

根据归纳法，得到$p_n(t)$。第（3）问得解。

例 10.2　假设有这样一个工作站，其工作是按照泊松过程到达的，且到达速率为λ。该工作站的服务时间呈指数分布，平均服务时间为$1/\mu$。因此服务完成率（工作离开系统的比率）等于μ。如果队列长度低于阈值Q_L，服务完成率就会降低到μ_L。如果队列长度达到$Q_H(Q_H \geqslant Q_L)$，服务速率将增加到μ_H。

试确定队长度分布律和在系统中花费的平均时间。

解

根据题目，我们有

$$\mu_s = \begin{cases} \mu_L, & n < Q_L \\ \mu, & Q_L < n < Q_H \\ \mu_H, & n > Q_H \end{cases} \tag{10.47}$$

根据上一节的结论，我们知道

$$p_n = \left(\frac{\lambda}{\mu_s}\right)^n p_0 \tag{10.48}$$

于是我们得到

$$p_n = \begin{cases} p_0\left(\frac{\lambda}{\mu L}\right)^n, & n < Q_L \\ p_0\left(\frac{\lambda}{\mu L}\right)^{Q_L-1}\left(\frac{\lambda}{\mu}\right)^{n-Q_L+1}, & Q_L < n < Q_H \\ p_0\left(\frac{\lambda}{\mu L}\right)^{Q_L-1}\left(\frac{\lambda}{\mu}\right)^{Q_H-Q_L}\left(\frac{\lambda}{\mu H}\right)^{n-Q_H+1}, & n > Q_H \end{cases} \tag{10.49}$$

为了后续计算方便，我们首先给出一些有限级数求和公式：

$$\sum_{n=0}^{N} r^n = \frac{r^{N+1} - 1}{r - 1} \tag{10.50}$$

$$\sum_{n=0}^{N} r^n = \frac{r^{N+1} - 1}{r - 1} - \frac{r - 1}{r - 1} = \frac{r^{N+1} - r}{r - 1} \tag{10.51}$$

根据概率的归一性，有

$$\sum_{n=0}^{\infty} p_n = 1 \tag{10.52}$$

为了便于解出 p_0，将此式改写成

$$\sum_{n=0}^{\infty} p_n = \sum_{n=0}^{Q_L-1} p_n + \sum_{n=Q_L}^{Q_H-1} p_n + \sum_{n=Q_H}^{\infty} p_n \tag{10.53}$$

令

$$\rho_L = \frac{\lambda}{\mu_L}, \rho_N = \frac{\lambda}{\mu}, \rho_H = \frac{\lambda}{\mu_H} \tag{10.54}$$

可以得到

$$\sum_{n=0}^{Q_L-1} p_n = \sum_{n=0}^{Q_L-1} p_0 \rho_L^n = p_0 \sum_{n=0}^{Q_L-1} \rho_L^n = p_0 \frac{\rho_L^{Q_L} - 1}{\rho_L - 1} \tag{10.55}$$

$$\begin{aligned} \sum_{n=Q_L}^{Q_H-1} p_n &= \sum_{n=Q_L}^{Q_H-1} p_0 \rho_L^{Q_L-1} \rho_N^{n-Q_L+1} = p_0 \rho_L^{Q_L-1} \sum_{n=Q_L}^{Q_H-1} \rho_N^{n-Q_L+1} \\ &= p_0 \rho_L^{Q_L-1} \sum_{m=1}^{Q_H-Q_L} \rho_N^m = p_0 \rho_L^{Q_L-1} \frac{\rho_N^{Q_H-Q_L+1} - \rho_N}{\rho_N - 1} \end{aligned} \tag{10.56}$$

$$\begin{aligned} \sum_{n=Q_H}^{\infty} p_n &= \sum_{n=Q_H}^{\infty} p_0 \rho_L^{Q_L-1} \rho_N^{Q_H-Q_L} \rho_H^{n-Q_H+1} \\ &= p_0 \rho_L^{Q_L-1} \rho_N^{Q_H-Q_L} \sum_{n=Q_H}^{\infty} \rho_H^{n-Q_H+1} \\ &= p_0 \rho_L^{Q_L-1} \rho_N^{Q_H-Q_L} \sum_{m=0}^{\infty} \rho_H^{m+1} \\ &= p_0 \rho_L^{Q_L-1} \rho_N^{Q_H-Q_L} \frac{\rho_H}{1 - \rho_H} \end{aligned} \tag{10.57}$$

进而得到

$$\begin{aligned}\sum_{n=0}^{\infty} p_n &= \sum_{n=0}^{Q_L-1} p_n + \sum_{n=Q_L}^{Q_H-1} p_n + \sum_{n=Q_H}^{\infty} p_n \\ &= p_0\left(\frac{\rho_L^{Q_L}-1}{\rho_L-1} + \rho_L^{Q_L-1}\frac{\rho_N^{Q_H-Q_L+1}}{\rho_N-1} + p_0\,\rho_L^{Q_L-1}\,\rho_N^{Q_H-Q_L}\frac{\rho_H}{1-\rho_H}\right) \\ &= \rho_0 A = 1\end{aligned} \tag{10.58}$$

于是有 $p_0=1/A$。

至此，我们获得了关于队长度分布律的所有信息。

为了求出平均逗留时间 W，我们需要用到律特法则 $L=\lambda W$。因此我们需要计算平均队长 L。仿照上述过程，计算下式可得平均队长。

$$E(L) = \sum_{n=1}^{\infty} np_n = \sum_{n=1}^{Q_L-1} np_n + \sum_{n=Q_L}^{Q_H-1} np_N + \sum_{n=Q_H}^{\infty} np_n \tag{10.59}$$

需要用到如下的级数求和公式：

$$\sum_{n=1}^{N} nr^n = \frac{r^{N+1}(nr-n-1)}{(1-r)^2} \tag{10.60}$$

$$\sum_{n=1}^{\infty} nr^n = \frac{r}{(r-1)^2} \tag{10.61}$$

请读者自行完成证明。

例 10.3　加油站里有一个油泵。汽车按照泊松分布到达加油站，到达速率是每小时20 辆车。汽车按照到达顺序被服务，服务时间（即泵送和支付所需要的时间）呈指数分布，平均服务时间为 2 分钟。

(1) 确定加油站汽车数量的分布、均值和方差。

(2) 确定逗留时间和等待时间的分布。

(3) 等待超过 2 分钟的汽车比例是多少？

若一辆到达加油站的车发现已经有两辆车以后立即离开。

(4) 确定加油站汽车数量的分布、均值和方差。

(5) 确定所有车辆（包括立即离开加油站的车辆）的平均逗留时间和平均等待时间。

解

到达速率和服务时间都服从泊松过程，所以可以使用 $M/M/1$ 模型进行计算。

$\lambda=20$，$\mu=60/2=30$，时间单位为小时，所以 $\rho=\lambda/\mu=20/30=2/3$。数量 ρ 独立于时间单位。

(1) 根据 $M/M/1$ 模型的稳态解可以知道队长分布表示为 $p_n=P(L=n)=(1-\rho)\rho^n$，$n=0, 1, 2, \cdots$，于是有

$$p_n = P(L=n) = \left(1-\frac{2}{3}\right)\left(\frac{2}{3}\right)^n = \frac{1}{3}\left(\frac{2}{3}\right)^n \tag{10.62}$$

进一步地，可以得到均值和方差分别为

$$E(L) = \frac{\rho}{1-\rho} = \frac{\frac{2}{3}}{1-\frac{2}{3}} = 2 \tag{10.63}$$

$$\sigma^2(L)=\frac{\rho}{(1-\rho)^2}=\frac{\frac{2}{3}}{\frac{1}{9}}=6 \tag{10.64}$$

（2）根据排队论的理论可知，当到达间隔时间服从参数为 $1/\lambda$ 的指数分布、服务时间为参数为 $1/\mu$ 的指数分布且 $\rho=\lambda/\mu<1$ 时，逗留时间 T 的分布为

$$P(T\leqslant t)=1-e^{-\mu(1-\rho)t},t\geqslant 0 \tag{10.65}$$

等待时间 T^q 的分布为

$$P(T^q\leqslant t)=1-\rho e^{-\mu(1-\rho)t},t\geqslant 0 \tag{10.66}$$

如果使用小时为单位有 $\mu=30$，如果分钟为单位，有 $\mu=1/2$。代入数据，有

$$P(T\leqslant t)=1-e^{-\frac{t}{6}},t\geqslant 0 \tag{10.67}$$

$$P(T^q\leqslant t)=1-\frac{2}{3}e^{-\frac{t}{6}},t\geqslant 0 \tag{10.68}$$

（3）

$$P(T^q>2)=\frac{2}{3}e^{-\frac{1}{3}}\approx 0.477\ 688 \tag{10.69}$$

（4）如果加油站已经有两辆车，到达的车辆会立即离开，这个假设意味着队列的长度不会超过 2。那么平衡方程为

$$\lambda p_0-\mu p_1=0 \tag{10.70}$$

$$\lambda p_1-\mu p_2=0 \tag{10.71}$$

$$p_0+p_1+p_2=1 \tag{10.72}$$

代入 $\rho=\lambda/\mu$ 得到

$$p_1=\rho p_0 \tag{10.72}$$

$$p_2=\rho^2 p_0 \tag{10.73}$$

$$p_0=\frac{1}{1+\rho+\rho^2} \tag{10.74}$$

由于 $\rho=2/3$，因此 $p_0=9/19$，进而 $p_1=6/19$，$p_2=4/19$。

所以

$$E(L)=0\cdot p_0+1\cdot p_1+2\cdot p_2=0\cdot\frac{9}{19}+1\cdot\frac{6}{19}+2\cdot\frac{4}{19}=\frac{14}{19}\approx 0.736\ 842 \tag{10.75}$$

$$\sigma^2(L)=\sum_{n=0}^{2}[n-E(L)]^2p_n=\left(\frac{14}{19}\right)^2\frac{9}{19}+\left(1-\frac{14}{19}\right)^2\frac{6}{19}+\left(2-\frac{14}{19}\right)^2\frac{4}{19}$$

$$=\frac{222}{361}\approx 0.614\ 958 \tag{10.76}$$

（5）根据律特法则，有

$$W=\frac{1}{\lambda}L,W^q=W-\frac{1}{\mu} \tag{10.77}$$

使用分钟作为单位，得到

$$W=\frac{1}{\lambda}L=3\times\frac{14}{19}=\frac{42}{19}\approx 2.210\ 53 \tag{10.78}$$

$$W^q = W - \frac{1}{\mu} = \frac{42}{19} - 2 \approx 0.21053 \tag{10.79}$$

第四节　*M/M/n* 排队系统

一、*M/M/n* 排队系统的模型

M/M/n 模型和 *M/M/*1 相似，可以使用相同的方法得到稳态解，但计算更加困难。

考虑一个服务，到达的对象服从均值为 $1/\lambda$ 的指数分布，有 n 个完全相同的平行的处理单元，每个的服务时间都服从平均值为 $1/\mu$ 的指数分布。到达的对象按照进入顺序接受服务。

像在 *M/M/*1 模型中一样，假设平均到达的任务量小于系统的处理能力，因此有

$$\rho = \frac{\lambda}{n\mu} < 1 \tag{10.80}$$

即

$$n\rho = \frac{\lambda}{\mu} < n \tag{10.81}$$

就像 *M/M/*1 模型那样，我们可以找到一组无限的常微分方程，给出系统中顾客数量分布和时间有关的解。然而这样过于烦琐，因此我们将直接进入到求解顾客数量分布稳态解方程式的工作。

让 p_k 表示系统中总共有 k 个顾客的概率。显然有

$$\sum_{k=0}^{\infty} p_k = 1 \tag{10.82}$$

M/M/n 的流图如图 10.3 所示。

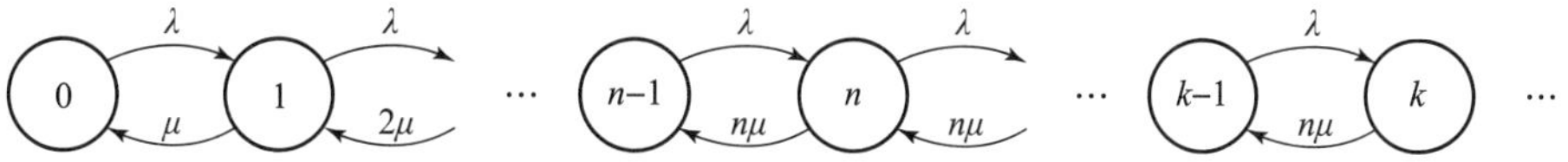

图 10.3　*M/M/n* 的流图

根据流图可以给出前 n 个方程为

$$-\lambda p_0 + \mu p_1 = 0 \tag{10.83}$$

$$\lambda p_0 - (\mu + \lambda) p_1 + 2\mu p_2 = 0 \tag{10.84}$$

$$\lambda p_1 - (2\mu + \lambda) p_2 + 3\mu p_3 = 0 \tag{10.85}$$

$$\cdots$$

$$\lambda p_{k-1} - (k\mu + \lambda) p_k + (k+1)\mu p_{k+1} = 0 \tag{10.86}$$

对于上述方程，$k = 1, 2, \cdots, n-1$。当 $k \geqslant n$ 时，有

$$\lambda p_{k-1} - (n\mu + \lambda) p_k + n\mu p_{k+1} = 0 \tag{10.87}$$

这表明前 n 个等式描述了系统中有空闲处理单元的情况，而 $k \geqslant n$ 的等式描述了没有空闲处理单元服务新到的顾客，有出现等待队列的概率。

首先基于 p_0 求解 p_k，$k = 0, 1, 2, \cdots, n$。方程两边同时除以 μ 得到

$$-\frac{\lambda}{\mu} p_0 + p_1 = 0 \tag{10.88}$$

$$\frac{\lambda}{\mu}p_0-\left(1+\frac{\lambda}{\mu}\right)p_1+2p_2=0 \tag{10.89}$$

$$\frac{\lambda}{\mu}p_1-\left(2+\frac{\lambda}{\mu}\right)p_2+3p_3=0 \tag{10.90}$$

$$\cdots$$

$$\frac{\lambda}{\mu}p_{k-1}-\left(k+\frac{\lambda}{\mu}\right)p_k+(k+1)p_{k+1}=0 \tag{10.91}$$

代入 $\lambda/\mu=n\rho$ 得到

$$p_1=n\rho p_0 \tag{10.92}$$

$$2p_2=(1+n\rho)p_1-n\rho p_0 \tag{10.93}$$

$$3p_3=(2+n\rho)p_2-n\rho p_1 \tag{10.94}$$

$$\cdots$$

$$(k+1)p_{k+1}=(k+n\rho)p_k-n\rho p_{k-1} \tag{10.95}$$

使用求解 $M/M/1$ 时相同的方法，也就是通过迭代求解方程。根据第一个等式有 $p_1=n\rho p_0$，因此

$$2p_2=(1+n\rho)p_1-n\rho p_0=(1+n\rho)n\rho p_0-n\rho p_0=(n\rho)^2p_0 \tag{10.96}$$

所以

$$p_2=\frac{(n\rho)^2p_0}{2}=\frac{(n\rho)^2p_0}{2!} \tag{10.97}$$

以此类推，最终可以推导出

$$p_k=\frac{(n\rho)^kp_0}{k!},k=0,1,2,\cdots,n \tag{10.98}$$

前面给出当 $k\geqslant n$ 时，有

$$\lambda p_{k-1}-(n\mu+\lambda)p_k+n\mu p_{k+1}=0 \tag{10.99}$$

根据上述过程，此式可以变为

$$p_{k+1}=(1+\rho)p_k-\rho p_{k-1} \tag{10.100}$$

考虑到

$$\frac{p_{n-1}}{p_n}=\frac{\frac{(n\rho)^{n-1}}{(n-1)!}p_0}{\frac{(n\rho)^n}{n!}p_0}=\frac{1}{\rho} \tag{10.101}$$

因此当 $k=n$ 时可以得到

$$p_{n+1}=(1+\rho)p_n-\rho p_{n-1}=p_n+\rho p_n-\frac{\rho}{\rho}p_n=\rho p_n \tag{10.102}$$

现在我们重新看待当 $k\geqslant n$ 时的表达式

$$p_{k+1}=(1+\rho)p_k-\rho p_{k-1} \tag{10.103}$$

如果基于 p_n 来表达这个方程，即令 $k=n+i$，则方程可变形为

$$p_{n+i+1}=(1+\rho)p_{n+i}-\rho p_{n+i-1} \tag{10.104}$$

我们已经证明了，当 $i=0$ 时，有 $p_{n+1}=\rho p_n$。

当 $i=1$ 时，不难发现

$$p_{n+2}=p_{n+1}+\rho p_{n+1}-\rho p_n=\rho p_n+\rho^2 p_n-\rho p_n=\rho^2 p_n \tag{10.105}$$

使用归纳法，可以获得如下结论：

$$p_{n+i}=\rho^i p_n=\rho^i\frac{(n\rho)^n}{n!}p_0 \tag{10.106}$$

前面提到，所有概率的和等于1。把和分成两部分可以表示为

$$1=\sum_{k=0}^{\infty}p_k=\sum_{k=0}^{n-1}p_k+\sum_{k=n}^{\infty}p_k=\sum_{k=0}^{\infty}p_k=\sum_{k=0}^{n-1}p_k+\sum_{i=0}^{\infty}p_{n+i}=\sum_{k=0}^{n-1}\frac{(n\rho)^k}{k!}p_0+\sum_{i=0}^{\infty}\rho^i\frac{(n\rho)^n}{n!}p_0 \tag{10.107}$$

不难发现

$$\begin{aligned}1&=p_0\left[\sum_{k=0}^{n-1}\frac{(n\rho)^k}{k!}+\frac{(n\rho)^n}{n!}\sum_{i=0}^{\infty}\rho^i\right]\\&=p_0\left[\sum_{k=0}^{n-1}\frac{(n\rho)^k}{k!}+\frac{(n\rho)^n}{n!}\cdot\frac{1}{1-\rho}\right]\end{aligned} \tag{10.108}$$

即

$$p_0=\left[\sum_{k=0}^{n-1}\frac{(n\rho)^k}{k!}+\frac{(n\rho)^n}{n!}\cdot\frac{1}{1-\rho}\right]^{-1} \tag{10.109}$$

至此，我们推导出 k 个顾客的 $M/M/n$ 模型的概率分布为

$k=0$，1，2，…，n 时

$$p_k=\frac{(n\rho)^k}{k!}\left[\sum_{k=0}^{n-1}\frac{(n\rho)^k}{k!}+\frac{(n\rho)^n}{n!}\cdot\frac{1}{1-\rho}\right]^{-1} \tag{10.110}$$

$i=1$，2，…时

$$p_{n+i}=\rho^i p_n=\rho^i\frac{(n\rho)^n}{n!}\left[\sum_{k=0}^{n-1}\frac{(n\rho)^k}{k!}+\frac{(n\rho)^n}{n!}\cdot\frac{1}{1-\rho}\right]^{-1} \tag{10.111}$$

二、*M/M/n* 排队系统的指标

在上一节中，我们已经把 p_k 的和分为有限和无限两部分

$$1=\sum_{k=0}^{\infty}p_k=\sum_{k=0}^{n-1}p_k+\sum_{k=n}^{\infty}p_k \tag{10.112}$$

对于无限的部分，可以理解为顾客需要在系统中等待的概率 P_W。我们把 P_W 叫作延迟概率，按照如下的方式可以得到：

$$\begin{aligned}P_W&=\sum_{i=0}^{\infty}p_{n+i}=\frac{(n\rho)^n}{n!}p_0\sum_{i=0}^{\infty}\rho^i=\frac{p_n}{1-\rho}\\&=\frac{(n\rho)^n}{n!}\frac{1}{1-\rho}\left[\sum_{k=0}^{n-1}\frac{(n\rho)^k}{k!}+\frac{(n\rho)^n}{n!}\cdot\frac{1}{1-\rho}\right]^{-1}\\&=\frac{(n\rho)^n}{n!}\frac{1}{1-\rho}\left[\frac{1}{\sum_{k=0}^{n-1}\frac{(n\rho)^k}{k!}+\frac{(n\rho)^n}{n!}\cdot\frac{1}{1-\rho}}\right]\\&=\frac{(n\rho)^n}{n!}\left[\frac{1}{(1-\rho)\sum_{k=0}^{n-1}\frac{(n\rho)^k}{k!}+\frac{(n\rho)^n}{n!}}\right]\end{aligned}$$

$$= \frac{(n\rho)^n}{n!}\left[(1-\rho)\sum_{k=0}^{n-1}\frac{(n\rho)^k}{k!}+\frac{(n\rho)^n}{n!}\right]^{-1} \quad (10.113)$$

现在对于 P_W 我们有如下两个表达式：

$$P_W = \frac{p_n}{1-\rho} \quad (10.114)$$

$$P_W = \frac{(n\rho)^n}{n!}\left[(1-\rho)\sum_{k=0}^{n-1}\frac{(n\rho)^k}{k!}+\frac{(n\rho)^n}{n!}\right]^{-1} \quad (10.115)$$

使用上面的表达和离散型随机变量求均值的公式，可以得到平均队列长度

$$\begin{aligned} E(L^q) &= \sum_{i=0}^{\infty} i p_{n+i} = \sum_{i=0}^{\infty} i\rho^i p_n = p_n \sum_{i=0}^{\infty} i\rho^i \\ &= \frac{p_n}{1-\rho}\sum_{i=0}^{\infty} i(1-\rho)\rho^i = P_W \sum_{i=0}^{\infty} i(1-\rho)\rho^i \\ &= P_W \frac{\rho}{1-\rho} \end{aligned} \quad (10.116)$$

根据律特法则 $L^q = \lambda W^q$，给出平均等待时间的公式

$$W^q = \frac{1}{\lambda}P_W \frac{\rho}{1-\rho} = \frac{P_W}{n\mu(1-\rho)} \quad (10.117)$$

经过简单的变换，可以得到平均等待时间的另一种表达形式

$$W^q = \frac{P_W}{n\mu} + \frac{L^q}{n\mu} \quad (10.118)$$

每个服务单元的占用率是 $\rho = \lambda / n\mu < 1$，所以我们得到系统中平均顾客数量的表达式

$$L = L^q + n\rho = L^q + \frac{\lambda}{\mu} \quad (10.119)$$

根据律特法则 $L = \lambda W$，给出平均逗留时间的公式

$$W = \frac{1}{\lambda}L = \frac{1}{\lambda}L^q + \frac{1}{\mu} = W^q + \frac{1}{\mu} \quad (10.120)$$

正如其定义一样，逗留时间是等待时间与服务时间之和。

第五节　案例求解

经过系统性的学习排队论相关知识后，再回顾本章一开始所举的两个例题，会发现我们不再无从下手。接下来，我们将对这两个例题做简要求解。

一、植物大战僵尸

植物大战僵尸游戏是一款常见的策略性的游戏，玩家需利用香蒲草攻击入侵的僵尸。假设香蒲草杀死僵尸需要的时间服从负指数分布；僵尸到达的时间间隔服从泊松分布。同时，假设有 2 个香蒲草，僵尸平均每分钟出现 3 只，植物平均每分钟能消灭 4 只僵尸。试回答如下问题：

（1）僵尸一进入草坪就受到攻击的概率是多少？

（2）草坪任意时刻分别有 1、2、3 只僵尸的概率是多少？

（3）僵尸的平均生存时间是多少？

（4）僵尸未受攻击的平均时间是多少？

解

$\lambda=3$，$\mu=4$，$n=2$，时间单位为分钟。$\rho=\dfrac{\lambda}{n\mu}=\dfrac{3}{8}$，数量$\rho$独立于时间单位。

（1）僵尸一进入草坪就受到攻击意味着草坪中的僵尸数量少于植物数量，即没有僵尸或只有1只僵尸。

$$p_0=\left[\sum_{k=0}^{n-1}\frac{(n\rho)^k}{k!}+\frac{(n\rho)^n}{n!}\cdot\frac{1}{1-\rho}\right]^{-1}=\left(1+\frac{3}{4}+\frac{9}{20}\right)^{-1}=\frac{5}{11} \tag{10.121}$$

$$p_1=n\rho p_0=\frac{3}{4}\times\frac{5}{11}=\frac{15}{44} \tag{10.122}$$

$$p_0+p_1=\frac{35}{44}\approx 0.80 \tag{10.123}$$

故僵尸一进入草坪就受到攻击的概率为0.8。

（2）由上一问可知$p_0=\dfrac{5}{11}$，则

$$p_1=n\rho p_0=\frac{3}{4}\times\frac{5}{11}=\frac{15}{44}\approx 0.341 \tag{10.124}$$

$$p_2=\frac{(n\rho)^2p_0}{2!}=\frac{45}{352}\approx 0.128 \tag{10.125}$$

$$p_3=\frac{(n\rho)^3p_0}{3!}=\frac{135}{5\,632}\approx 0.024 \tag{10.126}$$

故草坪任意时刻分别有1、2、3只僵尸的概率分别为0.341、0.128、0.024。

（3）僵尸的平均生存时间即为僵尸在系统中的平均逗留时间。延迟概率$P_W=1-(p_0+p_1)\approx 0.20$。则

$$W^q=\frac{P_W}{n\mu(1-\rho)}\approx\frac{0.20}{5}=0.04 \tag{10.127}$$

$$W=W^q+\frac{1}{\mu}\approx 0.04+0.25=0.29 \tag{10.128}$$

故僵尸的平均生存时间为0.29分钟。

（4）僵尸未受攻击的平均时间即为僵尸在系统中的平均等待时间，即上一问所求出的0.04分钟。

二、北京理工大学校医院接诊

北京理工大学校医院由1位富有经验的医生进行治疗。假设病人按照泊松分布到达校医院，平均每小时到达3位，医生的治疗时间呈指数分布，平均每小时能服务4位病人。试问：

（1）病人不需要等待的概率是多少？

（2）病人需要等待超过10分钟的概率是多少？

（3）病人的平均等待时间是多少？

解

$\lambda=3$，$\mu=4$，时间单位为小时。$\rho=\frac{\lambda}{\mu}=\frac{3}{4}$，数量 ρ 独立于时间单位。

(1) 病人不需要等待意味着系统的队长为 0。即

$$p_0=P(L=0)=(1-\rho)\rho^0=\frac{1}{4}=0.25 \tag{10.129}$$

故病人不需要等待的概率为 0.25。

(2) 等待时间的分布为

$$P(T^q\leqslant t)=1-\rho e^{-\mu(1-\rho)t}, t\geqslant 0 \tag{10.130}$$

则

$$P\left(T^q>\frac{1}{6}\right)=1-P\left(T^q\leqslant\frac{1}{6}\right)=\rho e^{-\frac{\mu(1-\rho)}{6}}=\frac{3}{4}e^{-\frac{1}{6}}=0.63 \tag{10.131}$$

故病人需要等待超过 10 分钟的概率为 0.63。

(3) 根据律特法则，有

$$W^q=\frac{\rho}{\mu(1-\rho)}=\frac{3}{4} \tag{10.132}$$

故病人的平均等待时间为 45 分钟。

本章小结

本章从植物大战僵尸的案例出发，介绍了排队系统的分类及其标准符号表示，重点分析了了 $M/M/1$ 和 $M/M/n$ 两种典型的排队系统，并计算了相关的关键指标，在此基础上用案例的形式分析了植物大战僵尸排队系统以及北京理工大学校医院排队系统。

第十一章

LINGO 介绍及运用

课程目标

1. 了解 LINGO 软件。
2. 学习 LINGO 软件的基本使用。
3. 利用 LINGO 软件解决运筹学问题。

第一节　LINGO 软件简介

LINGO 是 Linear Interactive and General Optimizer 的缩写，即“交互式的线性和通用优化求解器”，是由美国 LINDO 系统公司（Lindo System）推出的求解数学规划系列软件中的一个（其他如 LINDO、GOIN、What's Best 等）。它的主要功能是求解大型线性、非线性和整数数学规划问题。功能十分强大，是求解优化模型的最佳选择。

一、LINGO 主要功能介绍

LINGO 的主要功能特色为：

（1）既能求解线性规划问题，也有较强的求解非线性规划问题的能力。

（2）输入模型简练直观。

（3）运行速度快、计算能力强。

（4）内置建模语言，提供几十个建模函数，从而能以较少语句，较直观的方式描述较大规模的优化模型。

（5）将集合的概念引入编程语言，很容易将实际问题转化为 LINGO 模型。

（6）能方便地与 Excel、数据库等其他软件交换数据。

二、LINGO 界面介绍

接下来介绍 LINGO 的初始界面，如图 11.1 所示，光标所在的位置称为模型窗口（Model Window），其作用是输入 LINGO 程序。所谓 LINGO 程序，就是用 LINGO 的语法格式对一个优化模型进行完整的描述。

在模型窗口的上方是 LINGO 软件的菜单栏，菜单栏下方是工具栏，软件的常见菜单命令都在这个里，关于工具栏功能的具体介绍将在下面详细解说。在初始界面的左下方是状态行，当出现最左边显示“Ready”，表示“准备就绪”；初始界面右下方是 Ln. 1 代表光标所在的位置。

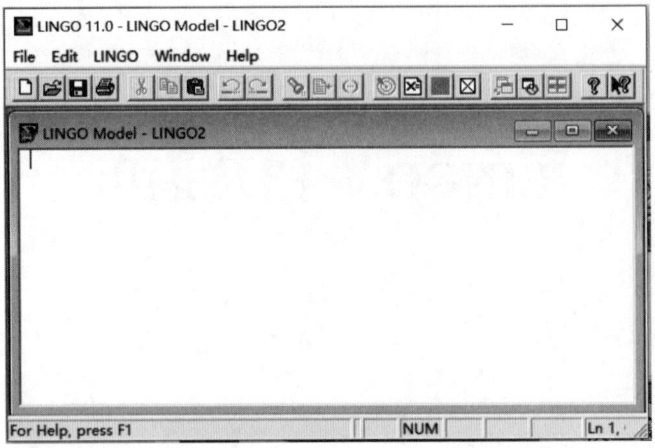

图 11.1　LINGO 的初始界面

从图 11.1 中可以看出，LINGO 软件的工具栏上有 21 个图标，且该工具栏是浮动的，可进行拖拽，此处我们主要针对常用的几个图标的功能进行介绍。LINGO 工具栏及其对应的菜单命令和快捷键如图 11.2 所示。

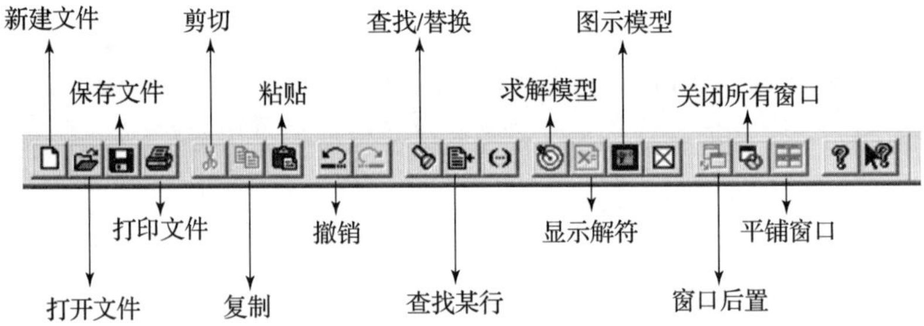

图 11.2　LINGO 工具栏及其对应的菜单命令和快捷键

接下来我们试着编一个简单的线性规划（LP）问题：

例 11.1　求解下列线性规划问题：

$$\max\ z = 2x_1 + 3x_2$$
$$\text{s. t. } 4x_1 + 3x_2 \leqslant 10$$
$$3x_1 + 5x_2 \leqslant 12$$
$$x_1, x_2 \geqslant 0$$

我们可以在模型窗口中将这个线性规划问题输入进去，对这个问题进行求解，如图 11.3 所示。

关于 LINGO 程序的语法特点，我们将在第二节进行详细的说明，在输入该优化模型之后，单击工具栏上具有求解模型功能的图标，即可弹出以下两个窗口，如图 11.4、图 11.5 所示。

在图 11.4 中，“Solver Status” 代表求解器状态，“Extended Solver Status” 代表扩展求解器状态，“Variables” 代表变量状态，“Constraints” 代表约束状态，“Nonzeros” 代表非零状态，“Generator Memory Used” 代表占用内存，“Elapsed Runtime” 代表消耗时间。

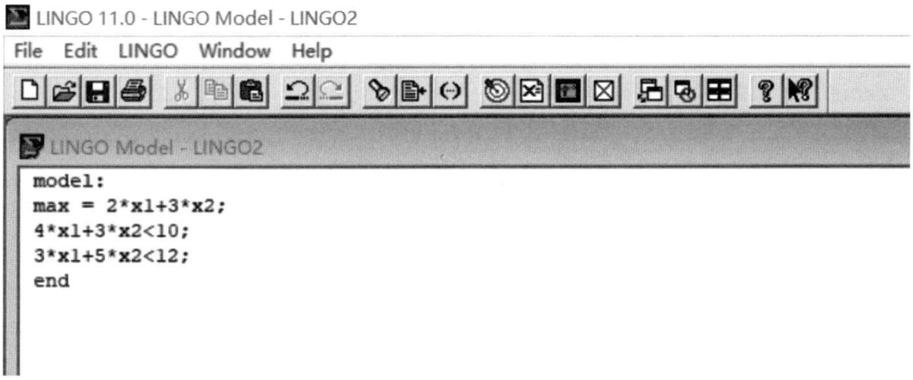

图 11.3　例 11.1 优化模型

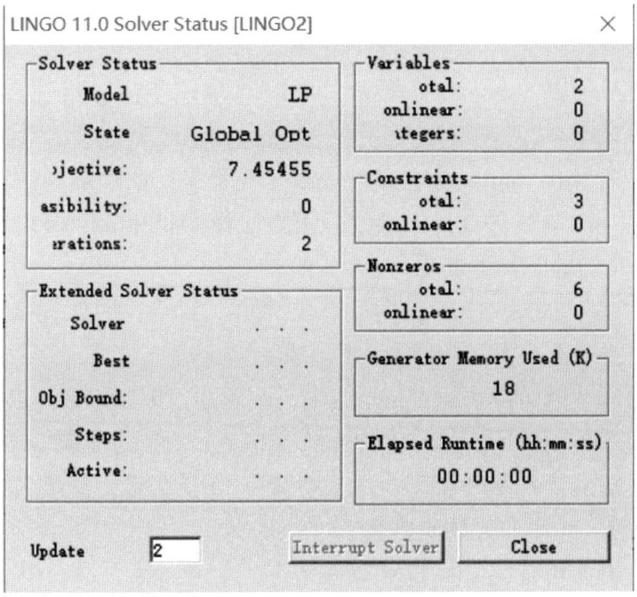

图 11.4　LINGO 运行状态窗口

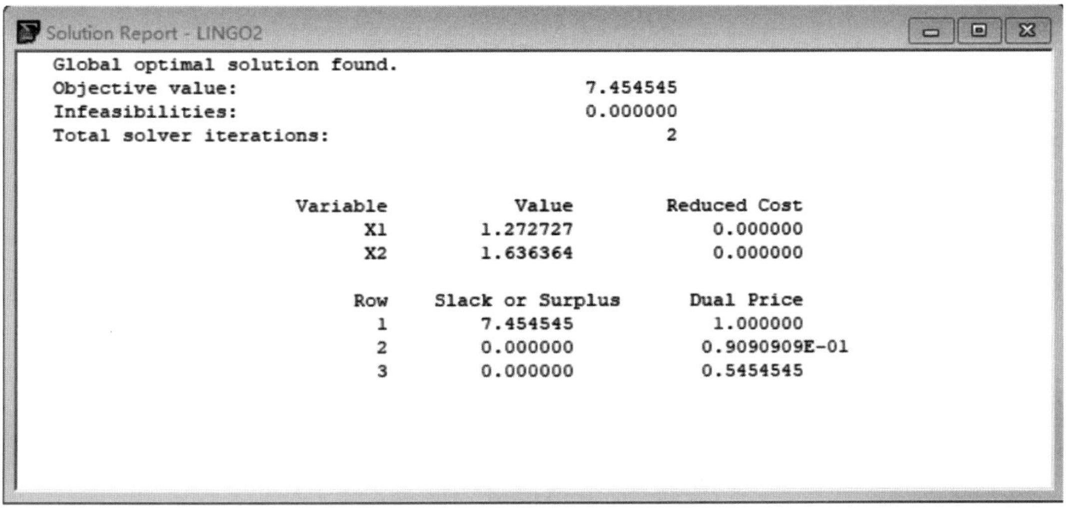

图 11.5　LINGO 结果报告窗口

在图 11.5 中，“Objective value”所对应的值就是单纯形法在迭代两次之后得到的最优解，即 $z=7.454\ 545$；“Total solver iterations”表示单纯形法迭代的次数，上方显示的是 2 次；“Value”是给出当得到最优解时，各变量的值：$X_1=1.272\ 727$、$X_2=1.636\ 364$；“Reduced Cost”表示差额成本，主要是给出最优的单纯形表中目标函数行中变量对应的系数，即各个变量的检验数，对于基变量来说，检验数一定为零；“Slack or Surplus”表示松弛变量或者剩余变量；“Dual Price”表示对偶价格或者影子价格。

第二节　LINGO 的基本语法

在从输入模型窗口中将这个线性规划问题输入进去的时候，LINGO 软件对模型的输入格式是有一些要求的，所以我们需要学习一点基本语法，接下来我们进行一些简单的介绍：

（1）每一个模型都以“model:”开始，又以“end”结束；但是这个结构是可以省略的。

（2）目标函数必须由“min =”或者“max =”开头；此处需要注意，LINGO 总是根据“max =”或者“min =”寻找目标函数，而除注释语句和 title 语句外的其他语句都是约束条件，因此语句的顺序并不重要。

（3）可以用“<”表示“≤”，用“>”表示“≥”；因此，LINGO 无严格小于，欲使 $a<b$，可以适当选取小的正常数 e，表示成 $a+e<b$。

（4）LINGO 的每一语句都要以“;”结束，注释以“!”开始，以“;”结束；此处需要注意，在 LINGO 使用的所有符号都应是英文格式，否则会报错。

（5）LINGO 中的变量名不区分大小写，最长为 32 个字符，变量名主要由字母、数字和下划线组成，且第一个字符必须是字母。

（6）LINGO 编辑器用蓝色显示 LINGO 关键字，绿色显示注释，其他文本为黑色，匹配的括号用红色高亮度显示。

（7）变量和数字放在约束条件的左、右端均可；但是根据人们的日常习惯，最好是变量在左、数字在右。

（8）LINGO 变量默认域为非负实数。可以改变默认域，用限定变量取值范围函数@free 或@bin 或@gin 等即可改变变量的默认域，具体的函数介绍会在第三节进行说明。

在了解了以上的 LINGO 语法之后，我们可以试着编一个简单的 LINGO 程序。请完成下列例题：

例 11.2　求解下列线性规划（LP）问题：

$$
\begin{gathered}
\min\ y=2x_1+3x_2 \\
\text{s. t. } x_1+x_2\geqslant 350 \\
x_1\geqslant 100 \\
2x_1+x_2\leqslant 600 \\
x_1, x_2\geqslant 0
\end{gathered}
$$

具体的 LINGO 程序为：

```
model:
min =2 * x1 +3 * x2;
x1 +x2 >350;
x1 >100;
2 * x1 +x2 <600;
end
```

所得的最优解和最优解所对应的变量值为

$$y=800,\ x_1=250,\ x_2=100$$

例 11.3　投资问题，某投资公司拟将 5 000 万元的资金用于国债、地方国债及基金三种类型证券投资，每类各有两种。每种证券的评级、到期年限及每年税后收益率如表 11.1 所示。

决策者希望：国债投资额不少于 1 000 万元，平均到期年限不超过 5 年，平均评级不超过 2。问：各种证券各投资多少使总收益最大？

表 11.1　证券投资方案

序号	证券类型	评级	到期年限	每年税后收益率/%
1	国债 1	1	8	3. 2
2	国债 2	1	10	3. 8
3	地方债券 1	2	4	4. 3
4	地方债券 2	3	6	4. 7
5	基金 1	4	3	4. 2
6	基金 2	5	4	4. 6

设 $x_{ij}(j=1,\ 2,\ \cdots,\ 6)$ 为第 j 种证券的投资额，目标函数是税后总收益为

$$Z=(8\times 3.2x_1+10\times 3.8x_2+4\times 4.3x_3+6\times 4.7x_4+3\times 4.2x_5+4\times 4.6x_6)/100$$

资金约束为　$x_1+x_2+x_3+x_4+x_5+x_6\leqslant 5\ 000$

国债投资额约束为　$x_1+x_2\geqslant 1\ 000$

平均评级约束为

$$\frac{x_1+x_2+2x_3+3x_4+4x_5+5x_6}{x_1+x_2+x_3+x_4+x_5+x_6}\leqslant 2$$

平均到期年限约束为

$$\frac{8x_1+10x_2+4x_3+6x_4+3x_5+4x_6}{x_1+x_2+x_3+x_4+x_5+x_6}\leqslant 5$$

整理后，得到

$$\max Z=0.256x_1+0.38x_2+0.172x_3+0.282x_4+0.126x_5+0.184x_6$$

$$\text{s. t. } x_1+x_2+x_3+x_4+x_5+x_6\leqslant 5\ 000$$

$$x_1+x_2\geqslant 1\ 000$$

$$-x_1-x_2+x_4+2x_5+3x_6\leqslant 0$$
$$3x_1+5x_2-x_3+x_4-2x_5-x_6\leqslant 0$$
$$x_{ij}\geqslant 0,\ j=1,2,\cdots,6$$

此时我们需要将这个线性规划模型输入到 LINGO 中，利用 LINGO 为我们解题，LINGO 代码如下：

```
Model:
max=0.256*x1+0.38*x2+0.172*x3+0.282*x4+0.126*x5+
0.184*x6;
x1+x2+x3+x4+x5+x6<5000;
x1+x2>1000;
-x1-x2+x4+2*x5+3*x6<0;
3*x1+5*x2-x3+x4-2*x5-x6<0;
end
```

此外，在我们输入模型的时候，常常会出现报错的情况，找出错误原因也常常是同学们十分痛苦的一件事情，所以此处给出 LINGO 错误编号及含义对照表，方便同学们找出模型中的错误，提高编程效率。但是 LINGO 公司也会不断增加（有时也会减少）出错信息的内容，所以这里提供的对照表仅供参考，如表 11.2 所示。

表 11.2　LINGO 错误编号及含义对照表

错误代码	含义
0	LINGO 模型生成器的内存已经用尽（可用"LINGO｜Options"命令对 General Solver 选项卡中的"Generator Memory Limit"选项进行内存大小的修改）
1	模型中的行数太多（对于有实际意义的模型，这个错误很少出现）
2	模型中的字符数太多（对于有实际意义的模型，这个错误很少出现）
3	模型中某行的字符数太多（每行不应该超过 200 个字符，否则应换行）
4	指定的行号超出了模型中实际具有的最大行号（这个错误通常在 LOOK 命令中指定了非法的行号时出现）
5	当前内存中没有模型
6	脚本文件中 TAKE 命令的嵌套重数太多（LINGO 中限定 TAKE 命令最多嵌套 10 次）
7	无法打开指定的文件（通常是指定的文件名拼写错误）
8	脚本文件中的错误太多，因此直接返回到命令模式（不再继续处理这个脚本文件）（该错误编号目前没有使用）
9	（该错误编号目前没有使用）
10	（该错误编号目前没有使用）
11	模型中的语句出现了语法错误（不符合 LINGO 语法）

续表

错误代码	含义
12	模型中的括号不匹配
13	在电子表格文件中找不到指定的单元范围名称
14	运算所需的临时堆栈空间不够（这通常意味着模型中的表达式太长了）
15	找不到关系运算符（通常是丢了“<”，“=”或“>”）
16	输入输出时不同对象的大小不一样
17	集合元素的索引的内存堆栈空间不够
18	集合的内存堆栈空间不够
19	索引函数@INDEX 使用不当
20	集合名使用不当
21	属性名使用不当
22	不等式或等式关系太多（例如，约束 $2<x<4$ 是不允许出现在同一个语句中的）
23	参数个数不符
24	集合名不合法
25	函数@WKX( )的参数非法（注：在 LINGO9.0 中已经没有函数@WKX( )）
26	集合的索引变量的个数不符
27	在电子表格文件中指定的单元范围不连续
28	行名不合法
29	数据段或初始段的数据个数不符
30	链接到 Excel 时出现错误
31	使用@TEXT 函数时参数不合法
32	使用了空的集合成员名
33	使用@OLE 函数时参数不合法
34	用电子表格文件中指定的多个单元范围生成派生集合时，单元范围的大小应该一致
35	输出时用到了不可识别的变量名
36	基本集合的元素名不合法
37	集合名已经被使用过
38	ODBC 服务返回了错误信息
39	派生集合的分量元素（下标）不在原来的父集合中
40	派生集合的索引元素的个数不符

续表

错误代码	含义
41	定义派生集合时所使用的基本集合的个数太多（一般不会出现这个错误）
42	集合过滤条件的表达式中出现了取值不固定的变量
43	集合过滤条件的表达式运算出错
44	过滤条件的表达式没有结束（即没有“:”标志）
45	@ODBC 函数的参数列表错误
46	文件名不合法
47	打开的文件太多
48	不能打开文件
49	读文件时发生错误
50	@FOR 函数使用不合法
51	编译时 LINGO 模型生成器的内存不足
52	@IN 函数使用不当
53	在电子表格文件中找不到指定的单元范围名称（似乎与出错代码“13”含义类似）
54	读取电子表格文件时出现错误
55	@TEXT 函数不能打开文件
56	@TEXT 函数读文件时发生错误
57	@TEXT 函数读文件时出现了非法输入数据
58	@TEXT 函数读文件时出现发现输入数据比实际所需要的少
59	@TEXT 函数读文件时出现发现输入数据比实际所需要的多
60	用@TEXT 函数输入数据时，没有指定文件名
61	行命令拼写错误
62	LINGO 生成模型时工作内存不足
63	模型的定义不正确
64	@FOR 函数嵌套太多
65	@WARN 函数使用不当
66	警告：固定变量取值不唯一（例如，任意正数都是约束@SIGN(X)=1 的解）
67	模型中非零系数过多导致内存耗尽
68	对字符串进行非法的算术运算
69	约束中的运算符非法

续表

错误代码	含义
70	属性的下标越界
71	变量定界函数（@GIN，@BIN，@FREE，@BND）使用错误
72	不能从固定约束（只含有固定变量的约束）中求出固定变量的值（相当于方程无解，或者 LINGO 的算法解不出来，如迭代求解算法不收敛）
73	在 LINGO 生成模型（对模型进行结构分析）时，用户中断了模型生成过程
74	变量越界，超出了 10^{32}
75	对变量的定界相互冲突（例如，一个模型中同时指定@BND(-6，X，6）和@BND(-5，X，5）是允许的，但同时指定@BND(-6，X，6）和@BND(7，X，9）则是冲突的）
76	LINGO 生成模型时出现错误，不能将模型转交给优化求解程序
77	无定义的算术运算（例如除数为 0）
78	（该错误编号目前没有使用）
79	（该错误编号目前没有使用）
80	生成 LINGO 模型时系统内存已经用尽
81	找不到可行解
82	最优值无界
83	（该错误编号目前没有使用）
84	模型中非零系数过多
85	表达式过于复杂导致堆栈溢出
86	算术运算错误（如 1/0 或@LOG(-1)等）
87	@IN 函数使用不当（似乎与错误代码“52”相同）
88	当前内存中没有存放任何解
89	LINGO 运行时出现了意想不到的错误（请与 LINGO 公司联系解决问题）
90	在 LINGO 生成模型时，用户中断了模型生成过程
91	当在数据段有“变量 = ?”语句时，LINGO 运行中将要求用户输入这个变量的值，如果这个值输入错误，将显示这个错误代码
92	警告：当前解可能不是可行的/最优的
93	命令行中的转换修饰词错误
94	（该错误编号目前没有使用）
95	模型求解完成前，用户中断了求解过程
96	（该错误编号目前没有使用）

续表

错误代码	含义
97	用TAKE命令输入模型时，出现了不可识别的语法
98	用TAKE命令输入模型时，出现了语法错误
99	语法错误，缺少变量
100	语法错误，缺少常量
101	（该错误编号目前没有使用）
102	指定的输出变量名不存在
103	（该错误编号目前没有使用）
104	模型还没有被求解，或者模型是空的
105	（该错误编号目前没有使用）
106	行宽的最小最大值分别为68和200
107	函数@POINTER指定的索引值无效
108	模型的规模超出了当前LINGO版本的限制
109	达到了迭代上限，所以LINGO停止继续求解模型（迭代上限可以通过“LINGO Options”命令对General Solver选项卡中的“Iteration”选项进行修改）
110	HIDE（隐藏）命令指定的密码超出了8个字符的限制
111	模型是隐藏的，所以当前命令不能使用
112	恢复隐藏模型时输入的密码错误
113	因为一行内容太长，导致LOOK或SAVE命令失败
114	HIDE（隐藏）命令指定的两次密码不一致，命令失败
115	参数列表过长
116	文件名（包括路径名）太长
117	无效的命令
118	命令不明确（例如，可能输入的是命令的缩写名，而这一缩写可有多个命令与之对应）
119	命令脚本文件中的错误太多，LINGO放弃对它继续处理
120	LINGO无法将配置文件（LINGO.CNF）写入启动目录或工作目录（可能是权限问题）
121	整数规划没有敏感性分析
122	敏感性分析选项没有激活，敏感性分析不能进行（可通过“LINGO|Options”命令对General Solver选项卡中的“Dual Computation”选项进行修改）
123	调试（Debug）命令只对线性模型且模型不可行或无界时才能使用
124	对一个空集合的属性进行初始化

续表

错误代码	含义
125	集合中没有元素
126	使用 ODBC 连接输出时，发现制定的输出变量名不存在
127	使用 ODBC 连接输出时，同时输出的变量的维数必须相同
128	使用 SET 命令时指定的参数索引无效
129	使用 SET 命令时指定的参数取值无效
130	使用 SET 命令时指定的参数名无效
131	FREEZE 命令无法保存配置文件 LINGO. CNF（可能是权限问题）
132	LINGO 读配置文件（LINGO. CNF）时发生错误
133	LINGO 无法通过 OLE 连接电子表格文件（如，当其他人正在编辑这个文件时）
134	输出时出现错误，不能完成所有输出操作
135	求解时间超出了限制（可通过“LINGO|Options”命令对 General Solver 选项卡中的“Time”选项进行修改）
136	使用@TEXT 函数输出时出现错误操作
137	（该错误编号目前没有使用）
138	DIVERT（输出重新定向）命令的嵌套次数太多（最多不能超过 10 次嵌套）
139	DIVERT（输出重新定向）命令不能打开指定文件
140	只求原始最优解时无法给出敏感性分析信息（可通过“LINGO| Options”命令对 General Solver 选项卡中的“Dual Computation”选项进行修改）
141	对某行约束的敏感性分析无法进行，因为这一行已经是固定约束（即该约束中所有变量都已经在直接求解程序进行预处理时被固定下来了）
142	出现了意想不到的错误（请与 LINDO 公司联系解决这个问题）
143	使用接口函数输出时，同时输出的对象的维数必须相同
144	@POINTER 函数的参数列表无效
145	@POINTER 函数出错：2—输出变量无效；3—内存耗尽；4—只求原始最优解时无法给出敏感性分析信息；5—对固定行无法给出敏感性分析信息；6—意想不到的错误
146	基本集合的元素名与模型中的变量名重名（当前版本的 LINGO 中这本来是允许的，但如果通过“LINGO| Options”命令在“General Solver”选项卡选择“Check for duplicates names in data and model”，则会检查重名，这主要是为了与以前的 LINGO 版本兼容）
147	@WARN 函数中的条件表达式中只能包含固定变量
148	@OLE 函数在当前操作系统下不能使用（只在 Windows 操作系统下可以使用）

续表

错误代码	含义
149	（该错误编号目前没有使用）
150	@ODBC 函数在当前操作系统下不能使用（只在 Windows 操作系统下可以使用）
151	@POINTER 函数在当前系统下不能使用（只在 Windows 操作系统下可以使用）
152	输入的命令在当前操作系统下不能使用
153	集合的初始化（定义元素）不能在初始段中进行，只能在集合段或数据段进行
154	集合名只能被定义一次
155	在数据段对集合进行初始化（定义元素）时，必须显示地列出所有元素，不能省略元素
156	在数据段对集合和（或）变量进行初始化时，给出的参数个数不符
157	@INDEX 函数引用的集合名不存在
158	当前函数需要集合的成员名作为参数
159	派生集合中的一个成员（分量）不是对应的父集合的成员
160	数据段中的一个语句不能对两个（或更多）的集合进行初始化（定义元素）
161	（该错误编号目前没有使用）
162	电子表格文件中指定的单元范围内存在不同类型的数据（既有字符，又有数值），LINGO 无法通过这些单元同时输入（或输出）不同类型的数据
163	在初始段对变量进行初始化时，给出的参数个数不符
164	模型中输入的符号名不符合 LINGO 的命名规则
165	当前的输出函数不能按集合进行输出
166	不同长度的输出对象无法同时输出到表格型的文件（如数据库和文本文件）
167	在通过 Excel 进行输入输出时，一次指定了多个单元范围
168	@DUAL，@RANGEU，@RANGED 函数不能对文本数据（如集合的成员名）使用，而只能对变量和约束行使用
169	运行模型时才输入集合成员是不允许的
170	LINGO 系统的密码输入错误，请重新输入
171	LINGO 系统的密码输入错误，系统将以演示版方式运行
172	LINGO 的内部求解程序发生了意想不到的错误（请与 LINDO 公司联系解决这个问题）
173	内部求解程序发生了数值计算方面的错误
174	LINGO 预处理阶段（preprocessing）内存不足
175	系统的虚拟内存不足
176	LINGO 后处理阶段（postprocessing）内存不足

续表

错误代码	含义
177	为集合分配内存时出错（如内存不足等）
178	为集合分配内存时堆栈溢出
179	将 MPS 格式的模型文件转化成 LINGO 模型文件时出现错误（如变量名冲突等）
180	将 MPS 格式的模型文件转化成 LINGO 模型文件时，不能分配内存（通常是内存不足）
181	将 MPS 格式的模型文件转化成 LINGO 模型文件时，不能生成模型（通常是内存不足）
182	将 MPS 格式的模型文件转化成 LINGO 模型文件时出现错误（会给出出错的行号）
183	LINGO 目前不支持 MPS 格式的二次规划模型文件
184	敏感性分析选项没有激活，敏感性分析不能进行（可通过“LINGO丨Options”命令对 General Solver 选项卡中的“Dual Computation”选项进行修改）
185	没有使用内点法的权限（LINGO 中的内点法是选件，需要额外购买）
186	不能用@QRAND 函数对集合进行初始化（定义元素）
187	用@QRAND 函数对属性进行初始化时，一次只能对一个属性进行处理
188	用@QRAND 函数对属性进行初始化时，只能对稠密集合对应的属性进行处理
189	随机函数中指定的种子（SEED）无效
190	用隐式方法定义集合时，定义方式不正确
191	LINDO API 返回了错误（请与 LINDO 公司联系解决这个问题）
192	LINGO 不再支持@WKX 函数，请改用@OLE 函数
193	内存中没有当前模型的解（模型可能还没有求解，或者求解错误）
194	无法生成 LINGO 的内部环境变量（通常是因为内存不足）
195	写文件时出现错误（如磁盘空间不足）
196	无法为当前模型计算对偶解（这个错误非同寻常，欢迎你将这个模型提供给 LINDO 公司进行进一步分析）
197	调试程序目前不能处理整数规划模型
198	当前二次规划模型不是凸的，不能使用内点法，请通过“LINGO丨Options”命令取消对二次规划的判别
199	求解二次规划需要使用内点法，但您使用的 LINGO 版本没有这个权限（请通过“LINGO丨Options”命令取消对二次规划的判别）
200	无法为当前模型计算对偶解，请通过“LINGO丨Options”命令取消对对偶计算的要求模型是局部不可行的
201	模型是局部不可行的

续表

错误代码	含义
202	全局优化时，模型中非线性变量的个数超出了全局优化求解程序的上限
203	无权使用全局优化求解程序
204	无权使用多初始点求解程序
205	模型中的数据不平衡（数量级差异太大）
206	“线性化”和“全局优化”两个选项不能同时存在
207	缺少左括号
208	@WRITEFOR 函数只能在数据段出现
209	@WRITEFOR 函数中不允许出现关系运算符
210	@WRITEFOR 函数使用不当
211	输出操作中出现了算术运算错误
212	集合的下标越界
213	当前操作参数不应该是文本，但模型中指定的是文本
214	多次对同一个变量初始化
215	@DUAL. @RANGEU，@RANGED 函数不能在此使用（参阅错误代码“168”）
216	这个函数应该需要输入文本作为参数
217	这个函数应该需要输入数值作为参数
218	这个函数应该需要输入行名或变量名作为参数
219	无法找到指定的行
220	没有定义的文本操作
221	@WRITE 或@WRITEFOR 函数的参数溢出
222	需要指定行名或变量名
223	向 Excel 文件中写数据时，动态接收单元超出了限制
224	向 Excel 文件中写数据时，需要写的数据的个数多于指定的接收单元的个数
225	计算段（CALC）的表达式不正确
226	不存在默认的电子表格文件，请为@OLE 函数指定一个电子表格文件
227	为 APISET 命令指定的参数索引不正确
228	通过 Excel 输入输出数据时，如果 LINGO 中的多个对象对应于 Excel 中的一个单元范围名，则列数应该一致
229	为 APISET 命令指定的参数类型不正确

续表

错误代码	含义
230	为 APISET 命令指定的参数值不正确
231	APISET 命令无法完成
232 ~	(该错误编号目前没有使用)
1000	(错误编号为 1000 以上的信息，只对 Windows 系统有效) LINGO 找不到
1001	与指定括号匹配的括号
1002	当前内存中没有模型，不能求解
1003	LINGO 现在正忙，不能马上响应您的请求
1004	LINGO 不能写 LOG（日志）文件，也许磁盘已满
1005	LINGO 不能打开指定的 LOG（日志）文件
1006	不能打开文件
1007	没有足够内存完成命令
1008	不能打开新窗口（可能内存不够）
1009	没有足够内存空间生成解答报告
1010	不能打开 Excel 文件的链接（通常是由于系统资源不足）
1011	LINGO 不能完成对图形的请求
1012	LINGO 与 ODBC 连接时出现错误
1013	通过 OBDC 传递数据时不能完成初始化
1014	向 Excel 文件传递数据时，指定的参数不够
1015	不能保存文件
1016	Windows 环境下不支持 Edit（编辑）命令，请使用 File|Open 菜单命令
9999	由于出现严重错误，优化求解程序运行失败（最可能的原因可能是数学函数出错，如函数@LOG(X－1)当 X＜＝1 时就会出现这类错误）

第三节　LINGO 建模语言

现在我们来继续看下面一道例题：

例 11.4　现有 A_1，A_2，A_3 三个产粮区，可供应粮食分别为 10，8，5（万吨），现将粮食运往 B_1，B_2，B_3，B_4 四个销售区，其需要量分别为 5，7，8，3（万吨），如表 11.3 所示。

表 11.3 产粮区产量与地区需要量以及运价表

产粮区＼地区	B_1	B_2	B_3	B_4	产量
A_1	3	2	6	3	10
A_2	5	3	8	2	8
A_3	4	1	2	9	5
需要量	5	7	8	3	23

请问：如何安排一个运输计划，使总的运输费用最少？

决策变量：设从第 i 个仓库到第 j 个地区的运输量为 x_{ij}。

优化目标：

$$\min = \sum_{i=1}^{m}\sum_{j=1}^{n} c_{ij}x_{ij}$$

约束：

$$\sum_{j=1}^{n} x_{ij} = a_i, \sum_{i=1}^{m} x_{ij} = b_j$$

$$x_{ij} \geqslant 0, i = 1,2,3, j = 1,2,3,4$$

现已将该题的优化模型确定了，但是如果是用之前学习的方法直接进行求解会相当费事，而且容易在输入过程中出现错误，这个时候就需要 LINGO 的建模语言。

此处我们介绍一下 LINGO 模型最基本的组成要素，主要是由以下 5 个部分组成：

（1）集合段（SETS）：这部分要以“sets:”开始，以“endsets”结束，作用在于定义必要的集合变量及其元素和属性；LINGO 建模语言的重点和难点也就在对集合概念的理解和正确使用。

（2）目标与约束段：这部分实际上定义了目标函数、约束条件等，但这部分并没有段的开始和结束标记，因此实际上就是除其他 4 个段（都有明确的段标记）外的 LINGO 模型。

（3）数据段（DATA）：这部分要以“data:”开始，以“enddata”结束，作用在于对集合的属性输入必要的常数数据。

（4）初始段（INIT）：这部分要以“init:”开始，以“endinit”结束，作用在于对集合的属性定义初值，因为我们求解算法一般都是迭代算法，如果我们在一开始能给一个比较好的迭代初值，就可以提高算法的计算效率，减少迭代次数和时间，因为之后对初始段不进行详细说明，所以我们先介绍初始段的定义方式；通常，定义初值的格式为

Attribute(属性) = value_list(常数列表)；

（5）计算段（CALC）：这部分要以“calc:”开始，以“endcalc”结束，作用在于对输入的数据进行预处理使用，因为在实际问题中，LINGO 开始正式求解模型之前，可能需要对原始数据进行一定的计算，最终得到我们模型中要使用的部分数据。因为之后不对初始段进行详细说明，我们先介绍计算段的定义方式；通常，定义计算段的格式为

变量 = 表达式；

因为 LINGO 建模语言的重点和难点也就在对集合概念的理解和正确使用。所以我们重点讲解集合的使用，此外也会对数据做一些介绍。

一、集合

集合是一群相联系的对象，比如，产粮区、地区、运输路线等，这些对象也称为集合的成员（元素）。每个集合成员可能有一个或多个与之有关联的特征，我们把这些特征称为属性。集合的属性相当于以集合的成员作为下标的数组。而属性值可以预先给定，也可以是未知的，有待于 LINGO 求解。由此对于例题 11.4 中，可以得到以下的集合（见表 11.4）。

表 11.4 例 11.4 中所具有的集合

集合名称	成员数量	属性
产粮区	3	产量
地区	4	需求量
运输路线	12	单位运费、运粮量

（一）基本集合与派生集合

确定了建立集合所需要的内容之后，根据定义集合的格式，建立集合，定义集合的格式为

setname/member_list/:attribute_list;

（1）setname 是集合的名字；

（2）member_list 是成员列表；

（3）各成员之间可用空格或逗号分隔；attribute_list 是集合成员所具有的属性列表，多个属性之间用逗号分隔；

（4）原始集合的 member_list，attribute_list 是可选项；

因此，在这个例题中，我们可以得到定义的集合为

```
sets:
  producing_areas/A1 A2 A3/:capacity;
  regions/B1,B2,B3,B4/:demand;
endsets
```

当成员较多时，可使用隐式成员列表，具体格式为

setname/member1..memberN/:attribute_list;

隐式成员列表类别：

（1）数字型：1..n；例，1..5 代表（1，2，3，4，5）；

（2）字符数字型：stringM..stringN；例，truck3..truck34；

（3）星期型：mon..fir 代表（mon，tue，wed，thu，fri）；

（4）月份型：Oct..Jan 代表（Oct，Nov，Dec，Jan）；

（5）年份－月份型：monthYearM. . monthYearM；例，OCT2001. . JAN2002 代表（2001. 10 2001. 11　2001. 12　2002. 1）；

根据上面的内容，完成下列例题：

例 11. 5　建立集合，2001—2009 年，每年有 capacity 和 cost 两个属性。

可建立集合为

```
sets:
year/Y2001..Y2009/:capacity,cost;
endsets
```

集合有两种类型：基本集合和派生集合。基本集合就是直接将元素列举出来的集合；比如说 producing_areas 以及 regions 这两个集合都是将元素直接列出来，所以为基本集合；而派生集合是基于其他集合派生出来的二维或多维集合；而派生集合的定义方法为

```
setname(parent_set_list)/member_list/:attribute_list;
```

其中 parent_set_list 是父集合列表。故例 11. 4 中的运输路线的定义为

```
links(producing_areas ,regions): cost, x;
```

故该例题中最终的集合定义为

```
sets:
  producing_areas/A1..A3/:capacity;
  regions/B1..B4/:demand;
  links(producing_areas, regions):cost,x;
endsets
```

（二）集合的引用方法

上面的代码定义了 4 个属性值，在接下来的模型中就可以使用属性值：

capacity(1)，capacity(2)，capacity(3)；demand(1)，demand(2)，…，demand(4)；cost(1，1)，cost(1，2)，…，cost(1，4)，cost(2，1)，cost(2，2)，…，cost(2，4)，…，cost(3，1)，cost(3，2)，…，cost(3，4)；

x 的引用同 cost。

在学习集合的应用方法之后，我们继续学习数据定义，数据段也是以“data:”开始，以“enddata”结束；为了方便学习，我们以下面例子进行说明，首先看下面集合：

```
sets:
    set1/a,b,c/:x,y;
endsets
```

如果我们想赋值：x(1)=1，x(2)=2，x(3)=3，y(1)=4，y(2)=5，y(3)=6，那么数据段可以为

```
data:
    x=1,2,3;
    y=4 5 6;
enddata
```

或者可以为

```
data:
    x,y=1 4
         2 5
         3 6;
enddata
```

若成员属性值相同，数据段定义如下：

```
data:
   x=3; !(所有成员的x=3);
   y=6; !(所有成员的y=6);
enddata
```

则对于例题 11.4 来说，运输问题的数据部分代码可以为

```
data:
capacity=10,8,5;
demand=5 7 8 3;
cost=3 2 6 3
      5 3 8 2
      4 1 2 9;
enddata
```

在学习了集合与数据定义之后，各位同学可以试着完成下列例题：

例 11.6 建立集合，有 John(男)、Jill(女)、Rose(女)、Mike(男) 四名同学，他们年龄分别是 16、14、17、13，请用集合表示以上信息。

！集合部分；

```
sets:
   students/John Jill Rose Mike/:sex,age;
endsets
```

！数据部分；

```
data:
sex =1 0 0 1;
age =16 14 17 13;
enddata
```

例 11.7 建立集合，五个年份，第二年和第三年 capacity 为 34，20，请用集合表示以上信息。

```
sets:
    years/1..5/: capacity;
endsets
data:
    capacity = ,34,20,,;
enddata
```

二、函数

在 LINGO 建立优化模型时，需要使用大量的内部函数，这些函数都以“@”开头，接下来我们开始介绍建立模型时所需要的一些重要函数。

1. @sum 函数

集合属性的求和函数，其含义是返回 setname 上表达式的和。格式为

@sum(setname[(set_index_list)[|condition]]:expression_list);

在例题 11.4 中，为了表达目标函数 $\min = \sum_{i=1}^{3}\sum_{j=1}^{4} cost(i.j) * x(i,j)$，可以采用@sum 函数表达，可以按照上面所学格式，得到

min = @sum(links(i,j):cost(i,j) * x(i,j));

对于从 3 个产粮区发到第 j 个地区的粮食量总和 $\sum_{i=1}^{3} x(i,j)$，可以表示为

@sum(producing_areas(i):x(i,j));

从第 i 个产粮区发出到 4 个地区的粮食量总和 $\sum_{j=1}^{4} x(i,j)$，可以表示为

@sum(regions(j):x(i,j));

2. @for 函数

集合元素的循环函数，对集合 setname 的每个元素独立地生成表达式，表达式由 express_list 描述。格式为

@for(setname[(set_index_list)[|condition]]:expression_list);

在例题 11.4 运输问题的约束有 3 个产粮区发给每个地区的粮食总量等于地区的需求量：$\sum_{i=1}^{3} x(i,j) = demand(j)(j = 1,\cdots,4)$，则由上面的格式可得到

@for(regions(j) :@sum(producing_areas(i) :x(i,j)) = demand(j)) ;

同理，要求每个产粮区发给 4 个地区的粮食总量等于产粮区的生产量：$\sum_{j=1}^{4} x(i,j) = \text{capacity}(i)(j = 1,\cdots,4)$，可表示为

@for(producing_areas(i) :@sum(regions(j) :x(i,j)) = capacity(i)) ;

则最终例题 11.4 在 LINGO 软件中得到的程序如图 11.6 所示。

```
model:
sets:
producing_areas/A1,A2,A3/:capacity;
regions/B1..B4/:demand;
links(producing_areas,regions):cost,x;
endsets
data:
capacity=10,8,5;
demand=5 7 8 3;
cost=3 2 6 3
     5 2 8 2
     4 1 2 9;
enddata
min = @sum(links:cost*x);
@for(regions(j):@sum(producing_areas(i):x(i,j))=demand(j));
@for(producing_areas(i):@sum(regions(j):x(i,j))=capacity(i));
end
```

图 11.6　运输问题的 LINGO 程序图

3. @prod 函数

集合属性的乘积函数，其作用是返回集合 setname 上的表达式的积。格式为

@prod(setname[(set_index_list) [| condition]] :expression_list) ;

例如，@PROD(links(I,j) :cost(I,j)) ；表示的是运输问题中，所有的运输费用相乘。

4. @max 与@min 函数

集合属性的最大（小）值函数，其作用是返回集合 setname 上的表达式 expression 的最大（小）值；其格式为

@max(min) (setname[(set_index_list) [| condition]] :expression_list) ;

5. @index 函数

这个函数主要返回数据集 setname 中成员 element 的位置号（下标）；

例如，a = @index(regions, B3) ;

返回值 a = 3。

6. @size 函数

该函数返回集合 setname 中所包含的成员个数；

例如：a = @size(regions) ;

返回值 a = 4。

7. @wrap 函数

当 index 位于区间［1，limit］时返回 index，否则返回 j = index - k * limit，其中 j 位

于区间 [1, limit]。

例如：a = @wrap(3,7)；返回值 a = 3。

a = @wrap(9,7)；返回值 a = 2。

8. @in 函数

如果数据集 set_name 中包含成员 primitive_index_1，则返回 1，否则返回 0。

9. 数学函数

除了这几个函数之外，还有很多常见的数学函数，比如：

(1) @abs(x)：绝对值函数，返回 x 的绝对值；

(2) @cos(x)：余弦函数，返回 x 的余弦值；

(3) @sin(x)：正弦函数，返回 x 的正弦值；

(4) @tan(x)：正切函数，返回 x 的正切值；

(5) @exp(x)：指数函数，返回 e^x 的值；

(6) @sign(x)：符号函数，返回 x 的符号值；

(7) @floor(x)：取整函数，返回 x 的整数部分；

(8) @smax(x1,x2,…,xn)：最大值函数，返回一列数中的最大值；

(9) @smin(x1,x2,…,xn)：最小值函数，返回一列数中的最小值。

10. 条件控制函数@if 函数

格式为：@if (logical_condition, true_result,false_result)；

计算 logical_condition，若为真返回 true_result，否则返回 false_result。

11. 变量界定函数

在 LINGO 软件中，变量的默认域都是非负实数（大于等于 0），所以为了能够改变变量域，采用以下的函数：

(1) @free(variable)：取消默认域，使变量可以取任意实数；

(2) @gin(variable)：限制变量取整数值；

(3) @bin(variable)：限制变量取值为 0，1；

(4) @bnd(low,variable,up)：限制变量于一个有限的范围。

三、运算符

在 LINGO 软件输入程序时，我们用到了一些运算符，现在我们开始介绍一下 LINGO 软件中常用的三种运算符：

1. 算术运算符

算术运算符就是数学运算，也就是数与数之间的运算，主要有：

^(求幂)　*(乘法)　/(除法)　+(加法)　-(减法)

2. 逻辑运算符

逻辑运算符的运算结果只有“真”（true）和“假”（false），目前具有的逻辑运算符共有 9 种，如图 11.7 所示。

#not#	否定该操作数的逻辑值，*#not#*是一个一元运算符
#eq#	若两个运算符相等，则为 true；否则为 false
#ne#	若两个运算符不相等，则为 true；否则为 false
#gt#	若左边的运算符严格大于右边的运算符，则为 true；否则为 false
#ge#	若左边的运算符大于或等于右边的运算符，则为 true；否则为 false
#lt#	若左边的运算符严格小于右边的运算符，则为 true；否则为 false
#le#	若左边的运算符小于或等于右边的运算符，则为 true；否则为 false
#and#	仅当两个参数都为 true 时，结果为 true；否则为 false
#or#	仅当两个参数都为 false 时，结果为 false；否则为 true

图 11.7　逻辑运算符

3. 关系运算符

关系运算符表示的是数与数之间的大小关系，在 LINGO 中用来表示优化模型的约束条件，LINGO 中关系运算符有 3 种：

=(表示等于)　<(表示小于等于)　>(表示大于等于)

需要注意的是，逻辑运算符主要用于判断，而关系运算符用于约束和赋值，两者不能通用。同样，运算符之间也有优先级，如表 11.5 所示。

表 11.5　运算符优先级

优先级	运算符
最高	*#not#*
	^
	*　/
	+　−
	#eq#　*#ne#*　*#gt#*　*#ge#*　*#lt#*　*#le#*
	#or#　*#and#*
最低	<　=　>

在学习了以上内容后，请各位同学完成以下例题：

例 11.8　一项工作一周 7 天都需要有人（比如护士工作），每天（周一至周日）所需的最少职员数为 20、16、13、16、19、14 和 12，并要求每个职员一周最多连续工作 5 天，试求每周所需最少职员数，并给出安排。注意这里我们考虑稳定后的情况。

将模型输入到 LINGO 软件求解程序为

```
sets:
    days/mon..sun/: required,start;
endsets
data:
    !每天所需的最少职员数;
    required =20 16 13 16 19 14 12;
enddata
!最小化每周所需职员数;
min =@sum(days: start);
@for(days(J): @sum(days(I) |I#le#5: start(@wrap(J +I +2,7))) >
required(J));
```

四、文件操作

前面我们已经学习了 LINGO 软件的基本用法，学会了编写 LINGO 的程序解决线性规划问题，但是在现实生活中，许多优化问题都十分庞大且复杂，数据也十分烦琐，为了在输入数据的时候比较方便或者在输出数据的时候可以保存在独立的文件中，现在介绍三种可以与外部文件交换的函数：@file( )、@text( )、@ole( )。

1. @file 函数

该函数主要是在模型的集合和数据部分使用，但是不能嵌套使用，其作用是从文本文件中输入数据，其用法是：

@file(filename);

每个句段要用“~”分隔。

2. @text 函数

该函数在模型的数据部分使用，向文本文件输出数据，当省略 filename 时，结果送到标准的输出设备（通常就是屏幕）。该函数的用法是：

@text('filename');

利用例 11.8 中的问题，来说明@file 的用法。假设我们需要将每天所需的职员数的数据保存在记事本中，则可以在原本的数据段中，增加一行：

@text('out. txt') = days '至少需要的职员数为' start;

放在程序中的结果如下所示：

```
model:
sets:
days/mon..sun/: required,start;
endsets
data:
```

```
!每天所需的最少职员数;
required = 20 16 13 16 19 14 12;
@text('out.txt') = days '至少需要的职员数为' start;
enddata
!最小化每周所需职员数;
min = @sum(days: start);
@for(days(J):
@sum(days(I) |I#le#5:start(@wrap(J + I +2,7))) >= required(J));
end
```

最后可在文档中得到，如图 11.8 所示。

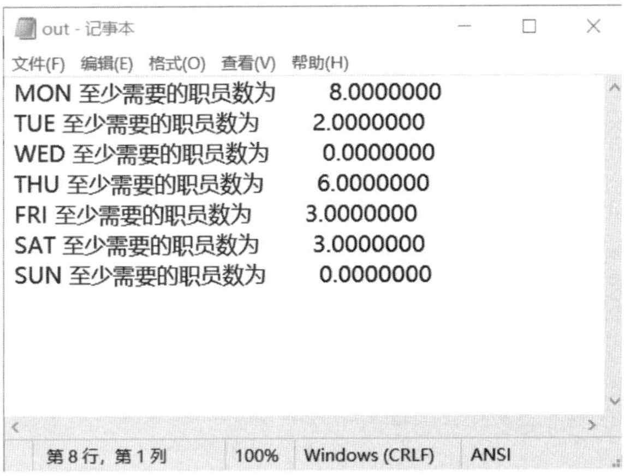

图 11.8　程序文件输出结果

3. @ole 函数

该函数主要在模型的数据和集合部分使用，与 Excel 交换数据，即既可以输出数据也可以输入数据，其函数的用法为

@ole('filename');

利用例 11.4 中的运输问题，来说明@ole 的用法，如果我们希望将集合和数据都从 Excel 导出来，且输出的数据也是从 Excel 导出的，则可以得到这样的结果：

在从外部导出数据之前，需要先在 Excel 定义 Ranges 名，具体步骤：

(1) 框选命名区域。

(2) 单击鼠标右键。

(3) 选择“定义名称”。

(4) 输入希望的名字。

(5) 单击“确定”按钮。

需注意的是，在最后 Excel 保存是需要保存为 97 – 2003 版本。

接着便可以在 Excel 中引入集合元素，具体的程序为

```
producing_areas/@ole('mydata.xls','producing_areas')/:capacity;
regions/@ole('mydata.xls','regions')/:demand;
```

在 Excel 中引入数据，具体程序为

```
capacity,demand,cost=@ole('mydata.xls');
```

最后需要将所得的结果输入 Excel，具体程序为

```
@ole('mydata.xls','x')=x;
```

最终，我们将运输问题的程序呈现为

```
model:
sets:
producing_areas/@ole('mydata.xls','producing_areas')/:capacity;
regions/@ole('mydata.xls','regions')/:demand;
links(producing_areas,regions):cost,x;
endsets
data:
capacity,demand,cost=@ole('mydata.xls');
@ole('mydata.xls','x')=x;
enddata
min=@sum(links:cost*x);
@for(regions(j):@sum(producing_areas(i):x(i,j))=demand(j));
@for(producing_areas(i):@sum(regions(j):x(i,j))=capacity(i));
end
```

最后，学习完以上的内容，请各位同学完成下面例题：

例 11.9 配料问题。某钢铁公司生产一种合金，要求的成分规格：锡不少于 28%，锌不多于 15%，铅恰好 10%，镍在 35%~55%，不允许有其他成分。钢铁公司拟从五种不同级别的矿石中进行冶炼，每种矿物的成分含量和价格如表 11.6 所示。矿石杂质在冶炼过程中废弃，现要求使得每吨合金成本最低的所需的各种矿物数量。假设矿石在冶炼过程中，合金含量没有发生变化。

表 11.6 矿石的金属含量

矿石 \ 合金	锡%	锌%	铅%	镍%	杂质	费用/(元·吨)$^{-1}$
1	25	10	10	25	30	340
2	40	0	0	30	30	260
3	0	15	5	20	60	180

续表

矿石＼合金	锡%	锌%	铅%	镍%	杂质	费用/(元·吨)$^{-1}$
4	20	20	0	40	20	230
5	8	5	15	17	55	190

设 $x_{ij}(j=1, 2, \cdots, 5)$ 是第 j 种矿石数量，得到下列线性规划模型：

$$\min Z = 340x_1 + 260x_2 + 180x_3 + 230x_4 + 190x_5$$
$$0.25x_1 + 0.4x_2 + 0.2x_4 + 0.08x_5 \geqslant 0.28$$
$$0.1x_1 + 0.15x_3 + 0.2x_4 + 0.05x_5 \leqslant 0.15$$
$$0.1x_1 + 0.05x_3 + 0.15x_5 = 0.1$$
$$0.25x_1 + 0.3x_2 + 0.2x_3 + 0.4x_4 + 0.17x_5 \leqslant 0.55$$
$$0.7x_1 + 0.7x_2 + 0.4x_3 + 0.8x_4 + 0.45x_5 = 1$$
$$x_{ij} \geqslant 0, j = 1, 2, \cdots, 5$$

根据所得模型，利用 LINGO 软件建模可得，如图 11.9 所示。

```
model:
sets:
ore/1..5/:cost,x;!x代表每种矿石数量;
alloy/1..5/:;
content(ore,alloy):alloy_content;!alloy_content代表每种矿石具有的每种合金含量;
endsets
data:
cost=340 260 180 230 190;
alloy_content=0.25 0.10 0.10 0.25 0.30
              0.40 0 0 0.30 0.30
              0 15 0.05 0.20 0.60
              0.20 0.20 0 0.40 0.20
              0.08 0.05 0.15 0.17 0.55;
enddata
min=@sum(ore(i):cost(i)*x(i));
@sum(ore(i):alloy_content(i,1)*x(i))>0.28;
@sum(ore(i):alloy_content(i,2)*x(i))<0.15;
@sum(ore(i):alloy_content(i,3)*x(i))=0.10;
@sum(ore(i):alloy_content(i,4)*x(i))<0.55;
@sum(ore(i):alloy_content(i,4)*x(i))>0.35;
@sum(ore(i):(1-alloy_content(i,5))*x(i))=1;
end
```

图 11.9　配料问题 LINGO 模型

第十二章

Python 求解实例

第一节　Python 基础语法

一、标识符

Python 程序采用“变量”来保存和表示具体的数据值。为了更好地使用变量等其他程序元素，需要给它们关联一个标识符，相当于给它们起名字，关联标识符的过程称为命名。命名用于保证程序元素的唯一性。具体有如下要求：

（1）字母、数字、下划线（但不能以数字开头，且区分大小写）。

（2）单下划线开头（eg. _foo）的标识符有特殊意义，不能用 from xxx import * 导入。

（3）双下划线开头（eg. __foo）表示私有成员；以双下划线开头结尾（eg. __foo__）代表特殊方法专用标识，例如__init__()代表类的构造函数。

二、保留字

保留字（Keyword），也成为关键字，指被编程语言内部定义并保留使用的标识符。编写程序时不能定义与保留字相同的标识符。

保留字一般用来构成程序整体框架、表达关键值和具有结构性的复杂语义等（见表 12.1）。

表 12.1　Python 保留字

False	def	if	raise	None	del
import	return	true	elif	in	try
and	else	is	while	as	except
lambda	with	assert	finally	nonlocal	yield
break	not	for	class	from	or
continue	global	pass			

三、条件判断与循环语句

（一）条件判断 if：

分支语句是控制程序运行的一类重要语句，它的作用是根据判断条件选择程序执行路径。

1. 二分支结构：if－else 语句

Python 中的 if－else 语句用来形成二分支结构，语法格式如下：

```
if <条件>:
    <语句块1>
else:
    <语句块2>
```

语句块 1 是在 if 条件满足后执行的一个或多个语句序列，语句块 2 是 if 条件不满足后执行的语句序列。二分支语句用于区分条件的两种可能，即 True 或者 False，分别形成执行路径。

例 12.1　成绩判断，假设只关心成绩是否及格，可以通过二分支语句完成：

```
score = eval(input("请输入成绩:"))
if score >=60:
   print("及格")
else:
   print("不及格")
```

此外，二分支结构还有一种更简洁的表达方式，更适合通过判断返回特定值，语法格式为：

```
<表达式1>  if  <条件>  else  <表达式2>
```

于是实例 1 可以改为

```
score = eval(input("请输入成绩:"))
print("成绩{}".format("及格" if score > =60 else "不及格"))
```

2. 多分支结构

Python 的 if－elif－else 描述多分支结构，语句格式如下：

```
if <条件1>:
     <语句块1>
(elif <条件2>:
     <语句块2>
     …
else:
     <语句块n>)
```

多分支结构是二分支结构的扩展，这种形式通常用于设置同一个判断条件的多条执行路径。Python 依次评估寻找第一个结果为 True 的条件，执行该条件下的语句块，结束后跳过整个 if - elif - else 结构，执行后面的语句。如果没有任何条件成立，else 下面的语句块将被执行，else 子句是可选的。

例 12.2 成绩判断，增加新的判断标准，可以通过多分支语句完成：

```
if score < 60:
    grade = 'F'
elif score < 70:
    grade = 'D'
elif score < 80:
    grade = 'C'
elif score < 90:
    grade = 'B'
else:
    grade = 'A'
```

（二）遍历循环 for：

循环语句是控制程序运行的一类重要语句，与分支语句控制程序执行类似，它的作用是根据判断条件确定一段程序是否执行一次或者多次。

Python 通过保留字 for 实现“遍历循环”，基本使用方法如下：

```
for <循环变量> in <遍历结构>:
    <语句块>
```

之所以称为“遍历循环”，是因为 for 语句多循环执行次数是根据遍历结构中元素的个数确定的。遍历循环可以理解为从遍历结构中逐一提取元素，放在循环变量中，对于所提取的每个元素执行一次语句块。遍历结构可以是字符串、文件、组合数类型数据或 range() 函数等，使用方式如下：

（1）用 range() 函数循环 N 次：

```
for i in range(N):
    <语句块>
```

（2）遍历文件 fi 中每一行：

```
for line in fi:
    <语句块>
```

（3）遍历字符串 s：

```
for c in s:
    <语句块>
```

（4）遍历列表 ls：

```
for item in ls:
    <语句块>
```

例 12.3

```
for s in "BIT":
    print("循环进行中:" +s)
else:
    print("循环结束")
>>>
循环进行中:B
循环进行中:I
循环进行中:T
循环结束
```

（一）无限循环 while：

Python 通过保留字 while 实现无限循环，基本用法如下：

```
while   <条件>:
        <语句块>
```

其中条件与 if 语句中的判断条件一样，结果为 True 和 False。while 语义很简单，当条件判断为 True 时，循环体重复执行语句块中语句；当条件为 False 时，循环终止，执行与 while 同级别缩进的后续语句。

例 12.4

```
   s, i = "BIT", 0
while i < len(s):
  print("循环进行中:" +s[i])
  i + =1

>>>
循环进行中:B
循环进行中:I
循环进行中:T
循环结束
```

（二）跳出当前循环 break：

break 用来跳出最内层循环 for 或 while 循环，脱离该循环后程序从代码后继续执行。

例 12.5

```
for s in "BIT":
    for I in range(10):
        print(s,end="")
        if s=="T":
            break
>>>
BBBBBBBBBBITTTTTTTTTT
```

其中，break 语句跳出了内层循环，但仍然继续执行外层循环。每个 break 语句只有能力跳出当前层次循环。

（三）结束当前当次循环 continue：

continue 用来结束当前当次循环，即跳出循环体中下面尚未执行的语句，但不跳出当前循环。对于 while 循环，继续求解循环条件，对于 for 循环，程序流程接着遍历循环列表。对比 continue 和 break 语句如下：

例 12.6

```
for s in "PYTHON":
    if s=="T":
        continue
    print(s)
>>>
    PYHON
```

```
for s in "PYTHON":
    if s=="T":
        break
    print(s)
>>>
    PY
```

continue 语句和 break 语句的区别是，continue 语句只结束本次循环，而不终止整个循环的执行；而 break 语句则是结束整个循环过程，不再判断执行循环的条件是否成立。

四、函数

实际编程中，一般将特定功能代码编写在一个函数里，便于阅读和复用，也使得程序模块化。函数可以理解为对一组表达特定功能表达式封装，与数学函数类似，能够接收变量并输出结果。

（一）函数定义语法

Python 使用 def 保留字定义函数，语法形式如下：

```
def  <函数名>(<参数列表>):
      <函数体>
     return <返回值>
```

函数名可以是任何有效的 Python 标识符，参数列表是调用该函数时传递给它的值，可以有 0 个、1 个或 n 个，当传递多个参数时要用逗号隔开。当需要返回值时使用 return 和返回值列表，否则函数可以没有 return 语句。

（二）例子

定义一个进行加法运算的函数：

例 12.7

```
def sum(a, b):
    s = a + b
    return s

a = sum(4, 6)
print(a)

>>>
10
```

五、numpy 库的使用

Python 标准库中提供了一个 array 类型，用于保存数组类型数据，然而这个类型不支持多维数据，处理函数也不够丰富，不适合数值运算。因此，Python 语言的第三方库 numpy 得到了迅速的发展，至今 numpy 已经成了科学计算事实上的标准库。

numpy 库处理的最基础数据类型是由同种元素构成的多维数组（ndarray），简称“数组”。数组中所有元素的类型必须相同，数组中元素可以用整数索引，序号从 0 开始。ndarray 类型的维度叫作轴，轴的个数叫作秩。一维数组的秩为 1，二维数组的秩为 2，二维数组相当于由两个一维数组构成。

由于 numpy 库中函数较多且命名容易与常用命名混淆，建议采用如下方式引用 numpy 库：

```
import numpy as np
```

其中，as 保留字与 import 一起使用能够改变后续代码中库的命名空间，有助于提高代码的可读性。简单地说，在后续的程序中，np 代替 numpy。

（一）创建数组/矩阵

创建数组（ndarray 类型）（见表 12.2）。

表 12.2　使用 numpy 库创建数组

np.array([x,y,z],dtype = int)	从 Python 列表和元组创造数组
np.arange(x,y,i)	创建一个由 x 到 y（不包括 y），以 i 为步长的数组
np.linspace(x,y,n)	创建一个由 x 到 y（包括 y），等分成 n 个元素的数组
np.indices((m,n))	创建一个 m 行 n 列的矩阵

续表

np. random. rand(m,n)	创建一个 m 行 n 列的随机数组
np. zeros((m,n),dtype)	创建一个 m 行 n 列全为 0 的数组，dtype 是数据类型
np. ones((m,n),dtype)	创建一个 m 行 n 列全为 1 的数组，dtype 是数据类型
np. empty((m,n),dtype)	创建一个 m 行 n 列全为 0 的数组，dtype 是数据类型

创建数组后，可以查看 ndarray 类的基本属性（见表 12.3）。

表 12.3 numpy 属性列表

ndarray. ndim	数组轴的个数（维数），也称为秩
ndarray. shape	数组在每个维度上大小的整数元组
ndarray. size	数组元素的总个数
ndarray. dtype	数组元素的数据类型
ndarray. itemsize	数组中每个元素的字节大小
ndarray. data	包含实际数组元素的缓冲区地址
ndarray. flat	数组元素的迭代器

以下为 numpy 使用的实例：

```
np.array([[1,2,3],
   [4,5,6]])
np.array([[1,2,3],
         [4,5,6]],dtype=np.int16)
 >>>  [[1 2 3]
   [4 5 6]]
```

创建零矩阵：

```
np.zeros((2,3))
 >>>  [[0.0.0.]
   [0.0.0.]]
np.zeros((2,3),dtype=np.int16)
 >>>  [[0 0 0]
      [0 0 0]]
```

创建一矩阵：

```
np.ones((2,3))
 >>>  [[1.1.1.]
   [1.1.1.]]
```

```
np.ones((2,3),dtype=np.int16)
>>>  [[1 1 1]
      [1 1 1]]
```

等间隔数组创建矩阵：

```
np.arange(10, 20, 2)
>>>  [10 12 14 16 18]
np.arange(12).reshape((3,4))
>>>  [[0 1 2 3]
     [4 5 6 7]
     [8 9 10 11]]
np.linspase(1, 9, 3)
>>>  [1.5.9.]
```

数组在 numpy 中被当作对象，可以采用 <a>. <b>( ) 方式调用一些方法。表 12.4 给出了改变数组基础形态的操作方法。

表 12.4 numpy 操作列表

ndarray. reshape(n,m)	不改变数组的 ndarray，返回一个维度为（n，m）的数组
ndarray. resize(new_shape)	与 reshape( ) 作用相同，直接修改数组 ndarray
ndarray. swapaxes(ax1,ax2)	将数组 n 个维度中任意两个维度进行调换
ndarray. flatten( )	对数组进行降维，返回一个折叠后对一维数组
ndarray. ravel	作用同 flatten，但是返回数组的一个视图

（二）数组元素引用

#一维向量索引号从零开始

```
M = [3,  5,  6,  7,  2,  1]
     ↑   ↑   ↑   ↑   ↑   ↑
     0   1   2   3   4   5
```

#二维矩阵行和列的索引号从零开始

```
        [[2  1  2  3]←0
N =      [4  5  6  8]←1
         [9  2  5  3]]←2
          ↑  ↑  ↑  ↑
          0  1  2  3
```

#矩阵的引用与切片

```
M[3]   >>>  7 #M的第4个元素
N[2]=N[2,:]   >>>  [9 2 5 3] #N的第3行
N[1][1]=N[1,1]   >>>  #N的第2行第2列的元素
N[:,0]   >>>  [2 4 9]#N第1列的所有数
N[1,1:3]   >>>  [5 6]#N的第2行,第2到第4个元素(不包括第4个)
N[-1,:-1]   >>>  [9 2 5]#取最后一行除最后一个数
N[:-1,-1]   >>>  [3 8] #取最后一列除最后一个数
```

(三) 数组的运算

```
A=np.array([[1,1],
            [0,1]])
B=np.array([[0,1],
            [2,3]])
```

A * B #元素逐个相乘

```
>>>  [[0 1]
      [0 3]]
```

np. dot (A, B) #矩阵相乘

```
>>>  [[2 4]
      [2 3]]
```

A. dot (B) #矩阵相乘

```
>>>  [[2 4]
      [2 3]]


C=np.array([[1,2,3],[4,5,6]])
np.sum(C)#全部元素求和   >>>21
np.max(C)#全部元素中的最大值 >>>6
np.min(C)#全部元素中的最小值 >>>1
np.sum(C,axis=1)#对每行元素求和 >>>[6 15]
np.sum(C,axis=0)#对每列元素求和 >>>[5 7 9]
np.max(C,axis=1)#求每行元素求最大值 >>>[3 6]
np.min(C,axis=0)#对每列元素求最小值 >>>[1 2 3]
```

（四）数组的操作

D = np. arange(12). reshape((3,4))

```
>>>  [[0 1 2 3]
      [4 5 6 7]
      [8 9 10 11]]
```

#求最小值索引位置

```
np.argmin(D)  >>>  0
```

#求最大值索引位置

```
np.argmax(D)  >>>  11
```

#求所有元素平均值

```
np.mean(D)  >>>  5.5
D.mean()  >>>  5.5
np.mean(D, axis =0)#每列的平均 >>>  [4.5.6.7.]
np.mean(D, axis =1)#每行的平均 >>>  [1.5 5.5 9.5]
np.sort(D)#对 D 排序,形状不变
np.transpose(D)#D 的转置
D.T #D 的转置
D.flatten() #展成一维数组
```

六、读取文件中的数据（见图 12.1）

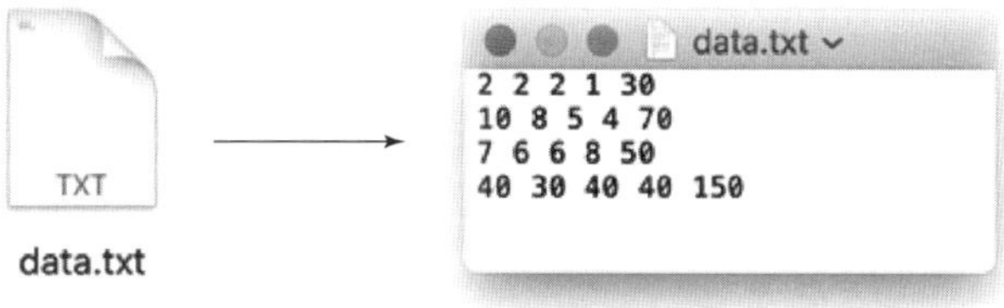

图 12.1　文件中的数据

#读取 txt 文件内容，函数 loadtxt（‘文件名’）

```
data =np.loadtxt('data.txt')
   = [[2 2 2 1 30]
      [10 8 5 4 70]
      [7 6 6 8 50]
      [40 30 40 40 150]]
```

```
costs =data[:-1, :-1] # 取除最后一行、最后一列的所有元素
  = [[2 2 2 1]
    [10 8 5 4]
    [7 6 6 8]]
supply =data[:-1, -1] =[30,70,50] #取最后一列除最后一个数
demand =data[-1,:-1] =[40, 30, 40, 40] #取最后一行除最后一个数
```

第二节 线性规划

一、单纯形法编程

例 12.8

$$\max\ 16x_1 + 10x_2$$
$$2x_1 + 2x_2 \leqslant 8$$
$$2x_1 + x_2 \leqslant 6$$
$$x_1, x_2 \geqslant 0$$

（一）输入数据

单纯形法的表格法提供了非常清晰的求解思路，所以这里选择单纯形表中的内容作为输入，如表 12.5 方框区域所示。

表 12.5 例 12.8 单纯形表

C_i		16	10	0	0	b	$\frac{b_j}{a_{ij}}$
C_B	基	x_1	x_2	x_3	x_4		
0	x_3	2	2	1	0	8	4
0	x_4	2	1	0	1	6	3
λ_i		16	10	0	0	0	

（二）求解算法

首先检验当前的解是否为最优解，判断条件是将目标函数都用非基变量描述，非基变量的系数就是检验数，由表 12.6 可以发现此时最大的检验数是 16，对应非基变量 x_1。因此将 x_1 设置为入基变量，为了找出出基变量，在代数法中我们将基变量分别用入基变量表达出来，在此基础上找到入基变量的最大增加值。对应到表格中就是计算$\frac{b_j}{a_{ij}}$。由于基变量 x_4 对应的$\frac{b_j}{a_{ij}}$值较小，因此将其设为出基变量。

表 12.6 例 12.8 利用单纯形法确定入基变量、出基变量

C_i		16	10	0	0	b	$\frac{b_j}{a_{ij}}$
C_B	基	x_1	x_2	x_3	x_4		
0	x_3	2	2	1	0	8	4
0	x_4	2	1	0	1	6	3
λ_i		16	10	0	0	0	

确定完入基变量与出基变量以后，在代数法中需要进行换基，以形成下一次迭代的基础。在表格法中，换基操作也较为简单，即将入基变量所对应的系数变化为出基变量所对应的系数。在本例中，入基变量 x_1 所对应的系数为［2，2］，需要通过初等变化将其变为出基变量 x_4 的系数［0，1］（见表 12.7、表 12.8）。

表 12.7 例 12.8 更新基变量所在行

C_i		16	10	0	0	b	$\frac{b_j}{a_{ij}}$
C_B	基	x_1	x_2	x_3	x_4		
0	x_3	2	2	1	0	8	
16	x_1	1	1/2	0	1/2	3	
λ_i							

表 12.8 例 12.8 更新单纯形表

C_i		16	10	0	0	b	$\frac{b_j}{a_{ij}}$
C_B	基	x_1	x_2	x_3	x_4		
0	x_3	0	1	1	0	2	2
16	x_1	1	1/2	0	1/2	3	6
λ_i		0	2	0	-8	-48	

以此类推，直到所有检验数均小于等于 0 停止迭代。

求解过程的代码如下：

```
def solve():
while max(d[-1][:-1]) >0:
      jnum = np.argmax(d[-1][:-1])   # 找入基变量的位置(列)
      inum = np.argmin(d[:-1, -1]/d[:-1, jnum])   #找出基变量的位
                                                   置(行)
      s[inum] = jnum  # 更新基变量
      d[inum] /= d[inum][jnum]   # 将新基变量系数变为 1
```

```
        for i in range(bn):
            if i != inum:
                d[i] -= d[i][jnum] * d[inum]   # 更新单纯形表
```

打印结果：

```
def printSol():
for i in range(cn-1):
    print("x%d = %.2f" % (i,d[s.index(i)][-1] if i in s else 0))
print("objective is %.2f" % (-d[-1][-1]))
```

（三）完整程序及求解结果

```
import numpy as np

def solve():
    while max(d[-1][:-1]) > 0:
        jnum = np.argmax(d[-1][:-1]) # 找入基变量的位置(列)
        inum = np.argmin(d[:-1, -1] / d[:-1, jnum]) # 找出基变量的
                                                    位置(行)
        s[inum] = jnum # 更新基变量
        d[inum] /= d[inum][jnum] # 将新基变量系数变为1
        for i in range(bn):
            if i != inum:
                d[i] -= d[i][jnum] * d[inum] # 更新单纯形表

def printSol():
    for i in range(cn-1):
        print("x%d = %.2f" % (i,d[s.index(i)][-1] if i in s
        else 0))
    print("objective is %.2f" % (-d[-1][-1]))

d = np.array([[2,2,1,0,8],
              [2,1,0,1,6],
              [16,10,0,0,0]],dtype = float)  # 输入单纯形表
(bn,cn) = d.shape
s = list(range(cn-bn,cn-1)) #基变量列表
solve()
```

```
printSol()
================================================================================
结果:
x0 =2.00
x1 =2.00
x2 =0.00
x3 =0.00
objective is 52.00
```

二、运用第三方库

例 12.9

$$\max 300x_1 + 400x_2$$
$$2x_1 + x_2 \leqslant 40$$
$$x_1 + \frac{3}{2}x_2 \leqslant 30$$
$$x_1, x_2 \geqslant 0$$

（一）linprog 函数使用方法

（1）安装 scipy 库；

（2）导入库：from scipy import optimize as op（从 scipy 库导入 optimize 模块，用 op 表示 optimize）；

（3）linprog（c，A_ub = None，b_ub = None，A_eq = None，b_eq = None，
bounds = None，method = 'simplex'，callback = None，
options = None，x0 = None）

c：价值系数（默认求 min）；

A_ub：不等式约束的工艺系数（默认≤）；

b_ub：不等式约束的资源限量；

A_eq：等式约束的工艺系数；

b_eq：等式约束的资源限量；

bounds：优化变量取值范围；

method：求解算法；

callback：反馈选项，选择输出结果的类型以及数量，例如只输出 fun、x；

options：求解选项，求解选项，例如规定最大迭代次数等；

x0：初始解。

注：暂时用不到 callback、options、x0 这三项功能。

（二）求解结果解释

con：等式约束的残差 $b_{eq} - A_{eq}x$（理论上等于 0）；

fun：最优值；

message：算法退出状态的描述（字符串）；

nit：迭代次数；

slack：不等式约束的松弛变量值 $b_{ub}-A_{ub}x$（理论上大于等于0）；

status：表示算法退出状态的数值；

0：优化成功终止
1：达到迭代限制
2：问题不可行
3：问题不收敛
4：遇到数值困难

success：当算法成功找到最优解时结果为 True；

x：最优解。

（三）完整代码及求解结果

```
import numpy as np
from scipy import optimize as op
c =np.array([300,400])#价值系数
A_ub =np.array([[2,1],[1,3/2]])#工艺系数
B_ub =np.array([40,30])#资源限量
x1 =(0,None)#优化变量取值范围
x2 =(0,None)#优化变量取值范围

res = op.linprog( - c, A_ub, B_ub, bounds = (x1,x2),method =
'simplex')#由于求解最大值,因此此处为 -c,答案就是相反数
print(res)
=================================================================
=================
con: array([], dtype =float64) #等式约束残差
     fun: -8500.0#最优值(需要取相反数)
     message: 'Optimization terminated successfully.' #算法退出状
态的描述,成功求解
     nit: 2 #迭代次数
     slack: array([0., 0.]) #不等式约束的松弛变量值
     status: 0 #表示算法退出的整数
     success: True
     x: array([15.,10.])
```

第三节　运输问题

一、运输单纯形法编程

例 12.10　条件如表 12.9 所示。

表 12.9　例 12.10 已知条件

产地＼销地	B_1	B_2	B_3	B_4	产量
A_1	2	2	2	1	30
A_2	10	8	5	4	70
A_3	7	6	6	8	50
销量	40	30	40	40	150

（一）用最小元素法求初始解（见表 12.10）

表 12.10　例 12.10 初始基可行解

A_i＼B_j	B_1	B_2	B_3	B_4	产量
A_1	[2]	[2]	[2]	30 [1]	30
A_2	20 [10]	[8]	40 [5]	10 [4]	70
A_3	20 [7]	30 [6]	[6]	[8]	50
销量	40	30	40	40	150

最小元素法的思想是最低成本优先运送，即运输价格 c_{ij} 最低的位置对应的变量 x_{ij} 优先赋值。然后再在剩下的运输价格中取得最小运价对应的变量赋值并满足约束，依次迭代下去，直到最后得到一个初始基可行解。例 12.10 的计算过程如下所示：

准备工作：

定义用最小元素法求初始解的函数，并建立相关变量数组。

```
def minimum_element(costs,supply,demand):
    c_column = len(demand) #求 costs 列数
    #复制矩阵
    costs_copy = costs.copy()
    supply_copy = supply.copy()
    demand_copy = demand.copy()
    bfs = []
```

找到运价表最小值：

```
while True:
    i =np.argmin(costs_copy)//c_column#记录最小运价行数
    j =np.argmin(costs_copy)% c_column#记录最小运价列数
    cmin =costs_copy[i][j]
```

停止条件及求解过程：

```
#最小运价无穷大时退出
if cmin ==inf:
    break
else:
    v =min(supply_copy[i],demand_copy[j])#最小运价对应位置运量
    bfs.append(((i,j),v))
    supply_copy[i] - =v#调整产量
    demand_copy[j] - =v#调整销量
    #调整运价
    if supply_copy[i] = =0:
        costs_copy[i:i +1,:] =inf
    if demand_copy[j] = =0:
        costs_copy[:,j:j +1] =inf
return bfs
```

（二）位势法求检验数（见表 12.11）

表 12.11 位势法求检验数

A_i \ B_j	B_1	B_2	B_3	B_4	产量
A_1	[2]	[2]	[2]	30 [1]	30
A_2	20 [10]	[8]	40 [5]	10 [4]	70
A_3	20 [7]	30 [6]	[6]	[8]	50
销量	40	30	40	40	150

$$
\begin{cases}
u_1+v_4=C_{14}=1\\
u_2+v_1=C_{21}=10\\
u_2+v_3=C_{23}=5\\
u_2+v_4=C_{24}=4\\
u_3+v_1=C_{31}=7\\
u_3+v_2=C_{32}=6
\end{cases}
\rightarrow
\begin{cases}
u_1=0\\
u_2=3\\
u_3=0
\end{cases}
\begin{cases}
v_1=7\\
v_2=6\\
v_3=2\\
v_4=1
\end{cases}
\rightarrow
\begin{cases}
\lambda_{11}=C_{11}-(u_1+v_1)=-5\\
\lambda_{12}=C_{12}-(u_1+v_2)=-4\\
\lambda_{13}=C_{13}-(u_1+v_3)=0\\
\lambda_{22}=C_{22}-(u_2+v_2)=-1\\
\lambda_{33}=C_{33}-(u_3+v_3)=4\\
\lambda_{34}=C_{34}-(u_3+v_4)=7
\end{cases}
$$

求解对偶变量的准备工作：

```
def get_us_and_vs(bfs, costs):
    #构建 u,v 数组
    us = [None] * len(costs)
    vs = [None] * len(costs[0])
    us[0] = 0
    bfs_copy = bfs.copy()
```

计算对偶变量：

```
while len(bfs_copy) > 0:
    for index, bv in enumerate(bfs_copy):#每一个基变量对应一个方程
        i, j = bv[0]
        if us[i] is None and vs[j] is None:
            continue#若 ui,vj 均没有值则不运算
        cost = costs[i][j]
        if us[i] is None:
            us[i] = cost - vs[j]
        else:
            vs[j] = cost - us[i]
        bfs_copy.pop(index)#去除已使用的方程
        break
return us, vs
```

计算检验数：

```
def get_ws(bfs,costs,us,vs):
    ws = []
    for i, row in enumerate(costs):
        for j, cost in enumerate(row):
            non_basic = all([p! = (i,j) for p, v in bfs])#找出非基变量
            if non_basic:
                ws.append(((i,j),cost - (us[i] + vs[j])))
                                                        #计算非基变量检验数
    return ws
```

判断解能否改进：

```
def can_be_improved(ws):
    for p, v in ws:
```

```
        if v<0:#若存在小于零的检验数,则能改进
            return True
    return False
```

确定进基变量位置：

```
def get_entering_variable_position(ws):
    ws_copy = ws.copy()
    ws_copy.sort(key = lambda w: w[1])#对检验数排序
    return ws_copy[0][0]#找到最小的检验数
```

（三）闭回路法获得新的基可行解（见表 12.12）

表 12.12　确定闭回路

B_j / A_i	B_1	B_2	B_3	B_4	产量
A_1	0　2	2	2	1　1 30	30
A_2	3　10 20	8	5 40	2　4 10	70
A_3	7 20	6 30	6	8	50
销量	40	30	40	40	150

确定闭回路中下一个可能点：

```
def get_possible_next_nodes(loop, not_visited):
last_node = loop[-1]
nodes_in_row = [n for n in not_visited if n[0] == last_node[0]]
                                                  #与最后点同行的点
nodes_in_column = [n for n in not_visited if n[1] == last_node[1]]
                                                  #与最后点同列的点
if len(loop) <2: #回路中点数小于2
    return nodes_in_row + nodes_in_column#行列均可能
else:
    prev_node = loop[-2]
    row_move = prev_node[0] == last_node[0]
    if row_move:#判断最后点与倒数第二点是否同一行
        return nodes_in_column
    return nodes_in_row
```

求解闭回路及递归的结束条件：

```
    def get_loop(bv_positions,ev_position):
    def inner(loop):
        if len(loop) >3:
            can_be_closed = len(get_ possible_next_nodes(loop,[ev_
position])) ==1
            if can_be_closed:#若起点是回路下一个可能点,则终止
              return loop
              not_visited = list(set(bv_positions) - set(loop))#创建未
访问点列表
              possible_next_nodes = get_possible_next_nodes(loop, not
_visited)#创建可能点列表
              for next_node in possible_ next_ nodes:
                  new_loop = inner(loop + [next_node])#递归运算
                  if new_loop:
                      return new_loop
        return inner([ev_position])
```

闭回路法迭代得新的基本解，迭代过程及新的基本解如表 12. 13 ~ 表 12. 15 所示。

表 12. 13 闭回路法迭代得新的基本解

B_j / A_i	B_1	B_2	B_3	B_4	产量
A_1	0 | 2 | 0+20=20	2	2	1 | 1 | 30-20=10	30
A_2	3 | 10 | (20)-20=0	8	5 | 40	2 | 4 | 10+20=30	70
A_3	7 | 20	6 | 30	6	8	50
销量	40	30	40	40	150

表 12. 14 迭代过程

$$\theta = \min(x_{14}, x_{21}) = \min(30, 20) = 20$$

表 12. 15 新的基本解

B_j / A_i	B_1	B_2	B_3	B_4	产量
A_1	2 | 20	2	2	1 | 10	30
A_2	10	8	5 | 40	4 | 30	70
A_3	7 | 20	6 | 30	6	8	50
销量	40	30	40	40	150

求解出基变量位置：

```
def loop_pivoting(bfs, loop):
    even_cells = loop[0::2]#偶数格
    odd_cells = loop[1::2]#奇数格
    get_bv = lambda pos: next(v for p, v in bfs if p == pos)
    leaving_position = sorted(odd_cells, key = get_bv)[0]#奇数格
最小运量为出基变量
    leaving_value = get_bv(leaving_position)
```

对闭回路进行操作求出新解：

```
new_bfs = []
for p, v in [bv for bv in bfs if bv[0]! = leaving_position] + [(loop
[0],0)]:
    if p in even_cells:
        v + = leaving_value#偶数格加出基变量值
    elif p in odd_cells:
        v - = leaving_value#奇数格减出基变量值
    new_bfs.append((p,v))
return new_bfs
```

对前述函数进行整合：

```
def transportation_simplex_method(costs, supply, demand):
    def inner(bfs):
        us, vs = get_us_and_vs(bfs, costs)
        ws = get_ws(bfs, costs, us, vs)
        if can_be_improved(ws):
            ev_position = get_entering_variable_position(ws)
            loop = get_loop([p for p,v in bfs],ev_position)
            return inner(loop_pivoting(bfs,loop))
        return bfs
```

求出最优解的运量表：

```
basic_variables = inner(minimum_element(costs,supply,demand))
solution = np.zeros((len(costs),len(costs[0])))#创建零矩阵
for(i,j),v in basic_variables:#填补基变量的值
    solution[i][j] = v
return solution
```

求出总运费：

```
def get_total_cost(costs,solution):
    total_cost =0
    for i,row in enumerate(costs):
        for j,cost in enumerate(row):
            total_cost + =cost * solution[i][j]#运量与运价相乘再求和
    return total_cost
```

(四) 完整代码及求解结果

1) 代码

```
import numpy as np

inf = float('inf')
data = np.loadtxt('data.txt')
costs = data[: -1, : -1]
supply = data[: -1,  -1:].flatten()
demand = data[ -1:, : -1].flatten()

def minimum_element(costs, supply, demand):
    c_column = len(demand)
    costs_copy = costs.copy()
    supply_copy = supply.copy()
    demand_copy = demand.copy()
    bfs = []
while True:
        i = np.argmin(costs_copy) //c_column
        j = np.argmin(costs_copy) % c_column
        cmin = costs_copy[i][j]
        if cmin == inf:
            break
        else:
            v = min(supply_copy[i],demand_copy[j])
            bfs.append(((i,j),v))
            supply_copy[i] - =v
            demand_copy[j] - =v
            if supply_copy[i] ==0:
                costs_copy[i:i +1,:] = inf
```

```
                if demand_copy[j]==0:
                    costs_copy[:,j:j+1]=inf
    return bfs
def get_us_and_vs(bfs, costs):
    us=[None] * len(costs)
    vs=[None] * len(costs[0])
    us[0]=0
    bfs_copy=bfs.copy()
    while len(bfs_copy)>0:
        for index, bv in enumerate(bfs_copy):
            i,j=bv[0]
            if us[i] is None and vs[j] is None:
                continue
            cost=costs[i][j]
            if us[i] is None:
                us[i]=cost-vs[j]
            else:
                vs[j]=cost-us[i]
            bfs_copy.pop(index)
            break
    return us, vs

def get_ws(bfs,costs,us,vs):
    ws=[]
    for i, row in enumerate(costs):
        for j, cost in enumerate(row):
            non_basic=all([p!=(i,j) for p, v in bfs])
            if non_basic:
                ws.append(((i,j),cost-(us[i]+vs[j])))
    return ws

def can_be_improved(ws):
    for p, v in ws:
        if v<0:
            return True
    return False

def get_entering_variable_position(ws):
```

```
    ws_copy = ws.copy()
    ws_copy.sort(key = lambda w:w[1])
    return ws_copy[0][0]

def get_possible_next_nodes(loop, not_visited):
    last_node = loop[ -1]
    nodes_in_row = [n for n in not_visited if n[0] == last_node[0]]
    nodes_in_column = [n for n in not_visited if n[1] == last_node[1]]
    if len(loop) <2:
        return nodes_in_row + nodes_in_column
    else:
        prev_node = loop[ -2]
        row_move = prev_node[0] == last_node[0]
        if row_move:
            return nodes_in_column
        return nodes_in_row
def get_loop(bv_positions, ev_position):
    def inner(loop):
        if len(loop) >3:
            can_be_closed = len(get_possible_next_nodes(loop,
            [ev_position])) ==1
            if can_be_closed:
                return loop
not_visited = list(set(bv_positions) - set(loop))
        possible_next_nodes = get_possible_next_nodes(loop,not_
        visited)
        for next_node in possible_next_nodes:
            new_loop = inner(loop + [next_node])
            if new_loop:
                return new_loop

    return inner([ev_position])

def loop_pivoting(bfs,loop):
    even_cells = loop[0::2]
    odd_cells = loop[1::2]
    get_bv = lambda pos:next(v for p,v in bfs if p ==pos)
```

```
        leaving_position = sorted(odd_cells,key = get_bv)[0]
leaving_value = get_bv(leaving_position)
    new_bfs = []
        for p,v in [bv for bv in bfs if bv[0]! = leaving_position] +
[(loop[0],0)]:
            if p in even_cells:
                v += leaving_value
            elif p in odd_cells:
                v -= leaving_value
            new_bfs.append((p,v))
        return new_bfs
    def transportation_simplex_method(costs,supply,demand):
        def inner(bfs):
            us,vs = get_us_and_vs(bfs,costs)
            ws = get_ws(bfs,costs,us,vs)
            if can_be_improved(ws):
                ev_position = get_entering_variable_position(ws)
                loop = get_loop([p for p, v in bfs], ev_position)
                return inner(loop_pivoting(bfs, loop))
            return bfs
    basic_variables = inner(minimum_element(costs,supply,demand))
        solution = np.zeros((len(costs),len(costs[0])))
        for(i,j),v in basic_variables:
            solution[i][j] = v
        return solution

    def get_total_cost(costs,solution):
        total_cost = 0
        for i,row in enumerate(costs):
            for j, cost in enumerate(row):
                total_cost + = cost * solution[i][j]
        return total_cost

    solution = transportation_simplex_method(costs,supply,demand)
    print(solution)
    print('total cost:',get_total_cost(costs,solution))
```

2）结果：

```
[[30.  0.  0.  0.]
[ 0.  0.30.40.]
[10.30.10.  0.]]
total cost: 680.0
```

二、mip 库求解运输问题

例 12.11 条件如表 12.16 所示。

表 12.16 例 12.11 已知条件

产地＼销地	B_1	B_2	B_3	B_4	产量
A_1	9	3	8	4	70
A_2	7	6	5	1	50
A_3	2	10	9	2	20
销量	10	60	40	30	140

（一）mip 库使用方法

定义模型：Model( )

```
def optModel(a, b, c): #定义运输问题求解函数,a 为产量,b 为销量,c 为价值系数
    model = Model('transportation') #定义运输问题模型
```

添加变量：model. add_var( )

```
x = [[model.add_var(var_type = INTEGER) for j in range(len(b))] for i in range(len(a))]  #默认是 continues,此外还有 binary 和 integer。变量默认非负,可以定义 lb 和 ub。以及给变量命名。利用 for 循环添加变量数组。
```

添加目标函数：model. objective = minimize( )

```
model.objective = minimize(xsum(x[i][j] * c[i][j] for i in range(len(a)) for j in range(len(b))))  #默认是 min
```

添加约束：model + = xsum( ) == (>=/ <=) a

```
for i in range(len(a)):
    model + = xsum(x[i][j] for j in range(len(b))) == a[i]
for j in range(len(b)):
    model + = xsum(x[i][j] for i in range(len(a))) == b[j]
```

求解：

```
model.verbose =0  #关闭运行时间等信息的显示
model.optimize()  #求解
```

输出结果：

```
    resultLis =[]
lis =[]
for i in range(len(a)):
    for j in range(len(b)):
        lis.append(x[i][j].x)  #x[i][j].x 表示调用求解结果 x 的值
    resultLis.append(lis)  #将结果放入列表
    lis =[]
    print("最佳运输方案:", np.array(resultLis))
print("最小运费:", model.objective_value)
```

（二）输入数据建立模型

```
s =[70,50,20]  #产量
d =[10,60,40,30] #销量
c =[[9,3,8,4],[7,6,5,1],[2,10,9,2]]  #价值系数
```

（三）完整代码及求解结果

1）代码

```
from mip import *
import numpy as np
def optModel(s, d, c):  #定义运输问题求解函数,s 为产量,d 为销量,c 为价
值系数
model =Model('transportation') #定义运输问题模型
x =[[model.add_var(var_type =INTEGER) for j in range(len(d))]
for i in range(len(s))]
model.objective =minimize(xsum(x[i][j] * c[i][j] for i in range
(len(s)) for j in range(len(d))))
for i in range(len(s)):
        model + =xsum(x[i][j]for j in range(len(d))) ==s[i]
for j in range(len(d)):
        model + =xsum(x[i][j] for i in range(len(s))) ==d[j]
        model.verbose =0  #关闭运行时间等信息的显示
```

```
model.optimize()  #求解
resultLis =[]
  lis =[]
    for i in range(len(s)):
        for j in range(len(d)):
            lis.append(x[i][j].x)  #x[i][j].x 表示调用求解结果 x 的值
        resultLis.append(lis)  #将结果放入列表
        lis =[]
    print("最佳运输方案:", np.array(resultLis))
print("最小运费:", model.objective_value)
if __name__=='__main__':
s =[70, 50, 20]  #产量
d =[10, 60, 40, 30] #销量
c =[[9, 3, 8, 4], [7, 6, 5, 1], [2, 10, 9, 2]]  #价值系数
optModel(s, d, c)
```

2）结果

最佳运输方案：

```
[[ 0.60.  0.10.]
[ 0.  0.40.10.]
[10.  0.  0.10.]]
最小运费: 470.0
```

参 考 文 献

[1] 胡运权．运筹学教程（第四版）[M]．北京：清华大学出版社, 2012.

[2] 李工农．运筹学基础及其 MATLAB 应用 [M]．北京：清华大学出版社, 2016.

[3] Frederick S. Hillier, Gerald J. Lieberman, 希利尔，等．运筹学导论 [M]．北京：清华大学出版社, 2006.

[4] 熊伟．运筹学（第 3 版）[M]．北京：机械工业出版社, 2014.

[5] HAMDYA. TAHA. 运筹学导论：基础篇 [M]．北京：中国人民大学出版社, 2014.

[6] 朱求长．运筹学及其应用 [M]．武汉：武汉大学出版社, 2001.

[7] 谢金星，薛毅．优化建模与 LINDO/LINGO 软件 [M]．北京：清华大学出版社, 2005.

[8] 嵩天，黄天羽，礼欣．程序设计基础：Python 语言 [M]．北京：高等教育出版社, 2014.

[9] 孔造杰．运筹学（普通高等教育规划教材）[M]．北京：机械工业出版社, 2006.

[10] 张莹．运筹学基础（第二版）[M]．北京：清华大学出版社, 2010.

[11] 韩伯棠．管理运筹学（第 2 版）[M]．北京：高等教育出版社, 2005.

[12] 吴天．管理运筹学 [M]．大连：东北财经大学出版社, 2009.

[13] 党耀国, 朱建军, 李帮义．运筹学（第 2 版）[M]．北京：科学出版社, 2012.

[14] 张杰．运筹学模型及其应用 [M]．北京：清华大学出版社, 2012.

[15] 孙文瑜, 朱德通, 徐成贤．运筹学基础 [M]．北京：科学出版社, 2013.

[16] 胡运权．运筹学基础及应用 [M]．哈尔滨：哈尔滨工业大学出版社, 1998.

[17] 陈立, 黄立君．物流运筹学 [J]．北京：北京理工大学出版社, 2008.

[18] 宁宣熙．运筹学实用教程 [M]．北京：科学出版社, 2002.

[19] 刘洪伟．管理运筹学 [M]．北京：科学出版社, 2010.

[20] 肖会敏．运筹学及其应用（高等院校信息管理与信息系统专业系列教材）[M]．北京：清华大学出版社, 2013.

[21] 蔡天鸣, 金珏．运筹学实践教程 [M]．北京：清华大学出版社, 2016.